高等职业教育新目录新专标电子与信息大类教材

界面设计

主 编 林志红

电子工业出版社
Publishing House of Electronics Industry
北京·BEIJING

内 容 简 介

本书紧扣当今最新界面设计理念，涵盖三方面内容，既有界面设计基础理论，如界面设计的概念，界面设计的一般流程，界面设计的基本原则，色彩理论基本知识，常用的色彩搭配手法，常见的界面排版方式，手机端 Web App 的界面设计规范，PC 界面设计规范等；又有界面的快速原型设计工具介绍，如 Axure 的安装与基本应用，Axure 的布局界面元素及其使用，Axure 的人机互动设计等；还有界面设计实例，通过真实案例，详细介绍了基于 Axure RP 进行界面设计的详细流程。书中以大量实例解释界面设计的思想，提供了详细的操作步骤，所有操作步骤都配有图文说明，具有很强的实用性。

本书可作为高职高专院校界面设计课程的教材，也可作为界面设计人员的参考资料。

未经许可，不得以任何方式复制或抄袭本书之部分或全部内容。

版权所有，侵权必究。

图书在版编目（CIP）数据

界面设计 / 林志红主编. --北京：电子工业出版社，2024.5. --ISBN 978-7-121-48032-4

Ⅰ. TP311.1

中国国家版本馆 CIP 数据核字第 2024XW7067 号

责任编辑：贺志洪
印　　刷：河北鑫兆源印刷有限公司
装　　订：河北鑫兆源印刷有限公司
出版发行：电子工业出版社
　　　　　北京市海淀区万寿路 173 信箱　邮编：100036
开　　本：787×1092　1/16　印张：18.5　字数：473 千字
版　　次：2024 年 5 月第 1 版
印　　次：2024 年 5 月第 1 次印刷
定　　价：54.00 元

凡所购买电子工业出版社图书有缺损问题，请向购买书店调换。若书店售缺，请与本社发行部联系，联系及邮购电话：（010）88254888，88258888。

质量投诉请发邮件至 zlts@phei.com.cn，盗版侵权举报请发邮件至 dbqq@phei.com.cn。

本书咨询联系方式：hzh@phei.com.cn，（010）88254609。

前 言

党的二十大报告指出,"加快发展数字经济,促进数字经济和实体经济深度融合"。可以预见,在未来的一个时期内,以大数据、云计算、人工智能等为代表的数字技术与生产要素充分结合,将成为驱动我国从"高速发展"到"高质量发展"转型的强有力引擎。在数字技术和生产要素的融合过程中,用户界面起着至关重要的作用。任何数字系统都需要人的参与才能正常运行,人通过用户界面去操控数字系统,用户界面设计水平直接关系到用户的操作效率和体验。

界面设计是软件产品设计的一个重要步骤,好的界面设计可以让用户操作简洁、体验舒适,还可以让软件个性突出、品位优雅。界面设计的质量直接关系到软件今后的应用和推广效果。

随着移动互联网的发展和智能手机的普及,手机界面设计成为一个重要领域。"移动设备优先"是近年来提出的界面设计理念,这个理念倡导以手机界面设计为主,兼顾PC界面设计,使手机界面与PC界面设计融为一体,并且由此产生了"响应式设计"的概念。

本书紧扣当今最新界面设计理念,既有界面设计基础理论,如界面设计的概念,界面设计的一般流程,界面设计的基本原则,色彩理论基本知识,常用的色彩搭配手法,常见的界面排版方式,手机端Web App的界面设计规范,PC界面设计规范等;又有界面的快速原型设计工具介绍,如Axure的安装与基本应用,Axure的布局界面元素及其使用,Axure的人机互动设计等;还有界面设计的真实案例。本书内容丰富,结构清晰,涵盖应用程序界面从需求调查、设计分析、快速原型到实现验证的全过程相关知识。书中提供了大量的实操例子,这些例子详细介绍了如何从最基本的界面元素出发,通过一系列巧妙操作,制作出专业的界面效果,讲解循序渐进,由浅入深,层层递进,所有的知识点都有对应的图文详解,知识介绍与实例融为一体,自始至终贯穿于教材之中。读者可以边阅读、边练习,在学中做,在做中学。

本书以立德树人为己任,引领学生树立开拓创新的思想,建立科学的思维方式,既要学会技能,还要掌握学习方法,使学生在今后的工作中能够继续自我发展,终身学习。

本书在编写过程中得到了电子工业出版社的大力支持和帮助,在此表示感谢!

由于作者认知水平和实践经验有限,书中不妥之处,恳请读者批评指正。请将建议和意见发至电子邮箱linzh@bitc.edu.cn。

目　　　录

单元 1　界面设计基础 1
  1.1　界面设计的概念 1
    1.1.1　什么是界面设计 1
    1.1.2　界面设计的分类 1
  1.2　界面设计的基本流程 4
    1.2.1　需求调查 4
    1.2.2　设计分析 6
    1.2.3　快速原型 6
    1.2.4　迭代验证 8
  1.3　界面设计的基本原则 8
    1.3.1　界面设计的一般性原则 8
    1.3.2　界面设计的注意事项 9
    1.3.3　PC端网页界面的设计原则 10
    1.3.4　移动端网页界面的设计原则 26
    1.3.5　移动端优先原则与界面响应式设计 28
    1.3.6　思政点滴——数字经济与国家战略 30
  习题1 30

单元 2　界面设计的快速原型设计工具 33
  2.1　快速原型设计的概念 33
    2.1.1　什么是快速原型设计 33
    2.1.2　快速原型设计工具Axure RP 35
  2.2　Axure RP的安装与使用 36
    2.2.1　Axure RP的安装 36
    2.2.2　Axure RP的主界面 36
    2.2.3　Axure RP的菜单栏与工具栏 37
    2.2.4　Axure RP中的元件库和图标库 38
  2.3　原型图 86
    2.3.1　低保真原型图 86
    2.3.2　高保真原型图 88
    2.3.3　设计实例 89
    2.3.4　思政点滴——计算机行业职业道德规范 132
  习题2 133

单元 3　响应式设计的概念 137
  3.1　响应式设计的概念 137

界面设计

  3.1.1 普通网页 137
  3.1.2 响应式网页 138
 3.2 响应式网页的测试 141
  3.2.1 使用真实的物理设备来测试 142
  3.2.2 使用第三方的虚拟软件来测试 142
  3.2.3 使用浏览器自带的设备模拟器来测试 142
 3.3 响应式设计的技术基础 144
 3.4 viewport元标签与媒体查询技术 145
  3.4.1 viewport元标签 145
  3.4.2 Media Query（媒体查询）技术 148
 3.5 响应式设计的常用方法 152
  3.5.1 百分比布局 152
  3.5.2 正确使用元素的box-sizing属性 157
  3.5.3 使用文字大小的相对单位 160
  3.5.4 图片自适应 161
  3.5.5 背景图片自适应 166
  3.5.6 弹性盒布局 168
  3.5.7 思政点滴——网络安全空间国家战略 178
 习题3 178

单元4　Bootstrap 框架及应用 183

 4.1 Bootstrap框架简介 183
  4.1.1 Bootstrap框架的内容 183
  4.1.2 Bootstrap系统的安装 186
  4.1.3 Bootstrap基本模板 188
  4.1.4 Bootstrap完整模板 189
 4.2 Bootstrap全局CSS样式 190
  4.2.1 全局CSS样式——文本 190
  4.2.2 全局CSS样式——按钮、图片、列表与表格 ... 197
  4.2.3 全局CSS样式——栅格布局系统 212
  4.2.4 全局CSS样式——表单 226
  4.2.5 Bootstrap组件——字体图标 237
  4.2.6 Bootstrap组件——按钮组与下拉菜单 244
  4.2.7 Bootstrap组件——输入框组、导航与响应式导航条 251
  4.2.8 Bootstrap组件——列表组与警告框 267
  4.2.9 Bootstrap组件——媒体对象、标签页与折叠菜单 274
  4.2.10 Bootstrap插件——轮播图 280
  4.2.11 思政点滴——社会主义核心价值观 286
 习题4 286

单元 1 界面设计基础

【学习目标】

通过本单元学习，使学生：
- 掌握界面设计的基本概念。
- 掌握界面设计的一般流程。
- 理解界面设计的一般原则和规范。
- 培养观察问题、发现问题、解决问题的能力。
- 培养认真、严谨、细致的科学素养。

1.1 界面设计的概念

界面设计的概念

1.1.1 什么是界面设计

界面通常称为UI，即User Interface的简称。界面设计主要是指计算机软件的美观设计及人机交互和操作逻辑设计。界面设计是软件产品设计的一个重要步骤，好的界面设计可以让用户操作简洁、体验舒适，还可以让软件个性突出、品位优雅。界面设计的质量直接关系到软件今后的应用和推广效果。

随着计算机硬件性能的大幅度提高，软件执行速度、存储容量已不再是用户特别关心的问题。用户的注意力逐渐转向软件的美观性和易用性。软件界面是否漂亮，互动逻辑是否顺畅，操作是否便捷直接决定了用户对软件的好恶。软件是否能够被用户大众所接受，很大程度上取决于界面设计师的工作。

1.1.2 界面设计的分类

移动互联网时代的到来引发了界面设计领域的空前繁荣，目前界面设计总体涵盖了PC端UI设计、移动端UI设计和游戏UI设计三类。

1. PC 端 UI 设计

关注软件的功能，按照PC界面规范设计屏幕显示架构，正确使用控件，确定合理的操作逻辑，恰当安排信息的显示位置与方式，用和谐的色彩、字体、空间、版面美化视觉效果。PC端UI设计包括两类UI设计，一类是PC端软件UI设计，一类是PC端Web设计。软件UI设计侧重让用户通过便捷的操作，轻松使用软件的强大功能。Web设计侧重以完美的视觉效果展示网页的内容。尽管如此，二者的设计理念并不矛盾，PC端软件UI设计和Web设计所遵循的设计原则与规范是基本相同的。图1-1所示的是一些PC端UI设计的例子。

界面设计

（a）

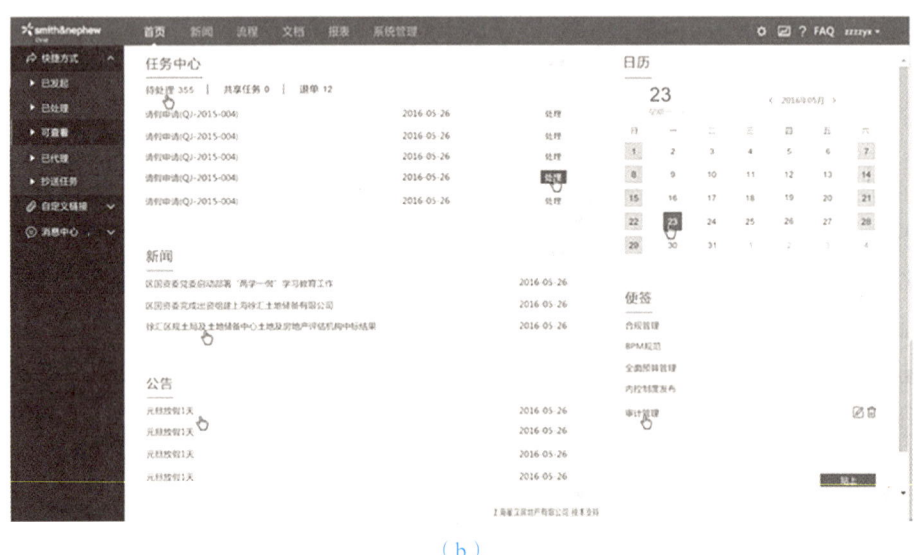

（b）

图 1-1　PC 端 UI

2. 移动端 UI 设计

移动端指移动互联网终端，即通过无线技术上网接入互联网的终端设备，包括手机、Pad、智能手表等。

今天的移动设备与所有人的生活息息相关，不分男女老幼，因此要求移动端UI设计更加直观，更加人性化。移动端设备屏幕尺寸有限，输入输出方式应更加简洁。手机App中使用了大量的图标菜单，操作逻辑简单易懂，UI使用更加高效。

随着移动互联网的发展和智能手机的普及，大量的互联网应用由PC转移到了手机，手机App的界面设计成为一个重要领域。软件的"碎片化""跨设备""跨平台"运行非常受企业关注。"移动设备优先"是近年来提出的界面设计理念，这个理念倡导以手机界面设计为主，兼顾PC界面设计，使手机界面与PC界面设计融为一体，并且由此产生了"响应式设计"的概念。响应式设计力求做到一个网页，可以根据浏览设备的不同（Phone、Pad、PC）而呈现出不同的布局方式，无须编写多个不同的版本，也就是"在不同的设备上，同一个网页都有不错的用户浏览体验"。这就是今天我们进行界面设计所应追求的目标。图1-2所示的是一些移动端UI的例子，包括手机端UI和平板电脑UI。

（a）　手机端 UI　　　　　　　　　　　　　　（b）　平板电脑 UI

图 1-2　移动端 UI

图1-3所示的是响应式设计的例子。

图 1-3　响应式设计

3. 游戏 UI 设计

游戏UI设计是UI设计的一个分支，除了设计游戏软件整体操作界面外，主要是在视觉、交互和用户体验三个方面进行设计，配合游戏情节，做出惊艳的角色造型，炫酷的互动效果，追求极致的用户体验。图1-4所示的是一些游戏端UI的例子。

（a）

（b）

图 1-4　游戏 UI

游戏UI设计师需要较强的美术功底，入门较难。游戏界面设计不在本书的讨论范围。

1.2　界面设计的基本流程

1.2.1　需求调查

需求调查就是要弄清用户到底需要什么，也就是真实需求。通过观察、访谈、体验等方式与用户不断沟通交流，准确把握正在设计产品的功能定位。这一点很重要，有些项目投入大量人力物力但最终夭折，根本原因就是没有真正搞清楚用户的要求，工作越努力，离用户的要求越

界面设计的基本流程

远，最后导致项目失败也就不奇怪了。

需求调查主要完成以下三方面任务：

（1）通过各种形式，如访谈、体验等，收集客户需求，并条理化形成文档。

（2）对收集到的用户需求进行重要程度排序，重要性高的需求尽早进入设计阶段。

（3）对收集到的需求进行分析，搞清需求的来源，分析需求的性质，筛选出真需求，剔除伪需求，避免后期做无用功。

当我们对用户进行需求调查之前，可能以为整个过程无非就是有问有答，归纳总结，提交报告，用户通过。可是当调查工作真正开始后，会发现情况往往并不像我们想象的那样顺畅。我们可能认为用户想要什么功能，说清楚，我们遵照实现即可，但事实上，很少有用户能够真正清晰地表达出他们想要什么功能。不是因为用户的表达能力欠缺，而是因为用户往往只有一些初步的想法，有些想法可能存在问题，需要讨论澄清，有些问题用户自己也没搞清楚，反而需要我们去帮助他们理清思路，这时候就要考验我们的能力了。作为设计师，一定要有创新思维，能够从用户模糊不清的描述中发现真正的需求，要有足够的想象力，能够从用户看似不着边际的期待中发现自己产品的功能定位。需求分析，就是要把用户需求转换为产品需求，这样获取的需求称为发现型需求。一个著名的例子就是美国汽车大亨福特，当年他问用户想要什么？用户回答他说想要一匹快马。这个回答使福特捕捉到了一条需求，就是用户需要解决长途旅行的工具问题，从这条需求出发，福特最后为用户提供了自己的汽车产品。可以想象，当用户看到汽车的时候，肯定比他得到想象中的快马还要满意，因为汽车比快马的优点多得多。这就是创新思维。

除了与用户要有足够的沟通、交流、探讨、研究之外，还有一个发现需求的重要渠道，就是竞品分析。

竞品就是同类产品，并且这些同类产品具有一定的竞争能力，比如联通套餐与移动套餐，高德地图与腾讯地图。

竞品分析通过研究同类有竞争力产品的功能、架构、设计，学习同类产品的优点，降低试错成本，了解用户的使用习惯。最后一点很重要，并且容易被忽视。比如今天人们大量使用Windows软件，已经养成了Windows的操作习惯，拿到一个新的软件，几乎不用培训就知道如何使用。我们在设计自己的产品时，也要符合用户的操作习惯，而不应在操作逻辑方面搞什么创新，那样只能增加用户的学习成本，而遭到用户的嫌弃。但是，竞品分析也不是为了完全模仿同类产品。完全模仿是没有出路的，因为用户通常都会先入为主，当用户已经使用了某个产品的时候，我们模仿得再像，用户也不会放弃已使用的产品而选择我们的产品。因此，对于我们的产品来说，更重要的是差异化设计，而差异化不仅仅体现在功能和服务方面，还体现在满足不同场景、不同年龄、不同爱好、不同生活方式的人群需要。通过竞品分析找出自己产品功能上的创新点，做到人无我有，人有我优。总之，分析竞品是为了超越竞品，通过竞品分析，了解竞品的核心功能，找到竞品的优势与不足，为自己的产品寻找新的需求点，新的需求点就是突破点，是我们的产品在市场上脱颖而出的机会。

作为UI设计师，通过竞品分析至少要得到三个信息：首先是知道自己需要完成什么？其次是需要完成到什么程度？再次是未来扩展的可能性。

1.2.2　设计分析

在设计分析阶段，我们要进行用户研究，并进行用户体验设计。

在大数据时代的今天，用户研究不但要做传统的定性研究，还要通过大数据做定量研究，收集用户的行为，优化产品交互，依靠定量研究来决定我们的产品设计定位。

在设计分析阶段，我们需要达到两个目标，第一是产品要能够满足用户的需求，这是不言而喻的。但是产品能够满足用户需求并不能构成产品的亮点，因为在用户看来，一切都在预料之中。所以我们的设计需要达到第二个目标，即超出用户的预期，给用户以惊喜，这时用户才会由衷地说产品好。而要做到这一点，就必须依赖设计师在产品用户体验设计中的创意。

用户体验设计最终要在人机交互中体现出来。在人机交互中，将用户体验设计的思路以规范的方式表现出来。这里规范二字很重要，如前所述，规范意味着用户的习惯，因此，如果我们设计的是PC端UI，那么最好遵守微软规范，以Windows操作逻辑为标准，如果设计的是手机端UI，那么iOS规范应该是我们的首选。

交互设计的结果最终会体现在界面上。界面上的一切，包括各种布局架构、控件安排、信息展示方式都是自上而下逐步设计推导而来的，体现了产品的功能定位及心理学和人体工程学的考量，而不是仅凭美感随手创造而来的。

1.2.3　快速原型

设计师和用户之间最有效的沟通方式是使用可视化工具。一张图胜过千言万语。我们的大脑生来就是处理可视化信息的，图像可以用来表达无法用语言精确表达的意思，还可以确认自己的理解是否精确到位。所以，画图是一个UI设计师必须具备的过硬本领。

当设计师跟用户有了一定的沟通交流以后，可以把对于用户需求的理解和自己的思路用一张低保真原型图表达出来，与用户进行确认。所谓低保真原型图就是一张黑白设计草图，包含了导航、界面布局、控件和所有交互元素，一般用铅笔画在纸上，可以任意修改，如图1-5所示。

低保真原型图的优点是可以毫无顾忌地在上面修改，用户和同行可以根据自己的想法，在图上不断地添加、更改或删除各种元素，使设计在迭代中不断完善。

在经过一段时间设计交流之后，可以把阶段性的设计成果在计算机上做成原型（Demo），找一些人来做可用性测试。可用性测试不让用户来做，而是由一些与项目不相关的人来做，目的是征求意见，改进设计，到可用性测试完成为止，上一轮设计结束，根据可用性测试中收集到的意见和建议，重新开始画原型图，开始新一轮迭代设计。经过几轮迭代设计和修正后，最终提交给用户测试确认。

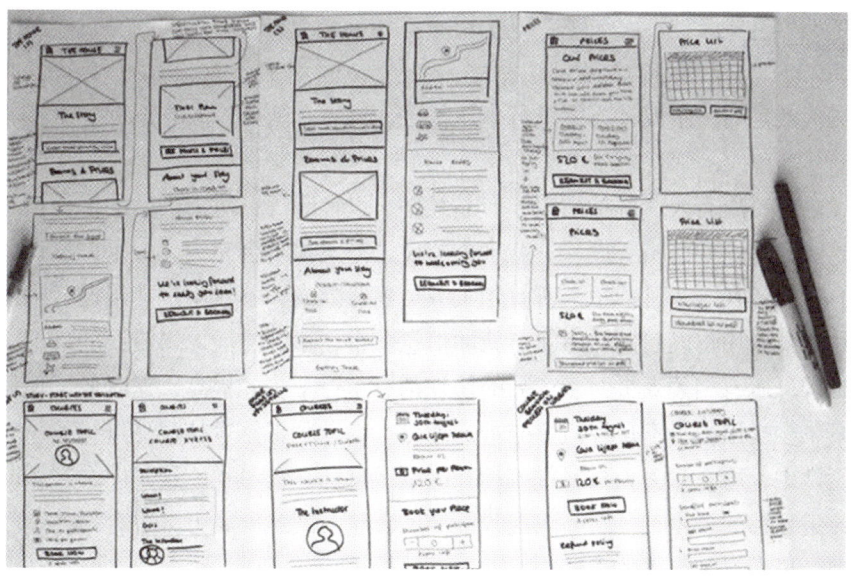

图 1-5 低保真原型图

在用户可用性测试完成之后,才能真正进入UI设计。先在严格遵守设计规范的基础上设计UI,做出高保真原型图,如图1-6所示。然后可以挑选一些元素,如颜色、图标,但不包括字体,做一点个性化修改。最后进行包装设计。

图 1-6 高保真原型图

1.2.4 迭代验证

所谓迭代就是对一个设计方案进行多轮修改，每一轮新的修改方案都比上一轮的方案更加完美。

在设计之初，所有人，包括用户、产品经理、设计师等，对于产品的定位都是比较模糊的，这个时候，无论如何精心设计，拿出来的设计方案都不会完美。但是，设计的过程，是一个互动的过程，在这个过程中，所有相关人员相互启发，不仅用户能给设计师以启发，设计师也常常能够给用户以启发，不断有新的信息获得，不断澄清原来错误的理解。当一版设计完成的时候，所有相关人员对于产品的认识都有了进一步的提高，这时候，他们共同来审核设计方案，会提出很多不足和需要改进的地方。设计师根据审核意见进行下一轮设计，在新的一轮设计中，所有相关人员又进入相互激发灵感的互动过程。这是一个在不断试错和修正中逐步接近目标的过程，一轮一轮迭代下去，一轮方案比一轮方案更合理，一轮时间比一轮时间更短，最后得到完美的设计方案。

1.3 界面设计的基本原则

1.3.1 界面设计的一般性原则

1. 以用户为中心的设计（UCD）

以用户为中心的设计（UCD），就是要让我们围绕用户去进行设计，而不是让用户来适应我们的设计。

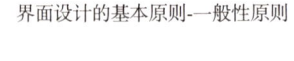

界面设计的基本原则-一般性原则

什么叫让用户适应我们的设计呢？就是我们的产品设计得非常复杂，功能非常齐全，操作十分烦琐，用户需要认真阅读厚厚一本使用手册，或满屏密密麻麻的联机帮助才能学会使用，这在今天是不可想象的。今天人们的生活节奏飞快，没人有耐心为了一个可有可无的产品花费大量时间去学习用法，除非这个产品是工作中不可或缺的工具，如各种CAD软件或印刷排版软件等。

如果说二三十年前UCD是产品设计追求的一个目标，那么今天UCD就成为产品设计的生命线。因为过去的产品是功能性产品，强调的是功能强大，能够解决工作中无法回避的困难，且常常是独家提供的，用户别无选择，这时好用好看的设计只是锦上添花。而今天的产品是体验性产品，同类产品随手可得，如果用户拿到产品感觉体验不好，就会立刻放弃。

要想第一时间吸引用户，不让用户流失，我们必须遵守一系列的设计原则。

第一，产品的功能和内容是第一位的，视觉效果是第二位的，如果颠倒了二者的关系，用户便会很快对产品失去兴趣。毕竟用户购买产品是为了用，而不是为了看。今天我们所提倡的扁平化设计的核心就是让用户不要被产品表面层吸引，能够透过表面层一眼看到功能和内容。

第二，产品的设计一定要符合用户习惯，这就要求UI设计一定要符合既有规范。因为用户长期使用各种软件产品，早已形成了操作习惯。无论是PC端的UI规范，还是移动端的UI规范，都完全对应用户的操作习惯。按照规范设计出来的产品，用户操作时不会感到生疏，很快学会使用，把用户的学习时间降到最短。这非常重要，因为今天的人们都惜时如金，浪费他们的时间是不可接受的。

第三，要定期更新设计，以适应社会变化、时尚变化、观念变化，使产品保持活力。今天无论是软件产品、电子产品、汽车产品还是服装鞋帽、时尚产品，一个版本、一个型号、一个样式，无论它在当年多么受欢迎，都只是暂时的，第二年总会被新版本、新型号、新样式所取代。因此，如果一个产品不能坚持设计上的不断更新，最后只能被无声无息地淘汰掉。

第四，好的设计一定是，一个产品只针对一个功能或一个服务，不要贪多求全。那么找对产品的功能切入点就非常重要了。要善于挖掘用户需求中的"痛点"，找出"痛点"的原因，针对"痛点"的原因，往往能够高效解决产品功能切入点的问题，并且超出用户对产品的预期。

1.3.2 界面设计的注意事项

1. 设计师对于产品的需求要敏感

在进行产品设计时，用户自然会提出相关需求，但如前所述，用户的需求仅仅是交付产品的底线要求。要设计出一款优秀的产品，就必须考虑以什么样的方式来满足用户的需求，这恰恰是考验设计师创意能力的时候。设计师要能想象出产品的使用场景，从用户的基本需求后面挖掘出一系列潜在的需求，实现了这些潜在需求，就可以给用户以惊喜。例如，对于一些复杂操作，在UI设计时能否考虑通过合理的逻辑简化用户操作？能否通过合理地使用控件和界面布局让用户单手操作？能否让一个网页在PC端和移动端都能获得不错的显示效果？这些都是以用户为中心设计理念的体现，这些需求也许用户没有提出，但是如果设计师替用户想到了，用户就会感到产品很体贴，超出了用户的预期，因而产品也就有了亮点。

2. 设计师对于产品的规模要有清醒的认识

设计师在设计软件功能的时候，首先要确认软件的运行平台，因为运行平台的不同，决定了软件规模的不同。在PC端，由于软硬件资源丰富，屏幕面积大，鼠标键盘输入操作便捷，因此适合运行功能复杂的大任务。而在移动端，由于屏幕面积受限，输入速度受限，因此不适合运行功能复杂的大软件，而更适合运行任务单一、操控简单的小软件。即使是同一个软件，既要在PC端实现，也要在移动端实现，那么PC端的功能移植到移动端的时候，也要做大量合理的裁剪。如何裁剪？删除哪些功能？保留哪些功能？这时候又要考验设计师的创意能力。设计师必须站在用户的角度，还原用户的使用场景，来决定移动端软件功能的取舍。

3. 设计师要重视可用性测试

设计师对于自己设计作品好坏的评价一定要客观，一定要杜绝主观想当然。做到这一点的有效途径就是进行可用性测试。

根据ISO9241-11的描述，可用性是指在特定环境下，产品为特定用户用于特定目的时所具有的有效性、效率和主观满意度。其中，有效性是用户完成特定任务和达成特定目标时所具有的正确和完整程度。效率是用户完成任务的正确和完成程度与所用资源（如时间）之间的比率。主观满意度是用户在使用产品过程中所感受到的主观满意和接受程度。

可用性测试征集一些目标用户，让目标用户通过设计师的产品完成一些特定任务，比如用设计师的软件完成一次购物，或者用设计师的软件完成一次订票等。在完成任务的过程中，要对用户的产品使用情况做详细记录，包括测试内容、目标任务内容、时间限制、目标完成率、一次性完成的任务、多次尝试后完成的任务、经提示完成的任务等。特别要关注两个指标，一个是运行概率，另一个是时间占有率。运行概率是指用户完成任务需要的操作尝试次数，显然一次成功是最理想的；时间占有率是指一次成功的操作所耗费的时间，当然这个时间越短越好。对于测试结果，要认真进行数据分析，找出改进设计的依据和方向。

在征集测试的参与者时，要注意几点，一是要征集那些确实需要该产品，但是又没有操作过该产品的人，并且尽量从不同的渠道征集多种多样的测试候选人。所谓多种多样是指来自不同群体，而不是来自相同环境下的一群人（比如同一个部门、同一个办公室的人）。二是要避免征集专业型用户，因为产品是面向大众的，专业型用户没有典型意义。三是要与测试者签订保密协议，并准备好相应的报酬。

可用性测试一定要避免走过场，因为此时产品还没有上线，出现任何问题都不会有什么后果，但是如果上线后出现了问题，损失会非常严重。

1.3.3　PC端网页界面的设计原则

PC端网页页面设计的首要原则是"以用户为中心"。要站在网页浏览者的角度考虑问题，要研究用户的想法，最大限度地实现用户的需求，因为用户就是上帝，没有用户的浏览，网页就失去了存在的意义。在网页界面的设计中，要考虑用户的浏览器，尽量采用通用技术，不要让用户因为浏览器的兼容问题频繁出现浏览失败的情况。另外，还要考虑用户网络的性能问题。用户接入网络的技术多种多样，如ADSL、小区宽带、高速专线等，在设计网页时要充分考虑网络性能问题，不要传输过大的文件，使得有些用户产生严重的网络卡顿现象。

界面设计的基本原则-PC端网页设计原则（6）

除了网络性能，视觉美观也是需要重点考虑的问题，要能够吸引浏览者的注意力。在对网页界面进行设计时，要有整体规划，根据内容的关联性，合理布局，将网页分割成不同的视觉区域，通过使用视觉表现手段，合理搭配色彩，突出网页中的重要信息，划分网页的内容层级，使整个网页主题明确、结构清晰、逻辑顺畅。

网页界面需要用视觉元素来表现，也就是使用形状、尺寸、颜色、明暗、方位这些视觉属性来构成界面。要设计出好的界面，就必须对这些视觉属性有基本的了解。

下面就部分视觉元素和网页布局进行介绍。

1. 形状

形状是人们最容易识别的视觉属性,在界面中,通过各种形状的元素,可以区分各种操作,如图1-7所示。

图1-7 网页中的各种形状

图1-7中的网页,通过几个矩形,把整个网页分成了几个不同的功能区,使得网页内容更加结构化。

2. 尺寸

一个物体的大小,也是很容易分辨出来的。在网页界面中,常常使用尺寸比较大的元素,来引起用户的注意,进而突出所要表现的主题,如图1-8所示。

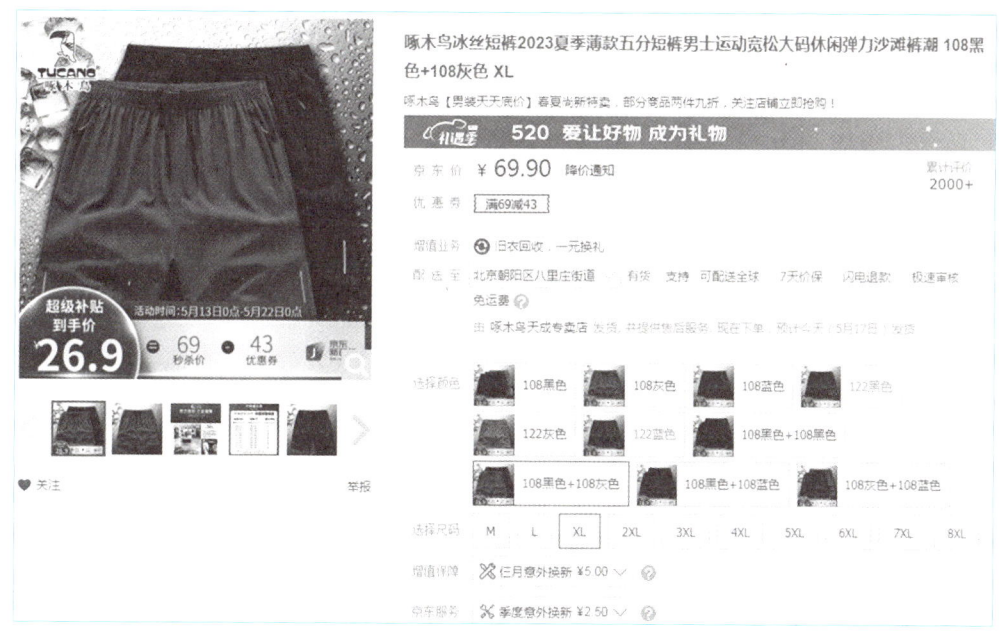

图1-8 用大尺寸吸引用户注意力

3. 颜色

颜色是视觉属性中的重要部分，我们感受到的外界一切视觉形象，如物体的形状、尺寸、方位等，都是通过色彩区分和明暗关系得到反映的。人们对色彩的感受是界面设计和美化的依据。因此要学习界面设计，就必须理解色彩与人们情绪、情感之间的关系，并且要掌握一定的色彩搭配技能，使界面配色符合人们的审美习惯，进而达到美化界面的目的。

以下是关于颜色的一些基础知识。

（1）颜色属性

① 色相。色相是指色彩的相貌，是色彩最显著的特征。光谱上的红、橙、黄、绿、青、蓝、紫就是七种不同的基本色相。

人的色彩感知途径是光源、彩色物体、眼睛和大脑，称为色彩感觉形成的四大要素，这四大要素也是人们正确判断色彩的条件。在四大要素中，光源排在第一位，可以说哪里有光，哪里就有颜色。颜色不是单独存在的，一种颜色总是与其他颜色产生联系。在与其他颜色的相互关系中，有的关系近一些，有的关系远一些。所有颜色之间的关系，可以用色相环表示出来。色相环是我们在设计中选择颜色的一个强有力的工具。如图1-9所示的是色相环的例子。

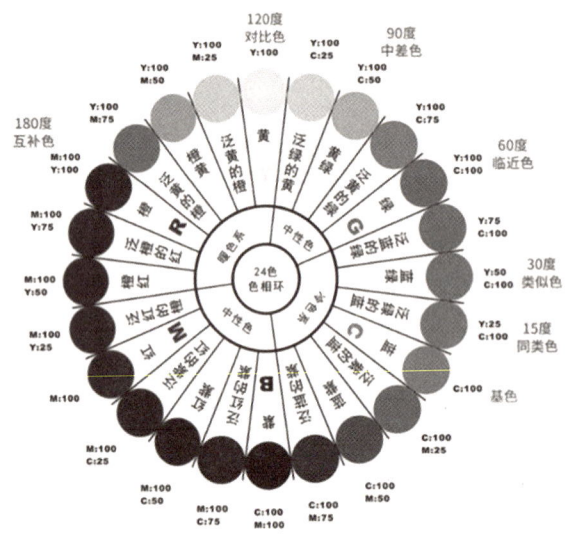

图1-9　色相环

色相环（Color Circle）是指一种圆形排列的色相光谱（Spectrum），色彩是按照光谱在自然中出现的顺序来排列的。暖色（Warm Color）位于包含红色和黄色的半圆之内，冷色则包含在绿色和紫色的那个半圆内。互补色（Complementary Color）出现在彼此相对的位置上。

根据颜色系统的不同，色相环也分很多种，如美术中的红黄蓝（RYB）色相环，光学、计算机Photoshop中的红绿蓝（RGB）色相环和印刷中的CMYK色相环。

通过色相环，我们可以看到，颜色之间的距离使用角度来衡量。如果两种颜色之间的距离为15度，这两种颜色称为同类色；如果为30度，则称为类似色；如果为60度，则称为邻近色；如果为90度，则称为中差色；如果为120度，则称为对比色；如果为180度，则称为互补色。这些概念在设计配色方案时非常重要。

② 明度。明度是指色彩的明暗、深浅程度的差别。颜色有明暗之分，为了显示颜色的明暗，色相环可以有多个环。两个外围的大环是暗色，里面两个小环是明色。图1-10所示色相环由五个同心环组成，从暗到亮，暗色处于大环，明色处于小环，中间是颜色的基本色相。

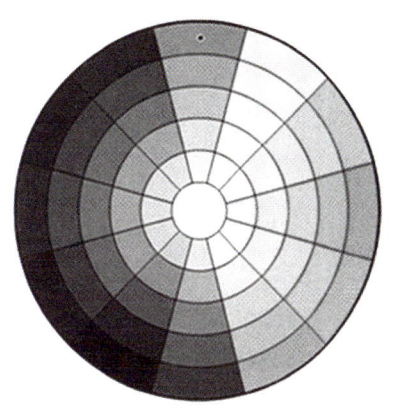

图 1-10　色相环表示颜色的明暗

色彩明暗产生的原理很简单，图1-10中的暗色就是基本色相加上黑色，而明色则是基本色相加上白色。五个圆环清晰地表示了颜色如何由暗到亮的过程。

③ 纯度。色彩纯度，是指原色在色彩中所占据的百分比，用来表现色彩的浓淡和深浅。纯度是色彩鲜艳度的判断标准，我们常说的深色、浅色实际指的就是色彩纯度的高低。

纯度最高的色彩就是原色，随着纯度的降低，色彩就会变淡。纯度降到最低就失去了色相，变为无彩色，也就是黑色、白色和灰色。

彩色的纯度，常用彩度或者饱和度表示，而黑白的纯度，则可以称为灰度。如图1-11所示的是颜色纯度表。

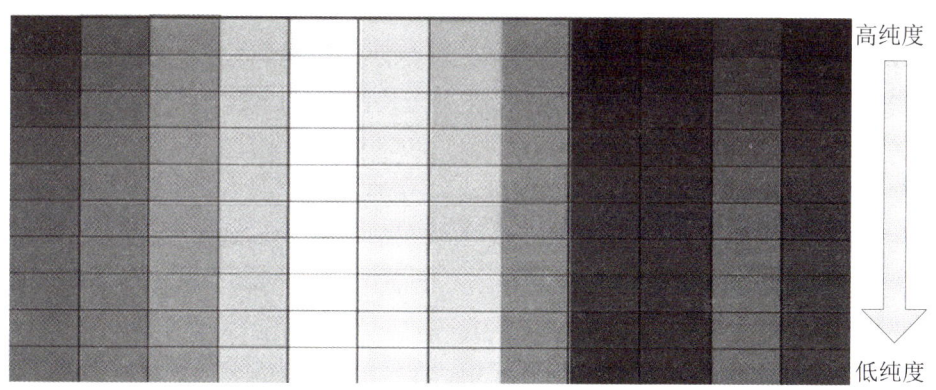

图 1-11　颜色纯度表

（2）色彩情感

色彩具有传达信息、激发情感的作用，具有强烈的情感传递表现力。不同的色彩能够激发人们不同的心理活动，这种现象称为色彩联想。例如：

红色可以使人联想到强烈、禁止、警告、危险、喜庆、吉利、热情、豪华、热烈等；

橙色可以使人联想到甜美、温情、欢喜、华丽、鲜艳、成熟、充沛、喜悦、活泼等；

黄色可以使人联想到信心、丰收、富饶、富贵、豪华、爽朗、愉快、明朗、希望等；
绿色可以使人联想到年轻、活力、安全、平静、和平、理想、春天、新鲜、公平等；
蓝色可以使人联想到深远、寂静、安宁、清爽、高科技、理性、精确、冷漠等；
紫色可以使人联想到优雅气质、女性化的、浪漫情调、高贵、权威、内向、文静等；
黑色可以使人联想到庄重、科技、重量感、严肃、深沉、悲哀、坚实、忧郁等；
白色可以使人联想到天真、纯洁、无邪、明亮、光明、神圣、真诚、干净、纯真等；
……

（3）色彩的冷暖感

具有温暖感的色彩是红、橙、橘黄、黄、紫红；
具有寒冷感的色彩是蓝、蓝绿、紫蓝；
中性色彩是紫、绿、黑、白、灰。
如图1-12所示为色彩冷暖的划分。
暖色有光明、热烈、流动、膨胀、刺激的意象。
冷色有冷静、稳定、理智、收缩的意象。

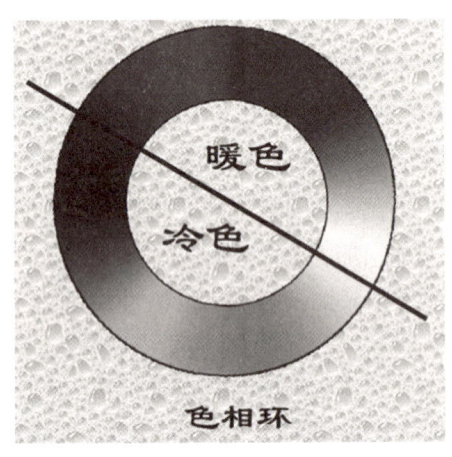

图1-12　色彩冷暖的划分

色彩搭配是一种艺术，需要和谐、美观、恰到好处，做到这一点并不容易，合格的设计师应该具备相应的素养。对于有美术功底的设计师来说，色彩搭配也许不是难题，但是对于没有美术基础的人来说，就需要有提升自己这方面能力的主动性，尽快克服色彩搭配设计方面的短板。

资深设计师可以在色彩搭配方面锐意创新，顶尖的设计作品能给人们唯美的享受，如历届奥运会标志和吉祥物的色彩搭配方案，可以说是艺术的巅峰，然而初学者还是要从一点一滴的积累和训练做起，这不是一朝一夕能够解决的事情。

色彩搭配

对于初学者来说，除了掌握色彩方面的一些基础知识外，最有效的方法就是经常观摩学习别人的优秀网页作品，从中吸取长处。色彩搭配是艺术，是艺术就有艺术规律。我们可以先学习一些色彩搭配的"经典套路"，这些套路往往符合色彩搭配的美学原则，能够为大多数人所欣赏和接受的配色方案。我们在设计中采用这些经典套路，虽然可能无法突出我们的某些个性，但至少是"安全"的，不会去触碰某些色彩搭配的禁忌，造成整体设计的失败。毕竟我们对色彩的运用还远远没有达到出神入化的境界，真的到了那样的水平，再尽情发挥我们的想象力和创造力也不迟。

色彩在界面中运用的目的，可以有以下几个方面：
- 通过色彩呈现出界面的主题。
- 通过色彩呈现出界面的层次结构。
- 通过色彩呈现出界面的整体结构。

（4）如何挑选颜色

因此，我们在设计网页界面的时候，首先要确定网页的主题，确定了主题之后就可以挑选一种合适的颜色担任主导色，或称主色调，配以辅助色（或称辅色调）构成页面的配色方案。主导色的挑选依据可以是主题与色彩情感的对应关系，当然这是对于初学者的一般建议，对于高手而言，常常会有出人意料的灵感。

① 红色。红色常常与激情、热情相联系，在设计中使用红色系可以很好地吸引用户，电子商务网站常常喜欢用红色系作为主色调，提高浏览者的兴奋度，刺激浏览者的购买欲。如京东、天猫都使用红色作为主色调。在大面积使用红色时要注意，为了避免过纯的红色使人疲劳，一般需要搭配白色或降低红色饱和度。如图1-13所示是主色调为红色的一些例子。

② 橙色。橙色也是一种充满活力的颜色，可以给人带来欢乐活泼的兴奋感。橙色比红色更加温和，所以同样适合于电子商务网站。比如淘宝的主色调就是橙色，让人觉得在淘宝购物有一种温暖的感觉。如图1-14所示是主色调为橙色的例子。

(a)   (b)

图1-13　主色调为红色

图1-14　主色调为橙色

③ 黄色。黄色作为暖色调，容易使人联想到能量、阳光、温暖、幸福，充满生命力。黄色是色相环中最明亮的颜色，网站用黄色做主色调，可以使网站非常醒目，更具有亲和力，使浏览者舒适而温馨。如图1-15所示的是主色调为黄色的例子。

图 1-15　主色调为黄色的例子

④ 绿色。绿色通常代表自然，给人平和、清新的感觉。绿色还代表希望，使人联想到健康、成长、丰富、欣欣向荣。如图1-16所示的是主色调为绿色的一些例子。

（a）

（b）

图 1-16　主色调为绿色的例子

⑤ 蓝色。蓝色通常与科技相联系，很多IT公司都运用蓝色作为自己的品牌色，最著名的就是IBM，被称为蓝色巨人。蓝色象征天空和大海，可以给人带来平静、放松、纯净和靓丽的感觉，一些著名的互联网公司，如国外的脸书、国内阿里的支付宝，都用蓝色作为主色调。如图1-17所示的是主色调为蓝色的例子。

图1-17　主色调为蓝色的例子

⑥ 紫色。紫色有一种神秘感，通常与奢侈品和女性相关，代表浪漫与奢华。如图1-18所示的是主色调为紫色的例子。

图1-18　主色调为紫色的例子

⑦ 黑色。黑色代表深邃、平静和安宁，没有任何情感倾向，给人以沉稳的感觉。在设计中尽量避免使用纯黑色，要略微偏灰一些。如图1-19所示的是主色调为黑色的一些例子。

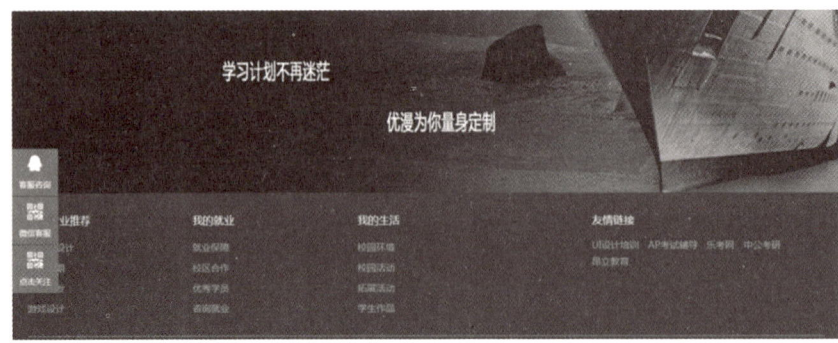

（a）

（b）

图1-19 主色调为黑色的例子

⑧ 白色。白色象征干净、神圣、纯洁，明度最高，无色相，最常见的是用白色做底色。如图1-20所示的是主色调为白色的一些例子。

（a）

图1-20 底色为白色的例子

单元 1　界面设计基础

(b)

图 1-20　底色为白色的例子（续）

（4）色彩搭配

在界面设计中，主色调基本上就是上面列出来的这几种，但是界面不仅仅是由这些主色调构成的，还需要配合一些辅色调，而且主色调和辅色调之间的配合还必须协调，这就需要我们知道色彩搭配的一些技巧。

网页界面常见的一些色彩搭配技巧可以总结如下。

① 单色配色法。只用一种颜色或色调，在色环上挑选一个色相，并用其不同的饱和度和明度来创造变化。这种配色方案整体只使用单一色调，能够给人一种页面很一致的感觉。优秀的单一色彩配色，也具有很强的表现力，如图 1-21 所示。

② 相似色配色法。用色环中彼此相邻的色彩，比如红色和橙色、蓝色和绿色来配色，这种配色方法很安全，可以大胆尝试。如图 1-22 所示是相似色配色法的例子。

图 1-21　单色配色法的例子

图 1-22　相似色配色法的例子

— 19 —

③ 互补色配色法。用色环上彼此相对的颜色来配色，例如蓝色和橙色、红色和绿色。为了避免单调，可以加入一些不同纯度和明度的颜色。另外还要特别注意互补色之间的搭配比例，一种颜色作为大面积主导色，另一种作为零星的强调色。如图1-23所示是互补色配色法的一些例子。

（a）

（b）

图 1-23　互补色配色法的例子

④ 三等分配色法。用三种均匀分布的颜色，在色环上形成一个完美的等边三角形，这种方法不容易取得色彩平衡，需要选一种颜色作为主色，其他颜色作为辅色和强调色。主色、辅色和强调色在版面中着色的比例建议为70%、20%和10%。

界面设计师的配色技巧提升是一个永恒的话题，作为初学者，不要一上来就追求标新立异，应该首先保证我们的配色至少不"犯忌"，不犯常识性的错误。因此，掌握一些安全的配色原则是有好处的。

● 在一个画面中最安全的颜色是黑、白、灰，黑、白、灰色能够给人以高级、有格调的感觉。如果网页要突出时尚和神秘的特色，则黑色背景也是不错的选择。如果选择黑色背景和白色字体，那么一些附属信息的亮度就应该降低一些，以调和黑白之间的强烈对比。黑色还可以大胆地搭配其他颜色，只要不搭配深色系，都不会出问题。白色与其他色彩搭配也很安全，比如白色和橙色搭配就显得很干净和有活力。要注意一点的是，如果用白色做背景色，那么文字的颜色就一定不要选亮色。要善于使用黑白灰色，当两种颜色搭配不协调时，加入黑色或灰色也许问题就解决了；很多界面都有大块的留白，留白是一种艺术，可以使画面均衡大气。

● 背景要避免采用复杂的图片，一般选用清新淡雅的颜色。界面整体采用的颜色数要控制在四种以内，可以选一到两种颜色作为主题色，使界面颜色不会单调。

● 如果画面中需要两种彩色，那么就需要好好地把控配色。比如说红色和黄色搭配，能够传达出热情、饱满、喜庆的感觉，其中还可以穿插白色，因为白色和黄色都是亮色，它们可以搭配使用。另外黄色和蓝绿色的搭配能够给人清新的感觉，黄色和粉色的搭配显得淡雅和温暖，橙色和紫色的搭配可以传达高贵和优雅，深蓝色搭配荧光绿则显得既年轻又动感。这些都是比较安全的搭配。尤其黄色是一种"百搭"的颜色，不太容易出问题。如图1-24所示是一些常见色彩搭配的例子。

（a）

（b）

（c）

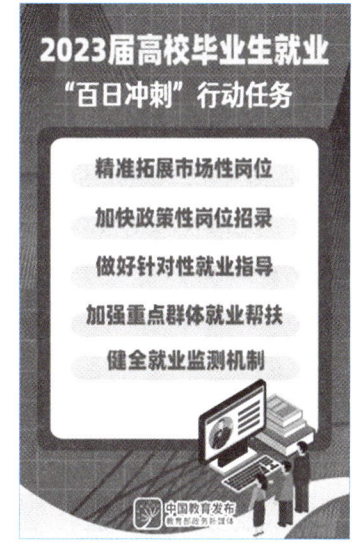
（d）

（e）

（f）

图1-24 常见色彩搭配

界面设计

- 同色系搭配，如深绿配浅绿、橙色配黄色都是比较安全的配色方式。如图1-25所示是同色系搭配的例子。

另外，还有一些常用的安全搭配：蓝色与白色、橙色搭配，如白色底，蓝色标题栏，橙色按钮或图标作为点缀；绿色与白色、蓝色搭配，如白色底，绿色标题栏，蓝色按钮或图标作为点缀；橙色与白色、红色搭配，如白色底，橙色标题栏，暗红或橘红色按钮或图标作为点缀，这种搭配常常用于商业网站界面设计；暗红与黑色、灰色搭配，如黑色底，暗红色标题栏，浅灰色文字。

4. 网页布局

网页布局也是网页界面设计中很重要的内容，关系到网页结构是否清晰，逻辑是否顺畅，页面是否美观。

网页布局设计也是技术与艺术的结合，需要长期的积累和训练。与色彩搭配一样，初学者应该从基本套路学起，掌握一般的规律和原则，不犯常识性的错误，在有了一定的经验和能力积累之后，再打破常规，进行发挥和创新。

网页设计常见的布局有以下这几种。

（1）大框套小框

整个网页在一个比较大的整体框架中，各个模块在整体框架中占据位置，它是一种包含与被包含的结构。这种结构的特点是有一个比较大的背景，其他内容限制在一个特定的宽度范围内，好处是视线比较集中，缺陷就是页面显得比较小，不是很大气。如图1-26所示是大框套小框布局的例子。

图1-25 同色系搭配的例子

界面设计的基本原则-网页布局

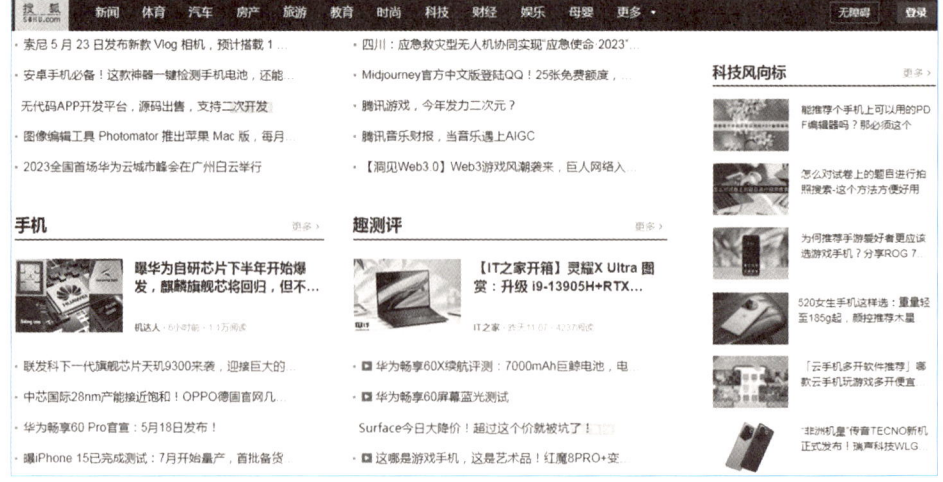

图1-26 大框套小框布局的例子

单元 1　界面设计基础

（2）流式布局

该布局打破了框架的限制，导航和Banner部分适应屏幕的宽度，即随着屏幕的缩放自适应缩放。优点是视觉上看起来比较完整，充实。

（3）主导航放在Banner下方

该布局打破了传统规则，导航被放在画面中间。在页面上方，直接放了一个体现页面主题和风格的Banner，因为导航放到了画面中间，这就给Banner留出了一个比较大的空间，让整个画面显得比较简洁大气。

（4）左中右布局

该布局将整个网页分为左中右三栏，拿出一栏放置Banner，体现网页的主题，其他两栏布局网页内容。这种布局给人以稳定和谐的感觉。如图1-27所示是左中右布局的例子。

图1-27　左中右布局的例子

（5）环绕式布局

在该布局中，页面环绕一个比较明显的图片装饰来进行设计。该图片是画面的焦点，体现了网页的主题，环绕焦点图片的是网页内容。这种布局方式比较灵活，先选好一个主题图片，然后所有网页元素围绕主题图片的视觉效果去设计，使得网页的主题非常突出。如图1-28所示是环绕式布局的例子。

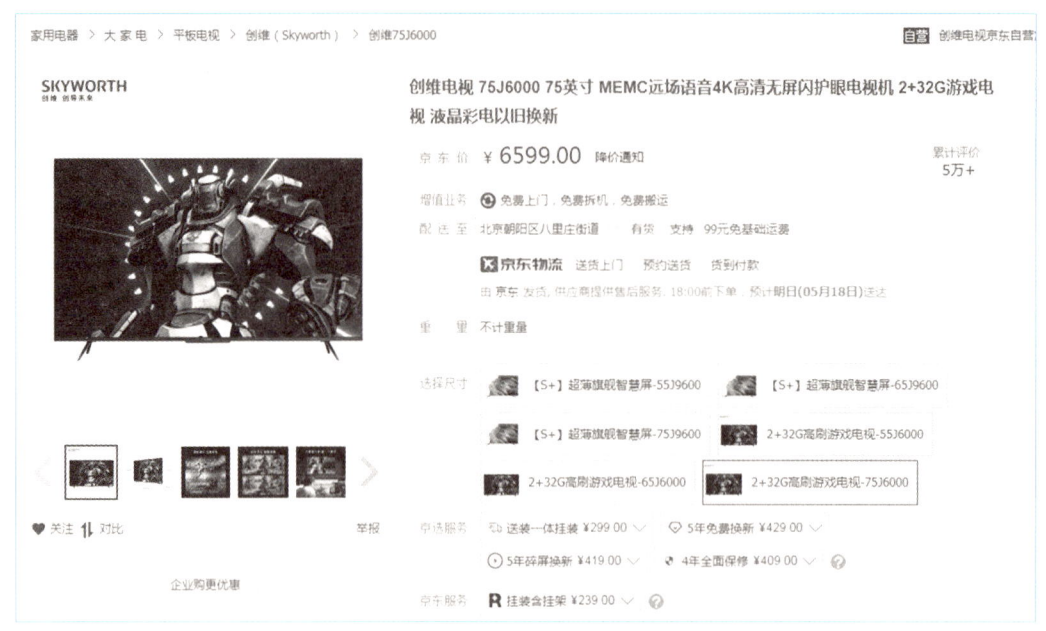

图1-28 环绕式布局的例子

（6）穿插式布局

在该布局中，Banner图片穿插在网页内容之间，给人以对称的感觉。整个网页画面感很强。主题图片配合文字内容，有海报的效果，适合做一些专题网站。如图1-29所示是穿插式布局的例子。

图1-29 穿插式布局的例子

5. PC 网页设计规范

网页设计规范就是确定一些网页设计的关键点和审美指标，是一些规则和描述。学习和遵守网页设计规范，可以提高处理设计细节的能力，养成良好的习惯。在设计中严格遵守规范也是设计水平的直接体现。规范的制定者往往是一个行业中的顶尖专家，他们制定的规范符合绝大多数人的审美习惯。设计符合规范界面，是我们提升自己设计能力的一个途径。

PC 网页规范

总的原则是画面要有平衡感，避免头重脚轻。

（1）网页尺寸

网页尺寸实际上指的是网页宽度，网页宽度的单位为像素（px），在设计稿中采用的网页总宽度一般取1920px，这是根据当前用户PC屏幕分辨率的统计数字得来的。

除了网页的总宽度，还有一个重要的尺寸叫作网页的可视范围，也就是网页中实际内容所占的宽度。一般网页的可视范围占据网页中心的1200px，可视范围两侧可以直接留白。

网页的导航是指网页顶部的那些文字超链接，导航高度的参考值一般是60px。网页中常常会有Banner图，也就是广告图，Banner图的高度参考值一般取600px。

（2）字体和字号

导航文字一般用微软雅黑16、18、20px，或宋体16、18、20px。正文文字也可以使用微软雅黑或宋体，大小为14~16px，不加粗。

导航、标题文字与正文文字的字体要统一。

英文文字大小通常可取9~13px，字体常用Arial、New times、verdana、sans-serif等高品质字体。

（3）文字颜色

网页中要确定一种主文字颜色，有时还需要确定一到两种辅助文字颜色。正文的颜色一般采用深蓝色或深灰色（#666666），但不要使用纯黑（#000000）。建议颜色最深用#333333，最浅用#999999。

网页中的分隔线颜色最深用深灰#CCCCCC，中灰用#E5E5E5，背景颜色如果用浅色则可参考#EEEEEE。

网页中的文字可以分为三个层级：主文（主标题）、辅文（正文）和提示文（提示性文字），这三个层级的文字颜色可分别使用#333333、#666666、#999999。

（4）行距

行距又称行高，一般取1.5~2倍文字大小。如12号文字，行距可设为18~24px；14号文字，行距可设为21~28px。

（5）链接

链接一般指文本超链接。文本超链接形式不得超过3种颜色（要确定一种主颜色）。链接可以有两种形式：显性链接和隐性链接。显性链接可以一眼看出来是一个链接，有链接的明显特征，而隐性链接与普通文本完全相同，没有任何不同，不去点击它就不会发现它是一个链接。

（6）整齐

网页中有一个很重要的概念是整齐。类似"豆腐块"的排列在大型网站中随处可见，每个版块排列得特别整齐。

当一篇文本段落比较多时，采用的格式是"首行缩进"，即每段的首行缩进两个中文字符。但是对于比较少、比较小的段落，建议就不要采用首行缩进了。

豆腐块与豆腐块之间要保持一定的间距，使得版块与版块之间不会过于紧凑。

（7）搜索框

使用单行文本框，高度一般为28~34像素，提示性字符的颜色一般用#999999。

帮助信息一般包括限定标签提示、标识性文字、热门关键词提示等。

（8）搜索按钮

搜索按钮一般包含图标形式和文字形式两种。

图标形式只能用放大镜图标，而不能使用其他图标；文字形式只能使用"搜索"，而不能使用其他文字。

搜索框和搜索按钮一般组合起来应用，具体的应用形式有两种：弱表现和强表现。

弱表现方式：在输入框内使用小字体（12号），其长度大约为提示性文字的长度，弱化搜索按钮的表现，不要用鲜艳的颜色，一般放在页面的右上角，不太容易注意到。

强表现方式：加大搜索框的显示，输入框内采用大字体（14号），突出搜索按钮的表现，采用更鲜艳的颜色，位置放在页面的中间并明显标识。

（9）页脚

页脚的内容一般包括内部链接、外部链接、许可证、授权证明、英文版权信息、中文版权信息、各类网络安全证明、工商证明、技术支持logo。各链接间隔统一使用"｜"，建议使用12号字，禁止使用加粗字体。

PC端的网页界面带有Windows应用程序的特点，因此在做网页设计时，还可以参考"Windows程序界面设计规范"，以保证网页界面易用性、规范性、合理性、美观性。

1.3.4 移动端网页界面的设计原则

这里所说的移动端，主要是指手机端。现在市场上手机主要有两种，一种是iPhone系列，或称iOS系列，另一种是安卓系列。移动端网页设计也需要遵循一定的规范。

1. 设计尺寸

手机端UI设计的常用设计尺寸如下：

iOS系统：750 px × 1334px（iPhone6/7/8/se），750 px × 1624px（iPhoneX/11/12）。

安卓：720 px × 1280px（小屏幕），1080 px × 1920px（大屏幕）。

设计尺寸的单位是像素（px）。

对于iOS系统来说，设计尺寸有两种，其中750px×1624px特别用于iPhoneX/11/12这种"刘海屏"手机的界面设计，如图1-30所示。

以上列出了常用的手机设计尺寸，在实际开发中，需要将设计尺寸换算为具体型号手机的开发尺寸。在尺寸换算中需要一点计算量，相对而言，750px×1334px（iPhone6/7/8/se）的换算关系比较简单，计算量较小，因此，一般喜欢基于该设计尺寸进行UI设计。对于750px×1334px（iPhone6/7/8/se）和750px×1624px（iPhoneX/11/12）这两种设计尺寸而言，设计中的区别仅仅在于状态栏、导航栏、标签栏的高度不同，这些高度尺寸是规范中定义的，不可更改，因此除去状态栏、导航栏、标签栏的高度后，设计师可以自由发挥的设计区域大小其实差不多。

图1-30　"刘海屏"手机

2. 设计字体

字体在UI中的作用也很重要，可以用字号和字体颜色区分重要信息和次要信息。

（1）iOS系统

中文字体：平方，英文字体：San Francisco。

常用文字大小：20～32px。状态栏中文字大小：22px。

导航栏中文字大小：32px。标签栏中文字大小：20px。

（2）安卓系统

中文字体：思源黑体，英文字体：Roboto，字号：22～36。

3. 控件尺寸

（1）iPhone 6/7/8/se

状态栏：40px，导航栏：88px，标签栏：98px。

（2）iPhone X/11/12

状态栏：88px，导航栏：88px，标签栏：98px，底部：68px。

（3）安卓小屏幕

状态栏：50px，导航栏：96px。

（4）安卓大屏幕

状态栏：75px，导航栏：144px。

由于安卓系统是开源系统，所以不像iOS系统那样有严格的控件尺寸规定，以上尺寸仅供参考。

4. 图标尺寸

导航栏图标：44px，标签栏图标：50px。

因为设计尺寸最终要换算成开发尺寸,因此没有必要针对不同的手机制作多个设计稿。通常一套设计稿可以适配所有手机,除非要求特别高,需要单独设计。

因此一些公司在做设计时,并不区分iOS系统和安卓系统,比如设计师可以基于iPhone8的设计尺寸进行UI设计,后期再去适配安卓手机,并不会产生什么问题。

两种设计尺寸的设计模型如图1-31所示。

图1-31 两种尺寸的设计模型

1.3.5 移动端优先原则与界面响应式设计

随着移动互联网的发展,消耗在手机上的网络流量已经超过了消耗在PC上的网络流量,基于这样一个事实,网页的一些设计原则和理念必须有所改变。

以前的网页设计理念是PC优先,设计师首先针对PC端创建包罗万象的网页,这样的网页在PC屏幕上显示毫无问题,然而当网页在手机端显示时,由于手机端屏幕很小,使得网页中的元素难以区分,于是不得不精简网页内容,去"将就"手机屏幕,这时的网页对于移动用户来说几乎是一个没有经过任何创意和设计的产品,只能"凑合"看看,谈不上良好的用户体验,移动用户对这样的网页也不可能有太大的兴趣。在移动互联网高度发达的今天,用户这样的态度最终会使企业遭受经济上的损失。

移动端网页的设计原则

移动端优先原则就是从移动端网页开始设计,然后将设计扩展到PC端,这样做的好处是能够直接吸引移动用户,而前面提到,移动用户消耗的网络流量远超PC端用户,因此移动端优先原则无疑是正确的。移动端优先原则还成为近年来发展起来的响应式设计技术的思想基础。

响应式设计是一种网页布局方式,其理念是:集中创建页面的结构,智能地根据用户行为以及使用的设备环境进行相对应的布局。

响应式设计理念的提出是为了改进移动互联网的浏览体验,通过响应式设计制作的网页，称为响应式网页。响应式网页可以根据浏览设备的不同（手机、iPad、PC）特性而呈现出不同的布局方式，无须编写多个不同的版本。即同一个网页版本，在手机屏幕、平板电脑屏幕和PC屏幕上都有不错的浏览体验。

响应式网页的效果如图1-32所示。

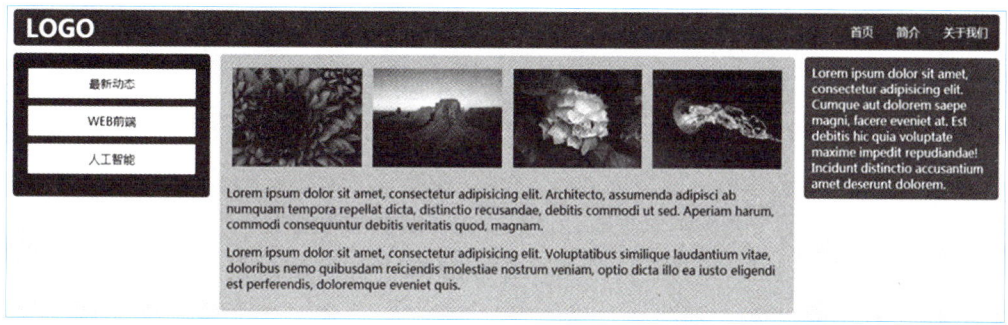

（a） PC端网页

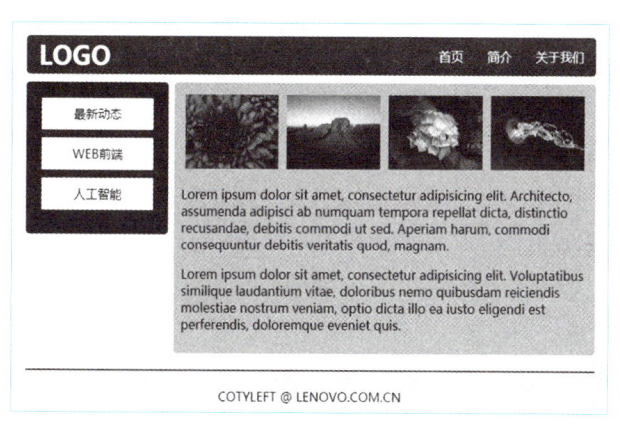

（b） iPad端网页　　　　　　　　　　　　　（c） 手机端网页

图1-32　响应式网页的效果

响应式设计是随智能终端设备发展起来的一种界面设计技术，在移动互联网高度发达的今天，该技术已经席卷前端和设计领域，成为人们建立网站的首选。本书后面部分将会详细介绍响应式设计技术。

1.3.6 思政点滴——数字经济与国家战略

习近平总书记在党的二十大报告中指出,"加快发展数字经济,促进数字经济和实体经济深度融合"。

数字经济是指以数据作为关键生产要素、以现代信息网络作为重要载体、以信息通信技术的有效使用作为效率提升和经济资源优化配置的重要推动力、以数据充分流动降低复杂经济系统不确定性的一系列经济活动。由此可见,数字经济围绕"数据"这一关键生产要素,借由数字科技全面赋能生产、投资、消费、贸易复苏增长等方方面面,代表着新的生产力和新的发展方向。

当前,数字经济已上升为国家战略,以数字化转型整体驱动生产方式、生活方式和治理方式变革要求也已经提出。其中,"十四五"规划和2035年远景目标纲要明确提出"打造数字经济新优势"。

习 题 1

一、填空题

1. 界面设计主要是指计算机软件的_____设计及_____交互和_____逻辑设计。界面设计是软件产品设计的一个重要步骤,好的界面设计可以让用户_____简洁、_____舒适,还可以让软件个性突出、品位优雅。界面设计的质量直接关系到软件今后的应用和推广效果。

2. 随着计算机硬件性能的大幅度提高,软件执行_____、存储_____已不再是用户特别关心的问题。用户的注意力逐渐转向软件的美观性和_____性。

3. "移动端优先"是近年来提出的界面设计理念,这个理念倡导以_____界面设计为主,兼顾_____界面设计,使手机界面与PC界面设计_____,并且由此产生了"响应式设计"的概念。

4. 响应式设计力求做到一个网页,可以根据浏览设备的不同(手机、iPad、PC)而呈现出_____的布局方式,_____编写多个不同的版本。

5. 需求调查就是要弄清用户到底需要什么,也就是_____需求。通过观察、访谈、体验等方式与用户不断_____,准确把握正在设计产品的_____。

6. 需求分析,就是要把_____需求转换为_____需求,这样获取的需求称为_____型需求。

7. 竞品分析通过_____同类有竞争力产品的功能、架构、设计,_____同类产品的优点,降低_____成本,了解用户的_____习惯。

8. 通过竞品分析找出自己产品功能上的_____,做到人无我有,人有我优。

9. 在产品的差异化设计中,差异化不仅仅体现在功能和服务方面,还体现在满足不同_____、不同_____、不同_____、不同_____方式的人群需要。

10. 在设计阶段,我们需要达到两个目标,第一个目标是产品要能够_____用户的需求,第二个目标是_____用户的预期,给用户以惊喜。

11. 交互设计的结果最终会体现在界面上。界面上的一切，包括各种布局架构、控件安排、信息展示方式都是自上而下逐步设计＿＿而来的，体现了产品的＿＿定位及＿＿学和人体工程学的考量，而不是仅凭美感随手创造而来的。

12. 设计师和用户之间最有效的沟通方式是使用＿＿工具，一张图胜过千言万语。

13. 当设计师跟用户有了一定的沟通交流以后，可以把对于用户需求的＿＿和自己的＿＿用一张低保真＿＿图表达出来，与用户进行＿＿。

14. 在经过一段时间设计交流之后，可以把阶段性的设计成果在PC上做成＿＿（Demo），找一些人来做＿＿测试。

15. 可用性测试不是让＿＿来做，而是找一些与项目不相关的人来做，目的是征求＿＿，改进＿＿。

16. 所谓迭代就是对一个设计方案进行多轮＿＿，每一轮新的修改方案都比上一轮的方案更加＿＿。

17. 以＿＿为中心的设计（UCD），就是要让我们＿＿用户去进行设计，而不是让用户来适应我们的设计。

18. 产品的＿＿和＿＿是第一位的，＿＿效果是第二位的，如果颠倒了二者的关系，用户便会很快对产品失去兴趣。

19. 产品的设计一定要符合用户＿＿，这就要求UI设计一定要符合既有规范。

20. 要定期更新设计，以适应＿＿变化、＿＿变化、＿＿变化，使产品保持活力。

21. 根据ISO9241-11的描述，可用性是指在＿＿环境下，产品为＿＿用户用于＿＿目的时所具有的＿＿、效率和＿＿满意度。

22. 网页界面需要用视觉元素来表现，也就是使用＿＿、尺寸、＿＿、明暗、＿＿这些视觉属性来构成界面。

23. 在网页界面中，常常使用＿＿比较大的元素，来引起用户的注意，进而＿＿所要表现的主题。

24. 颜色是视觉属性中的重要部分，我们感受到的外界一切视觉形象，如物体的形状、尺寸、方位等，都是通过＿＿区分和明暗关系得到反映的。

25. 色相是指色彩的＿＿，是色彩最显著的＿＿。光谱上的红、橙、黄、绿、青、蓝、紫就是七种不同的＿＿色相。

26. 人的色彩感知途径是＿＿、＿＿物体、＿＿和大脑，称为色彩感觉形成的四大要素，这四大要素也是人们正确判断色彩的条件。

27. 所有颜色之间的关系，可以用＿＿表示出来。

28. 通过色相环，我们可以看到，颜色之间的距离使用角度来衡量。如果两个颜色之间的距离为15度，则这两种颜色称为＿＿色；如果为30度，则称为＿＿色；如果为60度，则称为＿＿色；如果为90度，则称为＿＿色；如果为120度，则称为＿＿色；如果为180度，则称为＿＿色。

29. 明度是指色彩的＿＿＿、＿＿＿程度的差别。

30. 色彩明暗产生的原理很简单，暗色就是基本色相加上＿＿＿色，而明色则是基本色相加上＿＿＿色。

31. 色彩纯度，是指原色在色彩中所占据的＿＿＿比，用来表现色彩的＿＿＿和深浅。

32. 纯度是色彩＿＿＿度的判断标准，我们常说的深色、浅色实际指的就是色彩＿＿＿的高低。

33. 纯度最高的色彩就是＿＿＿色，随着纯度的＿＿＿，色彩就会变淡。纯度降到最低就会失去＿＿＿，变为无彩色，也就是黑色、白色和灰色。

34. 色彩具有传达信息、激发情感的作用，具有强烈的情感＿＿＿表现力。不同的色彩能够激发人们不同的心理活动，这种现象称为色彩＿＿＿。

35. 我们在设计网页界面的时候，首先要确定网页的＿＿＿，确定了主题之后就可以挑选一种合适的颜色担任＿＿＿色，或称主色调，配以＿＿＿色（或称辅色调）构成页面的配色方案。

36. 单色配色法只用一个颜色或色调，在色环上挑选一个＿＿＿，然后用其不同的＿＿＿度和明度来创造变化。这种配色方案整体只使用单一色调，能够给人一种页面很＿＿＿化的感觉。

37. 黑色还可以大胆地搭配其他一些颜色，只要不搭配＿＿＿色系，都不会出问题。

38. 如果用白色做背景色，那么文字的颜色就一定不要选＿＿＿色。

39. 当两种颜色搭配不协调时，加入黑色或＿＿＿色也许问题就解决了；很多界面都有大块的留白，留白是一种艺术，可以使画面＿＿＿大气。

40. 背景避免采用＿＿＿的图片，一般选用＿＿＿的颜色。

41. 响应式设计是一种网页布局方式，其理念是：集中创建页面的＿＿＿，智能地根据用户行为以及使用的＿＿＿环境进行相对应的＿＿＿。

二、问答题

1. 什么是竞品？什么是竞品分析？
2. 什么是迭代？为什么设计过程是一个迭代过程？
3. 什么是以用户为中心的设计（UCD）？为什么说今天UCD是产品设计的生命线？
4. 什么是可用性？什么是可用性测试？
5. 什么是色彩联想？
6. 色彩在界面中运用的目的是什么？
7. 请列举几个网页界面常用的色彩搭配技巧并简要说明。
8. 请列举几个网页设计中常用的布局方式并简要说明。
9. 什么是"移动端优先"原则？
10. 什么是响应式设计？

单元 2　界面设计的快速原型设计工具

【学习目标】
- 掌握快速原型设计的基本概念。
- 掌握快速原型工具Axure的环境搭建方法。
- 掌握Axure线框图的概念和制作方法。
- 掌握Axure元件库和图标库的使用方法。
- 掌握Axure布局界面元素的使用方法。
- 培养观察问题、发现问题、解决问题的能力。
- 培养认真、严谨、细致的科学素养。

2.1　快速原型设计的概念

快速原型设计的概念

2.1.1　什么是快速原型设计

根据经验，以往许多项目的失败，归结起来，多数无外乎以下几个原因。

（1）没有或者很少让客户参与

没有客户的参与，设计师的很多想法就变成了闭门造车、一厢情愿和想当然，当投入大量人力物力把项目做出来时，却发现根本不是客户想要的东西，导致项目失败，所有前期投资被浪费。

（2）在尚未获得完整需求时就盲目推进

准确理解项目需求是项目成功的关键，在项目需求不完整的条件下，匆匆开工进入项目实施阶段，必然导致项目失败。

（3）客户频繁变更需求和规格

对于软件项目来说，需求和规格的变更是开发人员最不愿意面对的事情，这将意味着前期工作的浪费和新的不确定性。但是软件项目开发永远不变的就是要面对"改变"，如果不能正确地面对和处理"改变"，就会使项目走向失败。

以上项目失败的原因，归根结底是开发人员与客户缺乏充分的沟通，缺乏沟通必然导致开发人员对客户需求不能准确地理解甚至产生误解。

然而在软件项目中，真正做到充分沟通并不容易，这源于以下三个原因：

① 客户往往不懂技术，与开发人员缺乏沟通的基础。

② 客户提出的需求往往很模糊，可能只给出了一些基本任务，却没有详细的功能和特性描述。

③ 对于复杂的项目来说，客户语言文字的能力有限，很难完整准确表达需求，即使能够表达，对方也很难充分理解所表达的全部意思。

在这种情况下，找到一种能够高效沟通的方式就显得非常重要。快速原型设计就是这样一种方式。

快速原型设计是在产品实施之前对产品的一个简单框架设计，将想法和方案用线条和图形表达出来。这样做的好处是能够以可视化的方式与客户高效沟通。因为人对于图像的理解能力远远强于对于语言文字的理解能力，因此在需求分析和界面设计阶段可以使用低保真线框图非常直观地与客户讨论产品需求和设计方案，并且可以快速修改方案，将讨论结果直接在低保真线框图上反映出来，最大限度地消除双方理解上的偏差。界面设计阶段的最后，使用带复杂交互功能的高保真原型图把设计师的最终设计想法展示给客户，一方面求得客户对设计方案的最终确认，另一方面也是作为后续项目实施工作的依据。

低保真线框图如图2-1所示。高保真原型图如图2-2所示。

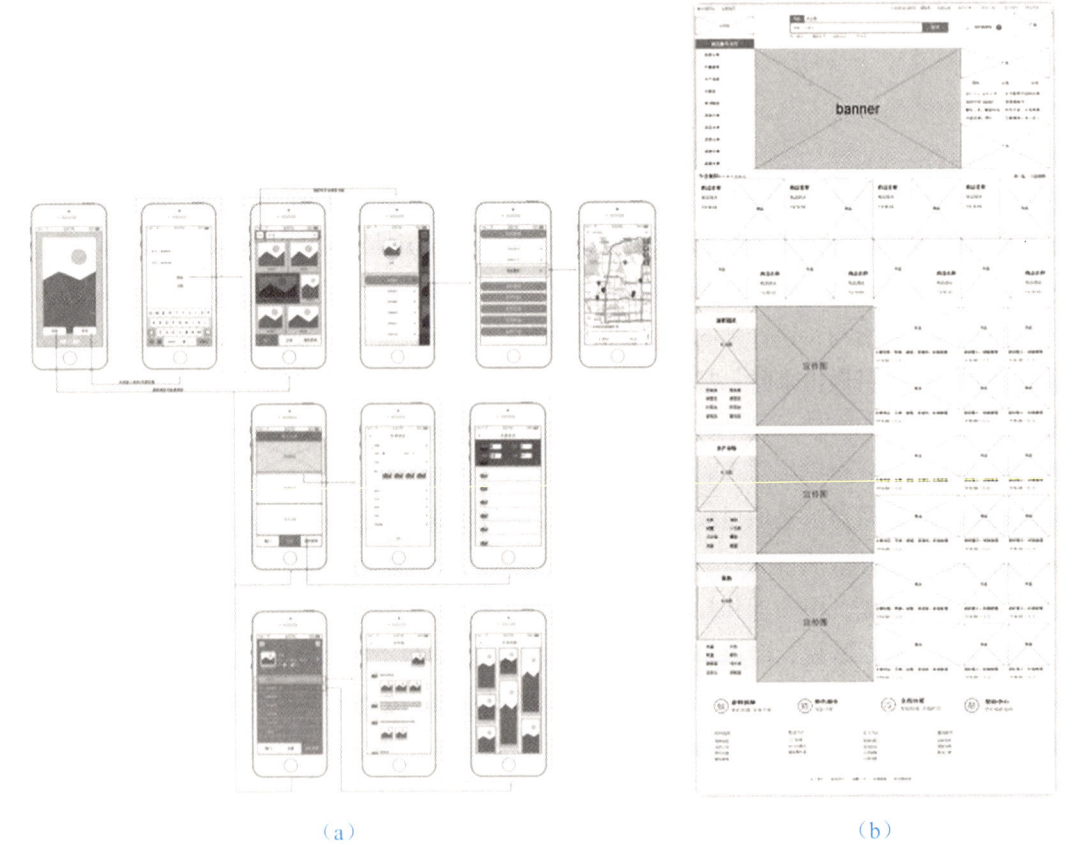

(a) (b)

图 2-1 低保真线框图

快速原型设计主要展现产品的信息架构、产品的内容、产品的功能及产品的交互方式。在快速原型设计中，要有合理的功能框架划分、完整的结构、清晰的功能流程、合理的色彩运用、简洁的交互设计，并且在线框图中要附上简单统一规范的文字说明。除了每个页面的线框图和原型图,还需要有页面之间跳转的流程图,将页面跳转逻辑清楚地表达出来。

图 2-2　高保真原型图

快速原型设计是一种高效沟通方式,它以用户为中心,尽量简化文档工作,用客户容易理解的方式,吸引客户积极参与项目,在项目早期阶段充分与客户交流,避免需求误解与遗漏,可以将项目的需求风险降至最低。

2.1.2　快速原型设计工具 Axure RP

Axure RP是一款专业的快速原型设计工具。Axure代表美国Axure公司,RP是Rapid Prototyping(快速原型)的缩写。

Axure RP的功能非常强大。从制作低保真线框图,到制作带复杂交互的高保真原型图,Axure RP都是非常理想的实现工具。Axure RP特别适合那些定义需求和规格、设计功能和界面的人员快速创建应用软件或Web网站的线框图、流程图、原型和规格说明文档。

Axure RP提供了非常丰富的设计资源，如常用的控件、丰富的图标、完备的事件系统、便捷的交互设计流程等。

Axure RP的界面操作非常便捷和规范，新手入门的学习成本很低，可以快速过渡到实质性的功能使用阶段，在界面设计方面，Axure RP堪称典范。

Axure RP是UI设计师必备的软件之一，全球大量的企业都在使用Axure RP。

2.2　Axure RP 的安装与使用

2.2.1　Axure RP 的安装

Axure RP的安装非常简单，可以进入Axure RP 9的官方下载页面，根据需要下载Windows版或Mac OS版的setup安装程序，启动setup安装程序进入安装界面，阅读客服协议，勾选同意后，跟随安装程序引导，一路点击"Next"按钮，直到安装完成为止。如果是汉化版本，则还要根据汉化说明文件，将汉化相关文件复制到指定文件夹。

Axure RP 的安装与使用

2.2.2　Axure RP 的主界面

Axure RP 9启动后的界面如图2-3所示。点击"新建文件"按钮，进入Axure RP 9工作环境。Axure RP 9的工作环境分为几大区域，如图2-4所示。

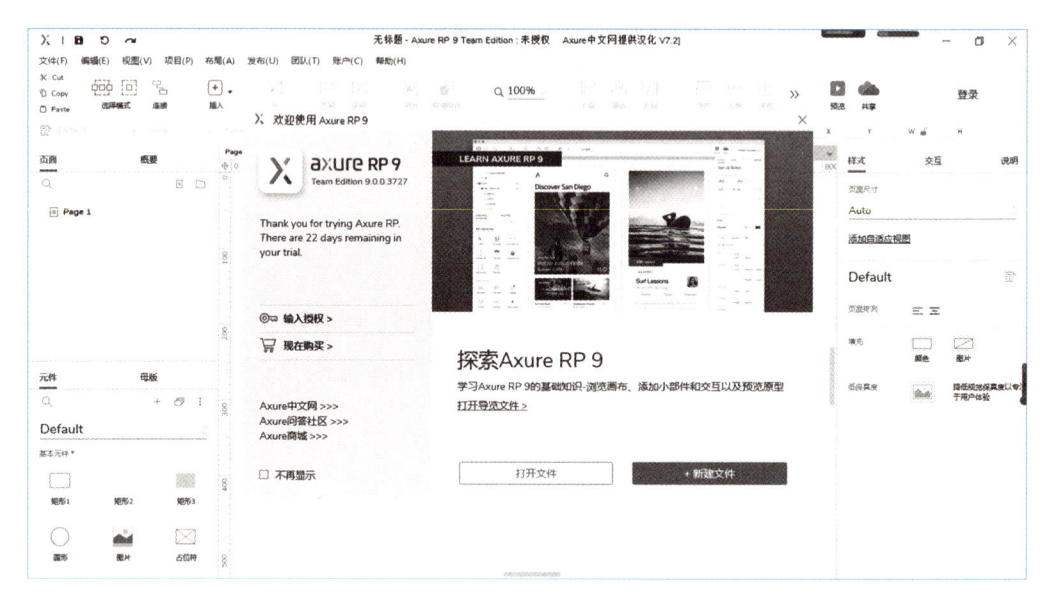

图 2-3　Axure RP 9 启动后的界面

单元 2　界面设计的快速原型设计工具

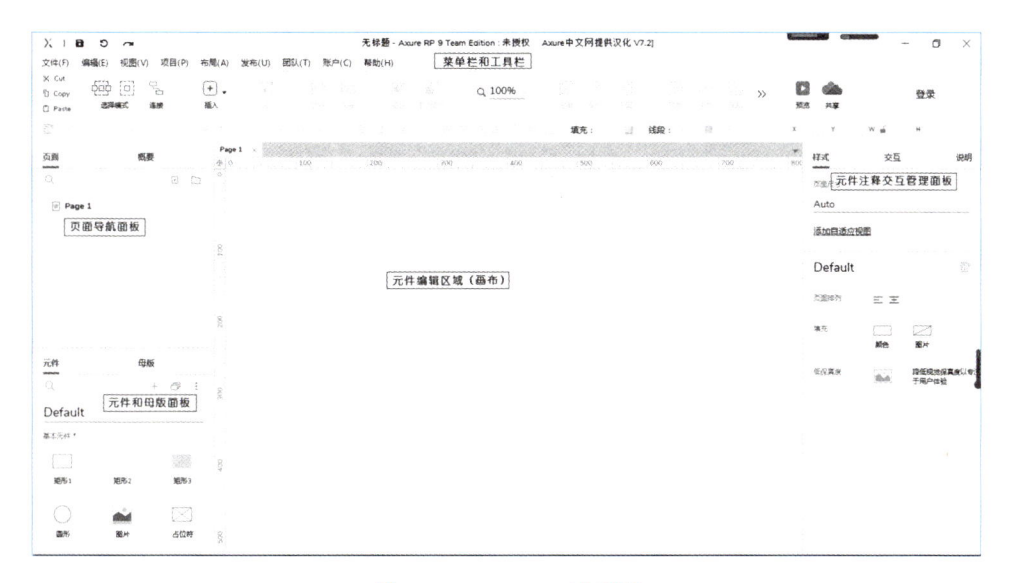

图 2-4　Axure RP 工作环境

菜单栏中的菜单系统包括Axure的全部功能选项，工具栏将菜单中常用的功能选项以图标的形式列举出来，方便点击使用。

左边的页面导航面板、元件和母版面板是Axure RP的主体功能，中间的元件编辑区域主要负责原型设计效果的展示，右边的元件注释交互管理面板负责元件参数、样式及交互功能设置。

2.2.3　Axure RP 的菜单栏与工具栏

Axure RP的菜单是标准的Windows菜单，这使得新手感觉操作非常熟悉，可以把精力主要集中在菜单的功能上，而不是菜单的使用上。这就是规范化设计的好处，也是我们学习界面设计时需要借鉴的地方。在界面设计时，无论是菜单结构、操作逻辑、布局样式还是字体和颜色设置，只要有相应的规范，就要尽可能按规范设计。这样设计出来的界面符合用户的使用习惯，能够缩短用户的学习时间。在今天如此高速的生活节奏下，能够节省用户的时间就能够吸引用户。

Axure RP的菜单是一个多级菜单，主菜单由9个选项组成，点击每个选项可以弹出一个子菜单，子菜单中的选项还有可能包含更下一级子菜单。每个菜单项最多包含3个层级，分别称为一级菜单、二级菜单和三级菜单。Axure RP的三级菜单如图2-5所示。

Axure RP的菜单栏提供了丰富的功能，包括：

常用的文件操作，如新建、打开、保存、导入、导出、打印、备份等。

编辑操作，如复制、粘贴、格式刷、查找、替换、撤销等。

视图功能，如工具栏、功能区、标尺网格辅助线的设置等。

项目管理，如元件样式管理、页面样式管理、全局变量管理、自适应视图设置等。

布局管理，如编辑区各元件的图层设置、对齐设置、分布设置等。

其他，如发布文件生成、项目团队管理、账户管理及在线帮助等。

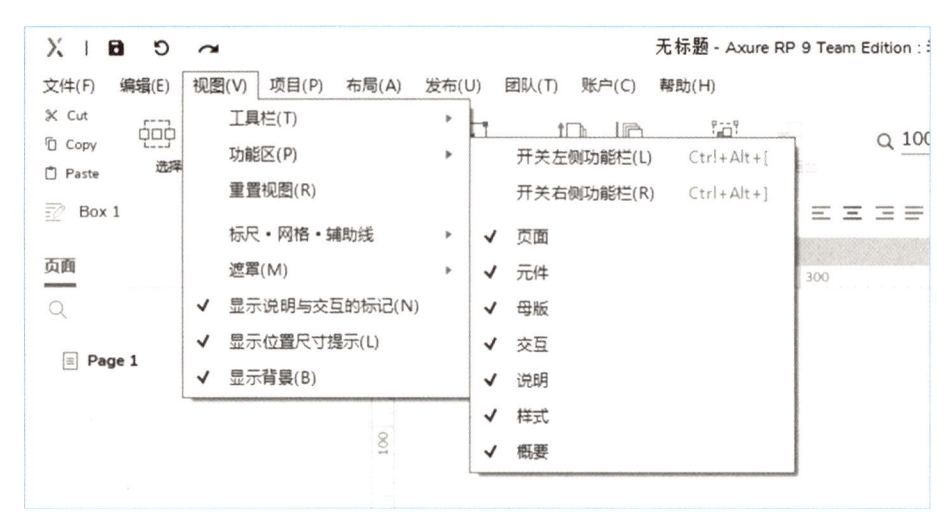

图 2-5　Axure RP 的三级菜单

Axure RP的工具栏将最常用的一些功能选项提取出来，以图标+文字的方式集中呈现，方便用户点击选择，如图2-6所示。

图 2-6　Axure RP 的工具栏

从图2-6中可以看出，工具栏中的左侧对齐、居中对齐、右侧对齐、图层调整、选择模式等功能，在工具栏中都能找到，这些都是常用功能，每次通过三级菜单去寻找这些功能确实很费事，把这些功能列在工具栏中，需要的时候用鼠标直接点击所需功能的图标，对用户来说方便得多。

2.2.4　Axure RP 中的元件库和图标库

元件是原型设计的基础，Axure RP提供了丰富的元件库，使得我们在原型设计中能够得心应手。另外，Axure RP还提供了图标库，用于美化和丰富原型设计。

Axure RP的自带元件库分为基本元件、表单元件、菜单表格和标记元件，下面先介绍基本元件和表单元件。

1. 基本元件

基本元件在元件面板的Default库中。Axure RP 9的基本元件包括20个元件，如图2-7所示。

Axure RP 的基本元件-1

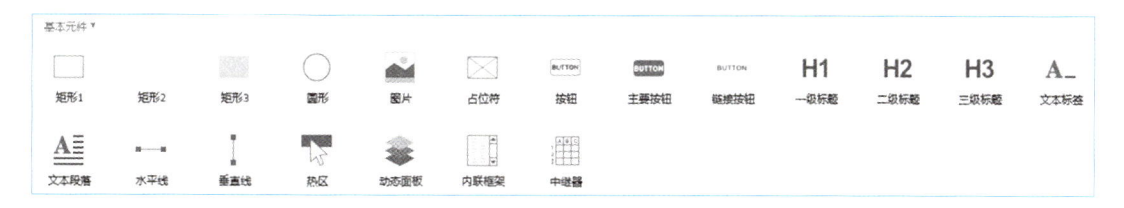

单元 2　界面设计的快速原型设计工具

图 2-7　Axure RP 的基本元件

（1）矩形与圆形

矩形元件就是一个矩形区域，使用时用鼠标在元件面板选中矩形元件，并按住鼠标左键直接将其拖曳到元件编辑区域即可，如图2-8所示，圆形元件的操作与此类似。

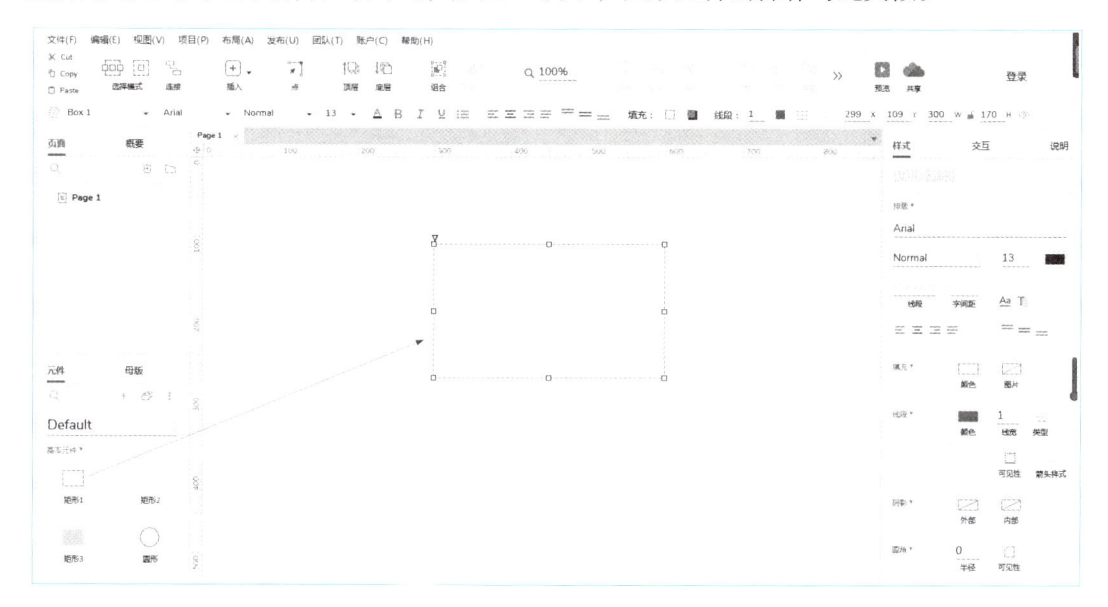

图 2-8　矩形元件

[例2-1]：矩形元件与圆形元件的几个用法。

① 手机界面边框。矩形元件看起来简单，却很有用，可以用来制作框架、按钮等。例如要做一个iPhone 8的手机界面，首先要把界面边框做出来。iPhone 8的界面边框尺寸是375×667（设计尺寸是750×1334，实际设计中要使用二倍图），可以在工具栏将矩形的尺寸设置为宽375，高667即可（注：尺寸单位为px，以下类同），如图2-9所示。

② 手机状态栏。在手机界面上，会有一个状态栏，用于显示信号强度、电池电量、运营商名称等信息，iPhone 8的状态栏高度是20（设计尺寸为40），可以复制手机边框，然后将复制后的边框高度调整为20，即可得到状态栏边框，如图2-10所示。

③ 手机信号强度图标。将状态栏拖入手机边框顶部。状态栏中通常会有信号强度图标，信号强度图标也可以通过矩形元件制作出来。先拖入一个矩形元件，为便于计算，将矩形宽度和高度分别设置为25、50，如图2-11所示。

界面设计

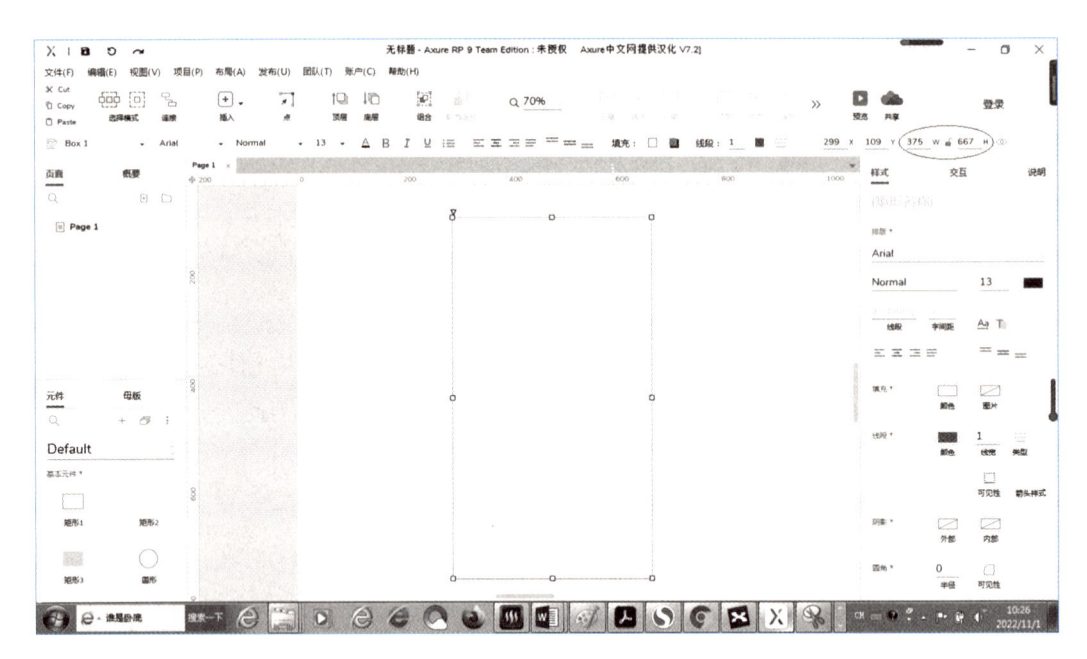

图 2-9 制作界面边框

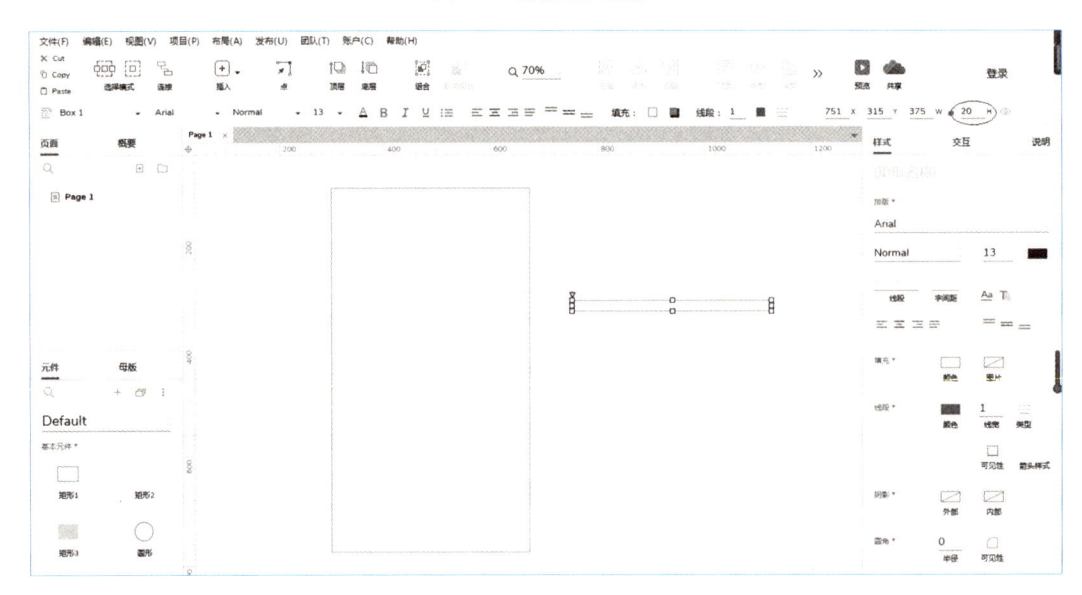

图 2-10 制作状态栏

调整图2-11中黄色小三角的位置,将矩形变为圆角矩形,然后用黑色填充矩形,如图2-12所示。

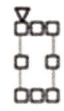

图 2-11 制作信号强度矩形

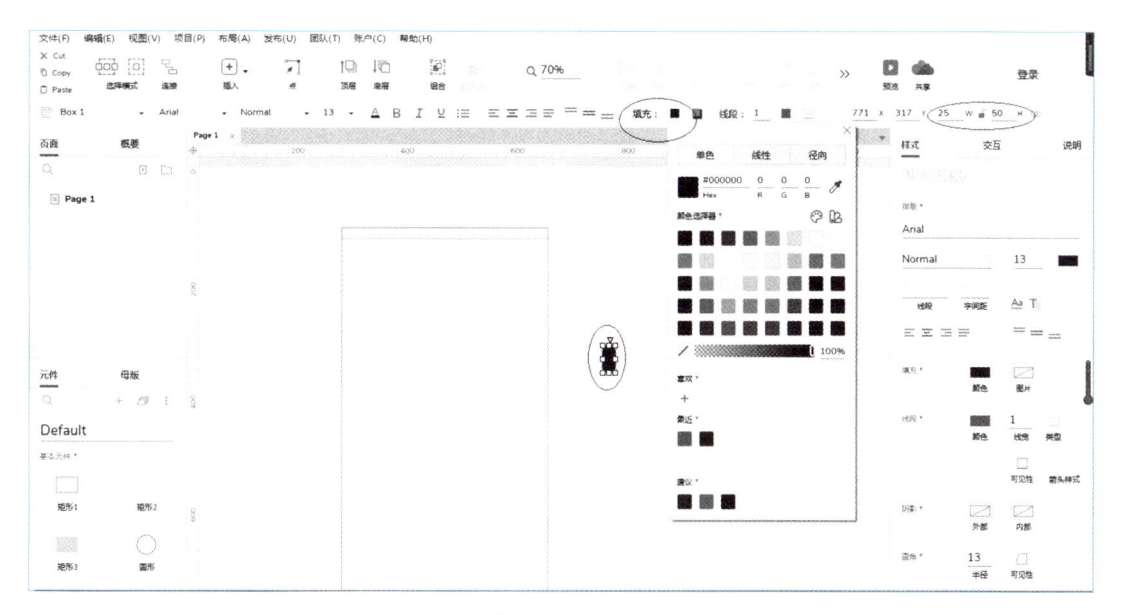

单元 2　界面设计的快速原型设计工具

图 2-12　信号强度矩形填充颜色

将得到的黑色圆角矩形复制3份，高度依次设置为75、100、125，如图2-13所示。

图 2-13　复制信号强度矩形

先调整好圆角矩形之间的距离，然后选中全部圆角矩形，右击，选择"分布"→"水平分布"，使圆角矩形分布均匀，如图2-14所示。继续选中全部圆角矩形，右击，选择"对齐"→"底部对齐"，如图2-15所示。继续选中全部圆角矩形，右击，选择"组合"，将四个矩形条合为一体，如图2-16所示。最后得到信号强度图标，如图2-17所示。将图标高度修改为16，宽度修改为15，拖入状态栏，如图2-18所示。

— 41 —

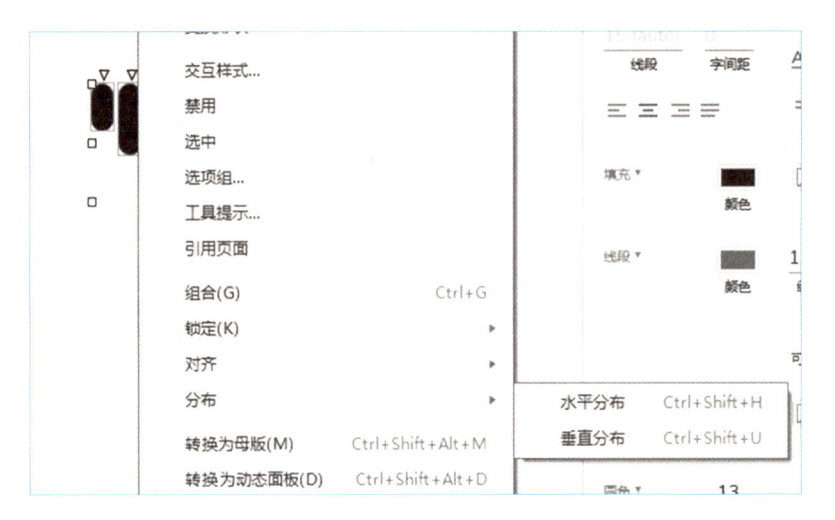

图 2-14 调整信号强度矩形间距

图 2-15 对齐信号强度矩形

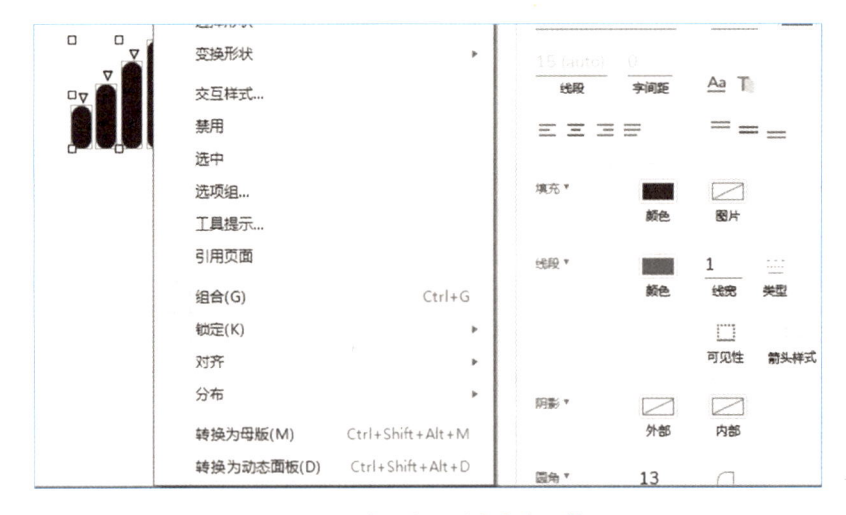

图 2-16 将四个矩形条合为一体

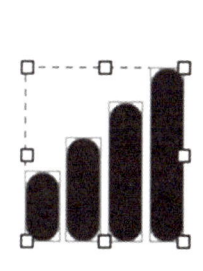

图 2-17　信号强度图标　　　　　　　　图 2-18　信号强度图标加入状态栏

④ 手机导航栏。手机界面顶部通常会有一个导航栏，iPhone 8的导航栏高度是44，可以复制界面边框，将复制的界面边框高度调整至44，并拖入界面，如图2-19所示。

⑤ 手机搜索栏。手机界面中常常会有一个搜索栏，搜索栏可以通过复制导航栏得到，将它调整为圆角边框并对宽度稍加调整，拖入界面边框，如图2-20所示。

Axure RP 的基本元件-2

图 2-19　制作导航栏　　　　　　　　图 2-20　制作搜索栏

⑥ 手机标签栏。下面再为手机界面添加一个tabbar（标签栏），iPhone 8的tabbar高度为49，可以复制导航栏，然后将高度调整为49，拖入界面底部即可，如图2-21所示。

⑦ 轮播图。对于电商网页，往往还有一个轮播图，轮播图用于播放广告图片，轮播图边框也可以用矩形元件画出来，如图2-22所示。

图 2-21　制作标签栏　　　　　　　　　图 2-22　添加轮播图矩形边框

轮播图上一般会有几个小圆点指示器，用来表示当前图片的序号，一般由一个实心小圆点和几个空心小圆点组成，此时就用到了圆形元件。

将圆形元件拖入元件编辑区域，按住Shift键，用鼠标等比例缩小圆形的尺寸，得到空心小圆点，然后将小圆点复制4份，底部对齐，调整小圆点间距，并水平分布，如图2-23所示。将其中一个小圆点填充黑色，然后全选小圆点并组合为一体，按住Shift键用鼠标调整小圆点指示器尺寸后，将其拖入轮播图区域，如图2-24所示。可以看到，虽然矩形元件和圆形元件很简单，但是可以做很多UI组件。

⑧ 在元件上加注字符串。在矩形的基本元件中，有三种矩形，分别为矩形1、矩形2和矩形3。其中矩形1用得最多，矩形2和矩形3与矩形1的一个区别是没有边框，另一个区别是填充色不同，如图2-25所示。

从图2-25中可以看到，可以在元件上加注字符串，方法是双击元件，输入字符，输入完毕后，可以在样式面板中设置字符串的规格，如字体、字号等，图2-25中的字号设为18。

⑨ 图层。现在把三个矩形重叠起来，如图2-26所示。可以看到，后拖入的矩形覆盖在先拖入的矩形的上面。这说明元件在画布中是分层的，最先拖入的在底层，最后拖入的在顶层，上层元件覆盖下层元件，遮挡住了下层元件。要想看到下层元件，必须要调整元件的图层。

单元 2　界面设计的快速原型设计工具

图 2-23　制作小圆点指示器　　　　图 2-24　将小圆点指示器加入轮播图矩形边框

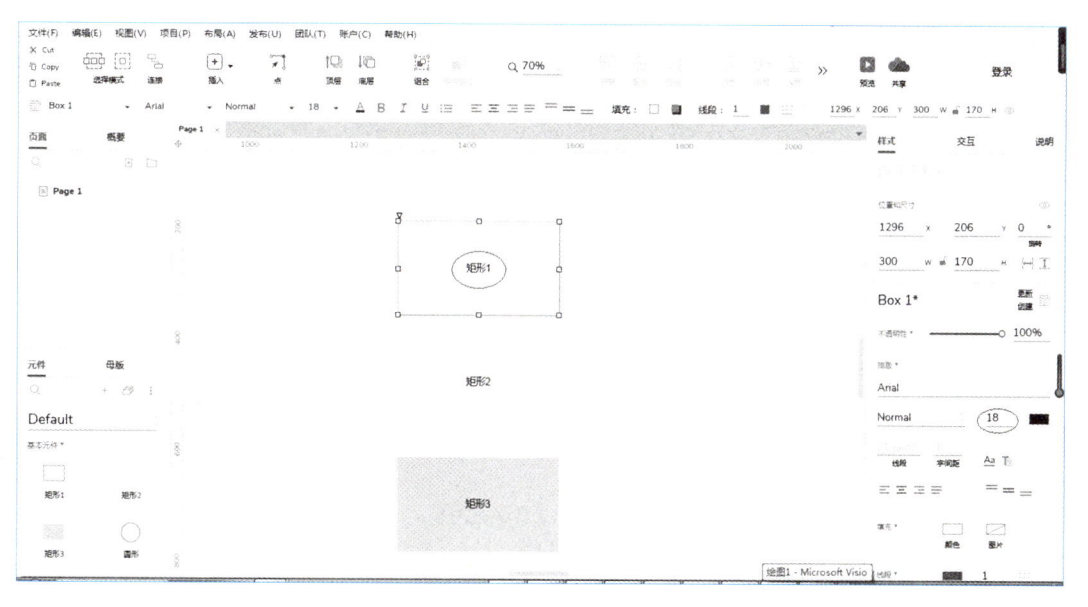

图 2-25　三种矩形元件

界面设计

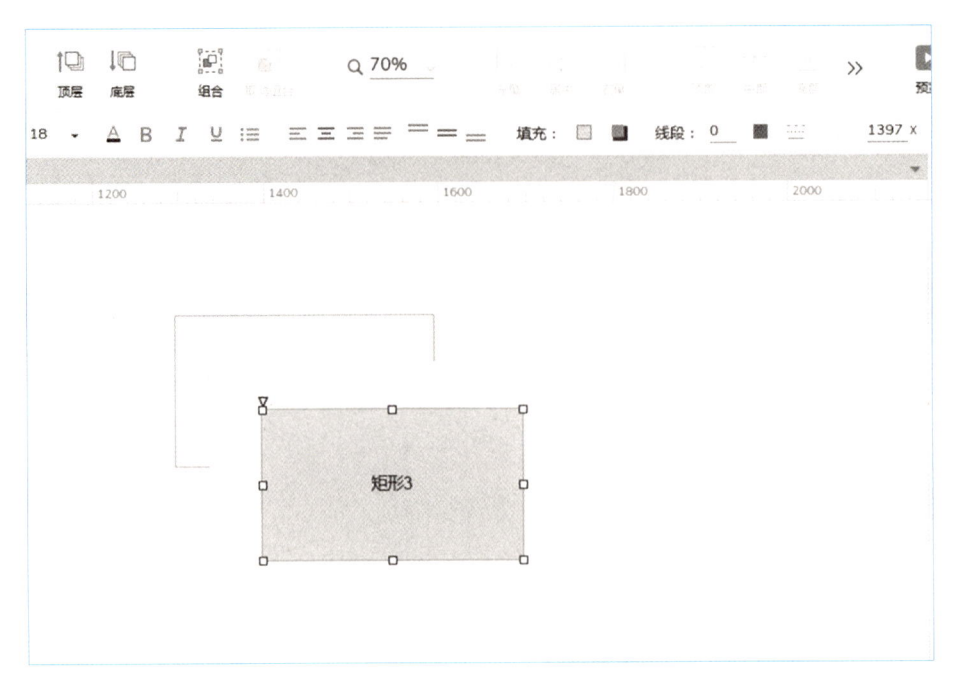

图 2-26　元件的图层

如果现在想要看到矩形2，可以先选中矩形3，右击，选择"顺序"→"下移一层"，即可将矩形3与矩形2的图层互换，如图2-27所示。

（a）

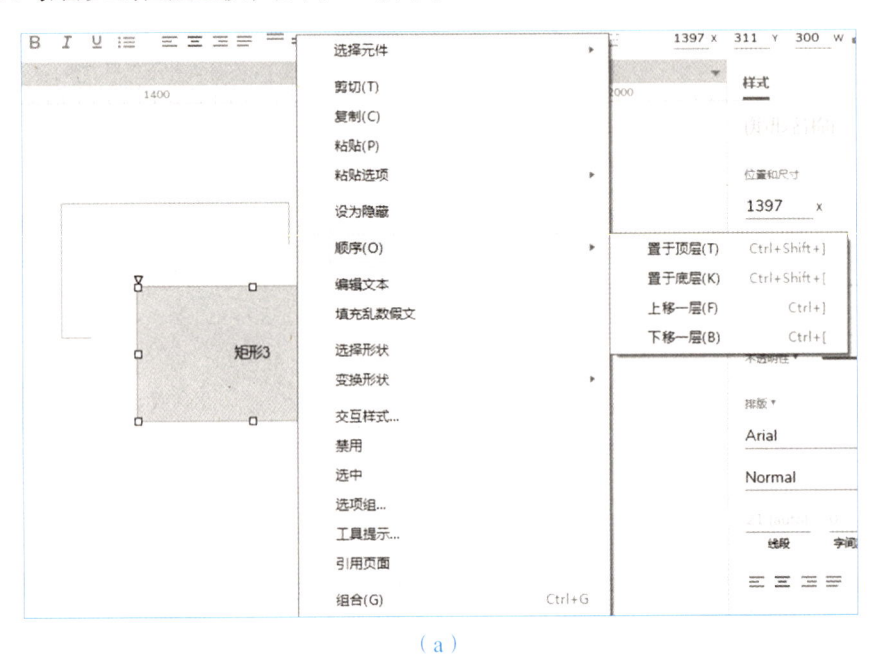

图 2-27　改变元件的图层

单元 2　界面设计的快速原型设计工具

（b）

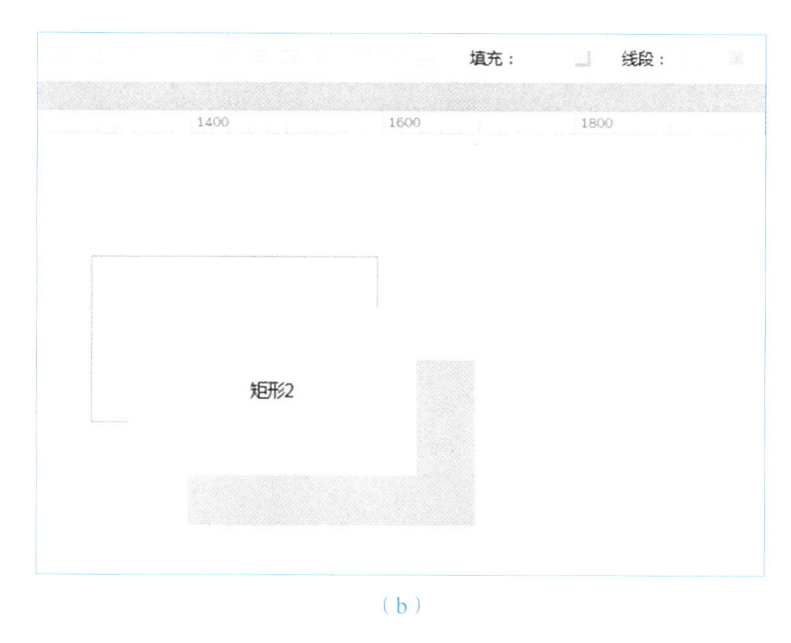

图 2-27　改变元件的图层（续）

（2）图片

界面中需要显示图像时，可以将图片元件直接拖曳到目标位置，并通过样式面板对图片元件进行美化，如图 2-28 所示。

如果需要让图片元件显示某一个图像，可以双击该图片元件，在弹出的"打开"对话框中，选择要显示的图像文件即可替换图片元件，如图 2-29 所示。

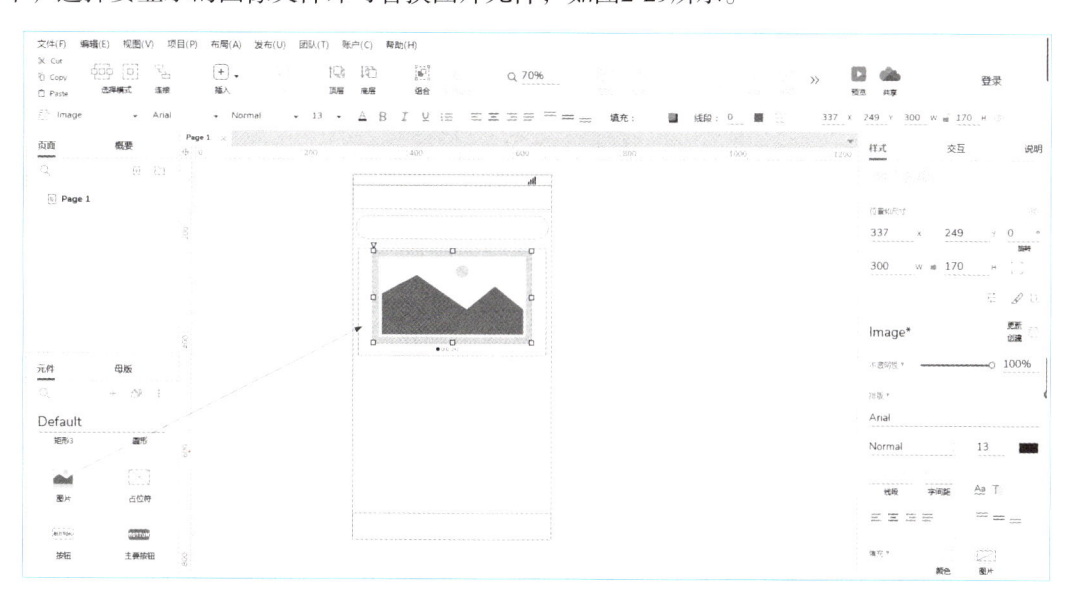

图 2-28　图片元件

界面设计

（a）

（b）

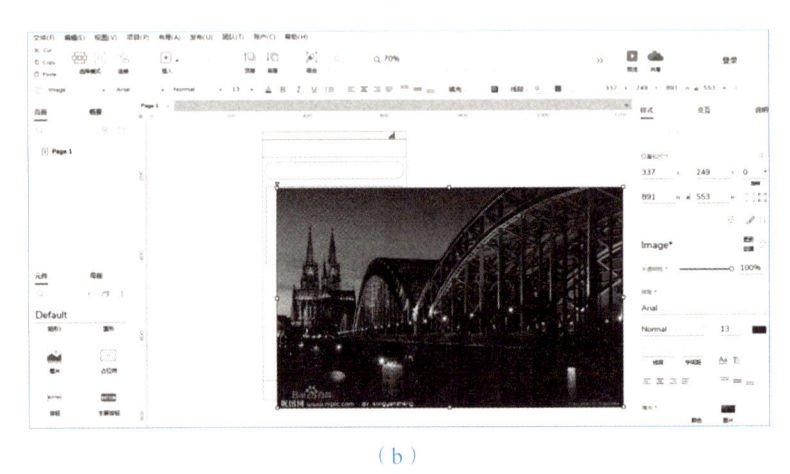

图 2-29　导入图片

可以看出，替换图片时使用了图像原始尺寸。如果希望图像按照图片元件的尺寸进行显示，可以先选中图像元件，此时图像元件边框上有被选中的标记，即8个环绕图像元件的小方块，小方块的填充色默认是淡黄色，表示按照图像原始尺寸显示，现在可以双击其中某一个小方块，即可将其变为白色填充，表示图像按图片元件尺寸显示。如果要恢复使用原始尺寸显示图像，则可以双击小方块，将其变回淡黄色填充即可，如图2-30所示。

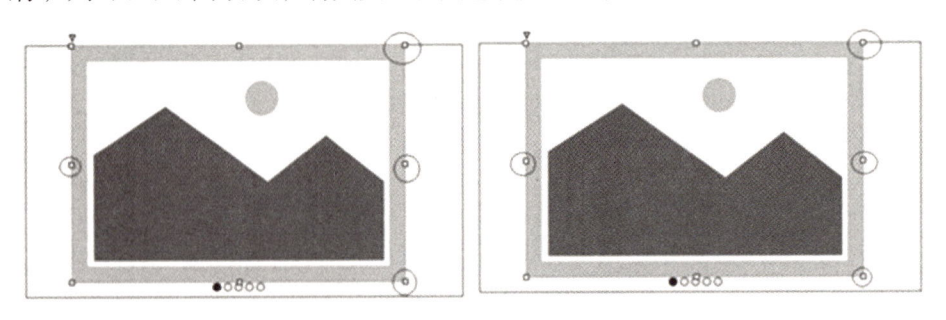

图 2-30　设置图片是否按原始尺寸显示

— 48 —

双击图片元件,在打开的对话框中选择图像文件,即可按图片元件尺寸显示图片,如图2-31所示。

(3)占位符

占位符,顾名思义就是用来占位的,并不显示具体的内容。通常需要在某一个位置显示图标、图片、广告或其他内容,但是这些内容暂时还没有制作出来,此时就可以使用占位符先把位置占上,以后再用具体内容替换占位符。在低保真线框图中,经常使用占位符。使用时直接将占位符从元件面板拖曳到画布上,如图2-32所示。

图2-31　图片按元件尺寸显示

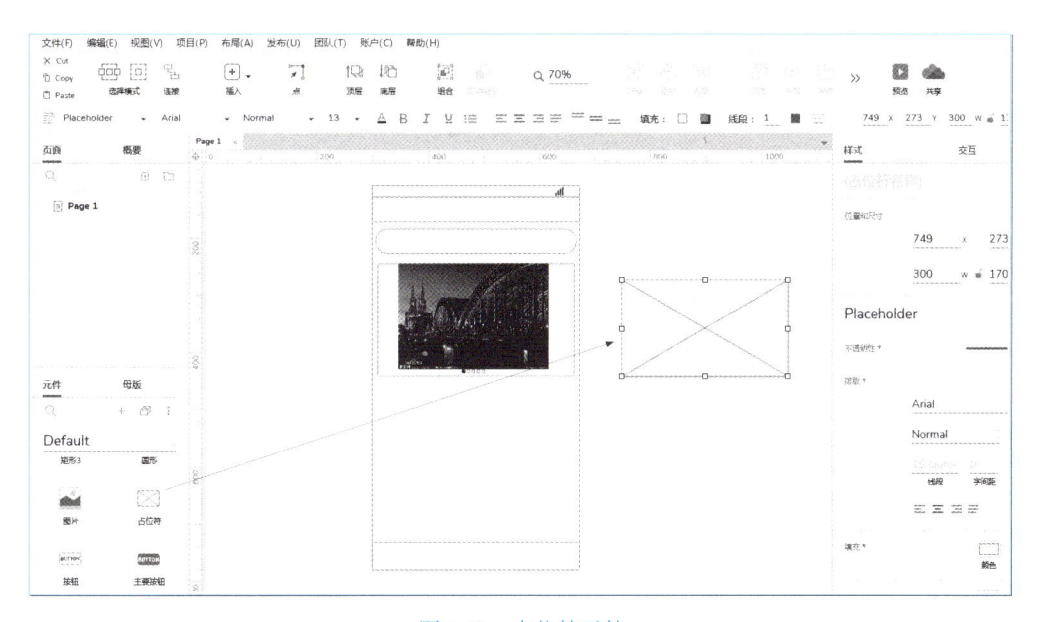

图2-32　占位符元件

一般在标签栏中会有4到5个图标,搜索栏中会有1到3个图标,轮播图的两侧会有2个图标,可以先用占位符占上位置,以后再用真实图标填充。

选中占位符,在样式面板中将占位符的宽和高均设置为25,如图2-33所示。

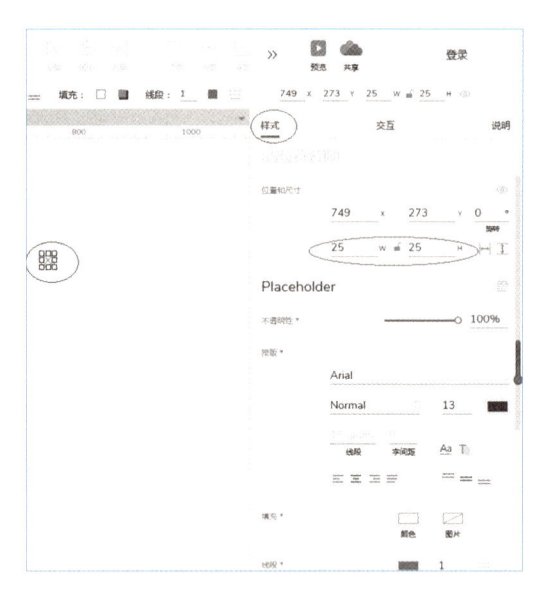

图 2-33　设置占位符样式

将占位符复制9份，分别填入标签栏和搜索栏，如图2-34所示。

（4）文本

在任何页面中，无论是PC端网页，还是移动端App页面，凡是需要文字描述的地方，文本元件是必不可少的。文本元件提供了5种规格的文本格式，分别是用于标识标题层级的"一级标题"、"二级标题"、"三级标题"和用于设置正文的"文本标签"、"文本段落"。

在手机页面中，经常能够看到新闻列表，列表的每一个列表项通常由3部分组成，左边为新闻缩略图片，右边为标题，标题下方是新闻摘要。在做新闻列表时，可以用图片元件显示新闻缩略图，用一级标题显示新闻标题，用文本段落显示新闻摘要。将图片元件、一级标题和文本段落拖入画布，并排列整齐，如图2-35所示。

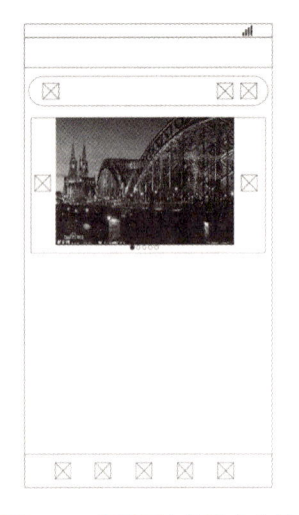

图 2-34　在界面中使用占位符　　　　　图 2-35　新闻列表

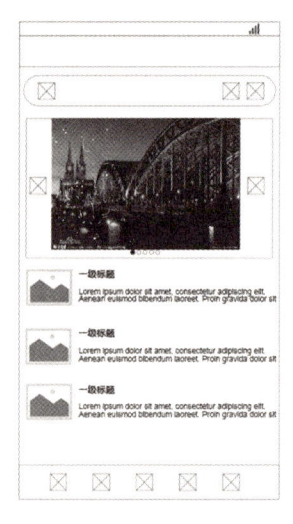

单元2　界面设计的快速原型设计工具

用图片替换图片元件，将一级标题的字号修改为13号，将文本段落的字号修改为11号，如图2-36所示。

（5）热区

热区元件在画布上以浅绿色矩形区域呈现出来，样式面板只能改变热区的大小和角度。热区覆盖的区域可以添加交互，例如，可以给图2-35中的一条新闻条目添加一个热区，使得点击热区时，页面跳转到该条新闻的详情页。

Axure RP 的基本元件-3

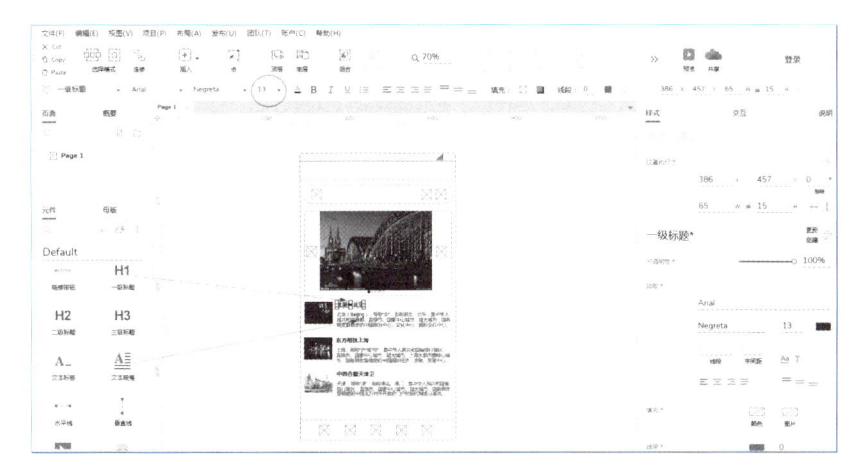

图 2-36　导入图片和设置字号

[例2-2] 设置页面跳转。

① 添加新页面。既然涉及到页面跳转，那么就应该有多个页面。目前只有一个页面，所以首先要通过页面面板添加页面。页面面板的位置如图2-37所示。

图 2-37　页面面板

界面设计

页面面板可以对所有原型页面进行管理,通过页面面板可以查找页面、添加页面、删除页面、重命名页面、移动页面、添加文件夹对页面进行分组管理等。

首先对现有的页面"Page1"重命名,右击"Page1",选择"重命名",如图2-38所示。将Page1重命名为"新闻首页",继续右击"新闻首页",选择"添加"→"下方添加页面",如图2-39所示,创建一个新的页面"页面1",将其名称改为"北京详情",如图2-40所示。

图 2-38　页面重命名　　　　　　　　　图 2-39　添加页面

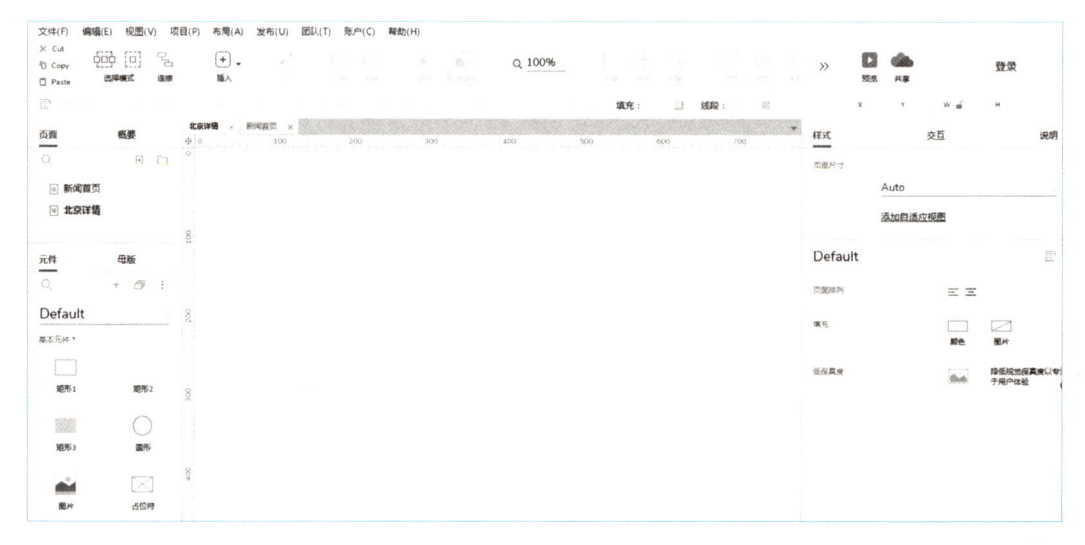

图 2-40　新页面重命名

新建页面是一个空白页面,可以将"新闻首页"中的页面内容复制到新建页面中,并进行适当的修改,删除一些无关的元件,添加图片和文本段落,如图2-41所示。

单元 2　界面设计的快速原型设计工具

图 2-41　新页面添加内容

② 设置跳转目标。现在有了两个页面，就可以实现页面之间的跳转了。回到"新闻首页"页面，用鼠标将热区元件拖入画布，覆盖"这里是北京"新闻条目，如图2-42所示。

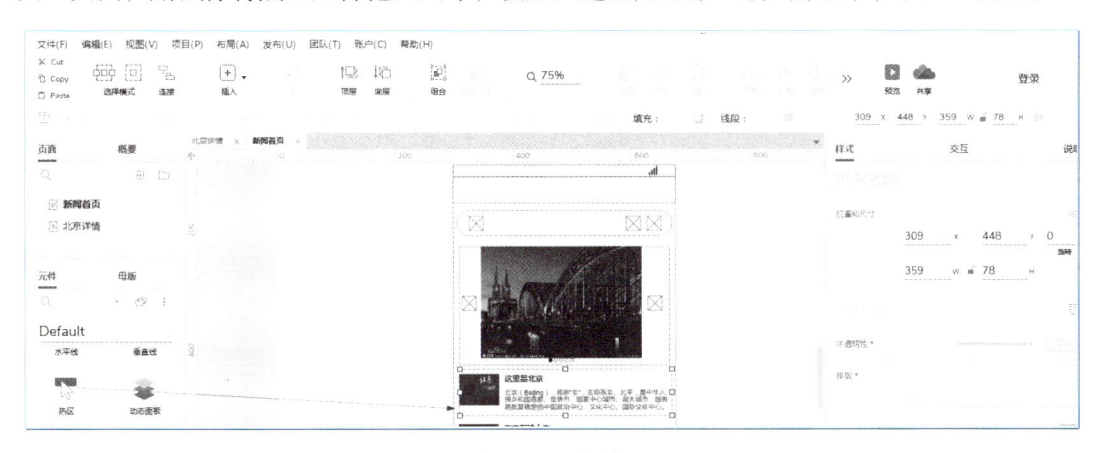

图 2-42　添加热区

接下来设置当鼠标点击热区覆盖的区域后，页面将跳转至"北京详情"页面。为了完成该设置，需要选中热区，并操作交互面板。交互面板的功能就是管理页面或元件与使用者之间的互动，可以为页面或元件添加或删除各种交互事件。这里提到了一个词"事件"，事件是一个很重要的概念，软件开发中一个很常用的机制是"事件驱动"。所谓事件，就是在浏览页

界面设计

面时，或者说与页面交互时，对页面或元件做了什么，如鼠标点击了元件或页面、双击元件或页面、右击了元件或页面等，这些是鼠标事件，也可以有键盘事件，如在页面或元件的某个状态下，按下了某键或松开了某键等。所谓"事件驱动"，就是为某些事件配置了相应的服务，这些服务平时并不执行，只是到了某一个事件发生时，才会触发该事件对应的服务执行。

交互面板的位置如图2-43所示。

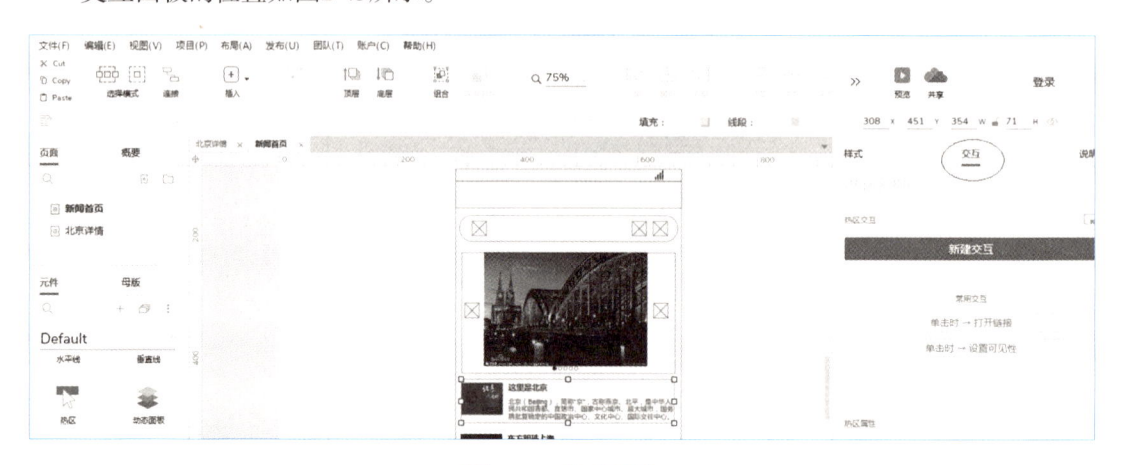

图 2-43　交互面板

点击"新建交互"按钮，在交互面板中列出了常用事件，包括鼠标事件、键盘事件和热区事件。选择鼠标事件"单击时"，如图2-44所示，交互面板列出了鼠标点击事件相应的常用动作，也就是前面所说的服务。因为点击新闻条目后需要跳转到详情页面，因此选择"打开链接"，如图2-45所示。

图 2-44　添加点击事件

单元 2　界面设计的快速原型设计工具

图 2-45　设置鼠标点击事件响应服务

选择"打开链接"后，交互面板显示"选择页面"，设置跳转的目标页面，可以选择候选项中的"北京详情"页面，如图 2-46 所示。选择"北京详情"页面，并点击"确定"按钮确认跳转目标，即可完成跳转目标设定，如图 2-47 所示。

图 2-46　设置跳转目标

界面设计

图 2-47 确定跳转目标

设置完页面切换，可以点击工具栏中的"预览"按钮，预览页面效果，如图2-48所示。点击"这里是北京"条目的任意位置，可以跳转到"北京详情"页面，如图2-49所示。

图 2-48 预览页面效果

图 2-49 跳转到目标页面

点击"这里是北京"条目的任意位置，可以实现跳转也是热区的一个功能。可以扩大点击有效范围，如果热区仅仅覆盖图片区域，那么要跳转到"北京详情"页面，必须准确地点击图片区域。

③ 跳回新闻首页。现在由"新闻首页"页面可以跳转到"北京详情"页面，但是由"北京详情"页面则无法跳回"新闻首页"页面。此时可以参照前面的方法把返回功能加到"北京详情"页面。

方法很简单，先为"北京详情"页面添加一个返回图标，然后拖入一个热区覆盖在图标上，最后设置热区的交互，当点击热区时跳回"新闻首页"。

现在为"北京详情"页面添加返回图标。点击元件面板的元件下拉列表，选择Icons元件，即图标元件，如图2-50所示。

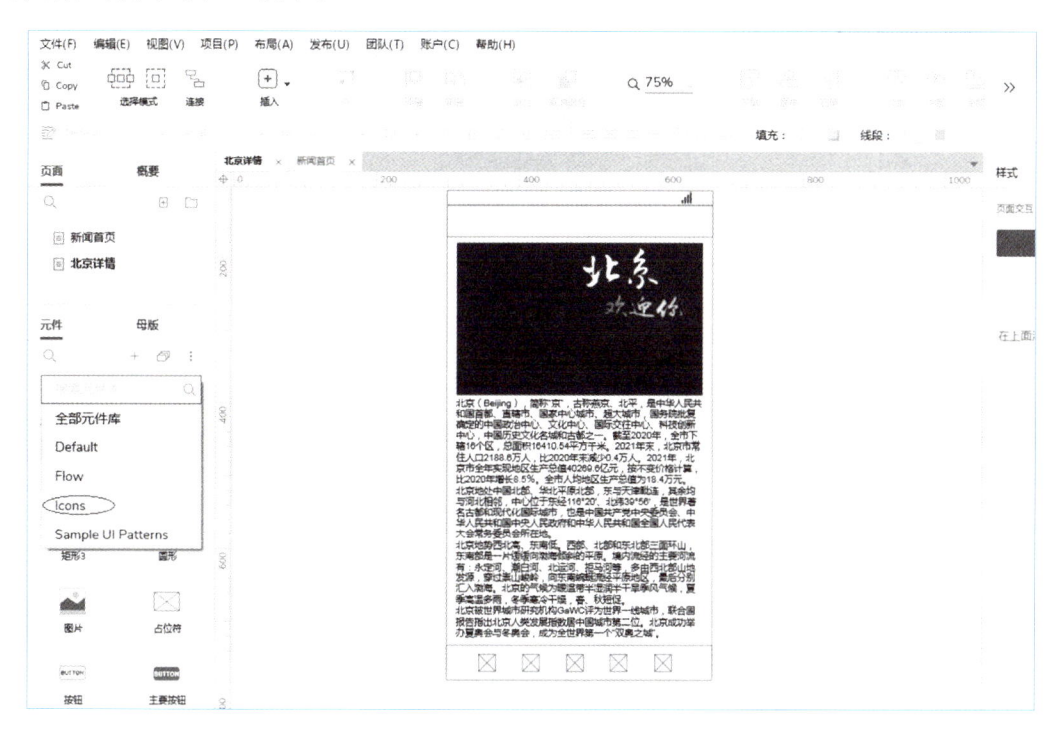

图 2-50　选择图标库

在图标库中选择合适的返回图标，将图标拖入"北京详情"的导航栏中，并调整大小，如图2-51所示。

回到"Default"元件库，在返回图标的后面添加一个文本标签，内容设置为"返回"，然后拖入一个热区，覆盖返回图标和文本标签，如图2-52所示。最后通过交互面板设置热区的鼠标点击事件对应动作为链接至"新闻首页"页面即可，如图2-53所示。

界面设计

图 2-51 添加返回图标

图 2-52 为返回图标添加热区

Axure RP 的基本
元件-4

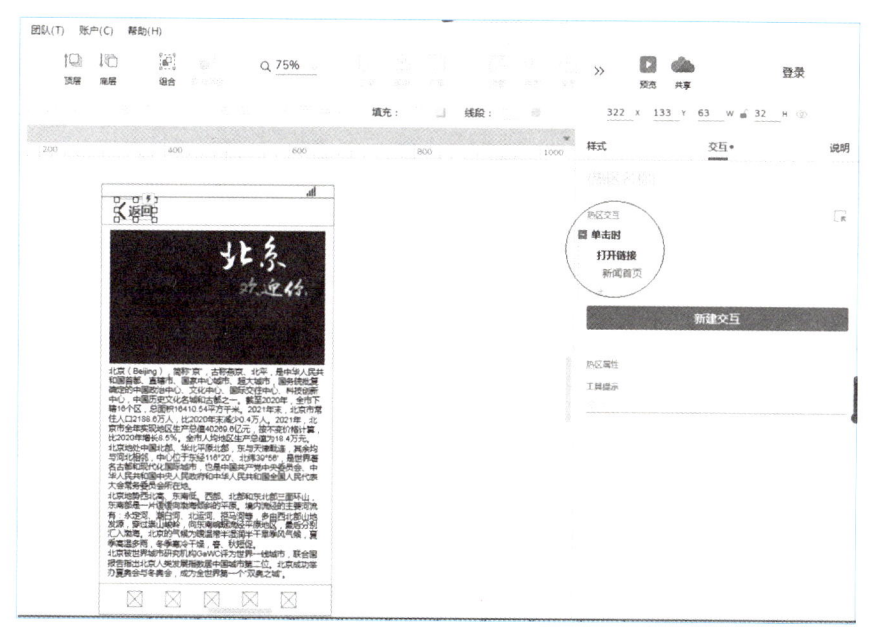

图 2-53 设置跳转目标

（6）动态面板

动态面板是一种容器元件，功能非常强大。动态面板可以有多种状态，而显示动态面板时，只能显示它的一种状态，而每一种状态都对应一个空白区域，可以将各种元件拖入空白区域，构成该状态下的内容。由于动态面板只有一种状态对应的内容可以显示，其他状态的内容都被隐藏起来，所以通过将不同的状态切换为可显示状态就实现了不同状态对应内容之间的切换。

[例2-3] 使用动态面板实现页面跳转。

下面通过动态面板把上面的页面切换效果再做一遍。在动态面板中设置3个状态，3个状态的内容分别对应"新闻首页"、"北京详情"和"上海详情"。通过状态切换，实现"新闻首页"和"北京详情"、"新闻首页"和"上海详情"之间的切换。

① 添加动态面板。先在页面面板中添加一个页面，重命名为"动态面板演示"，用鼠标从元件面板拖入一个动态面板，在右侧样式面板中输入动态面板的名称"动态面板1"，如图2-54所示。

② 为动态面板添加新状态。鼠标双击动态面板，进入动态面板"编辑"模式，如图2-55所示。点击动态面板的状态下拉列表，选择"添加状态"，为动态面板添加状态，如图2-56所示。新建动态面板默认只有一个状态State1，State2和State3是后添加的状态。

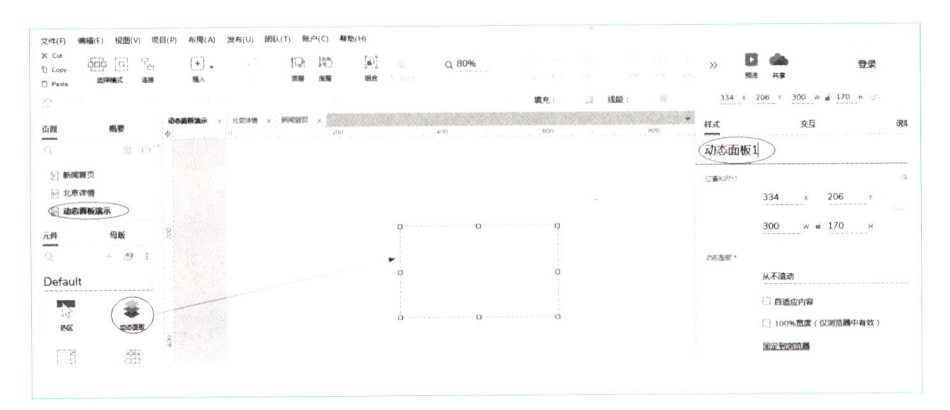

图 2-54　添加动态面板

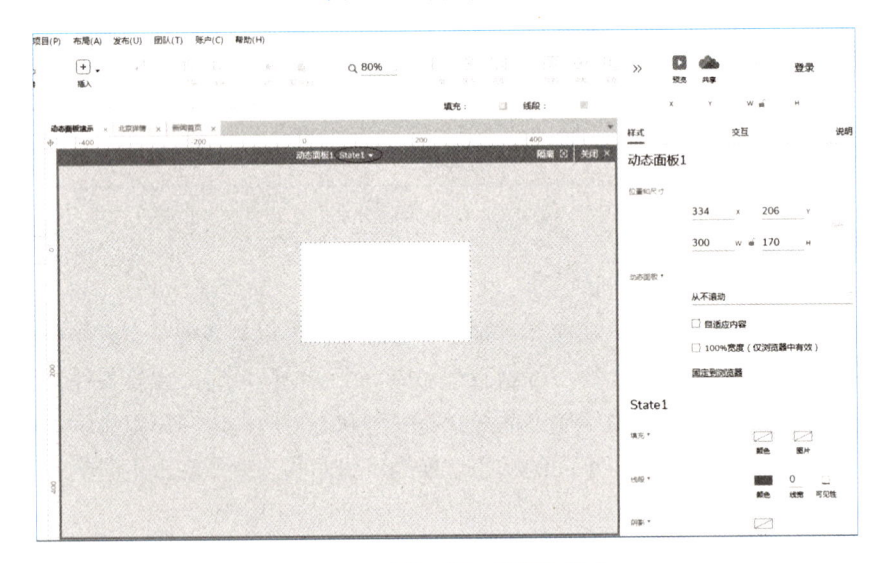

图 2-55　动态面板"编辑"模式

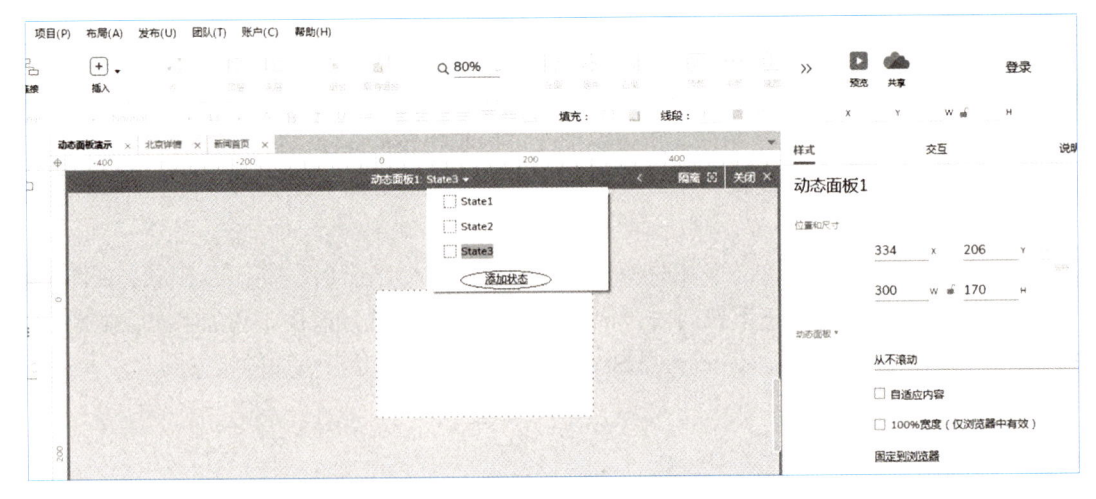

图 2-56　动态面板添加状态

③ 为动态页面状态配置显示页面。选择动态面板的状态State1，将"新闻首页"页面复制到动态面板的空白区域，如图2-57所示。双击空白区域或点击右上角的"关闭"按钮退出"编辑"模式，如图2-58所示。

图 2-57　在动态面板中制作"新闻首页"页面

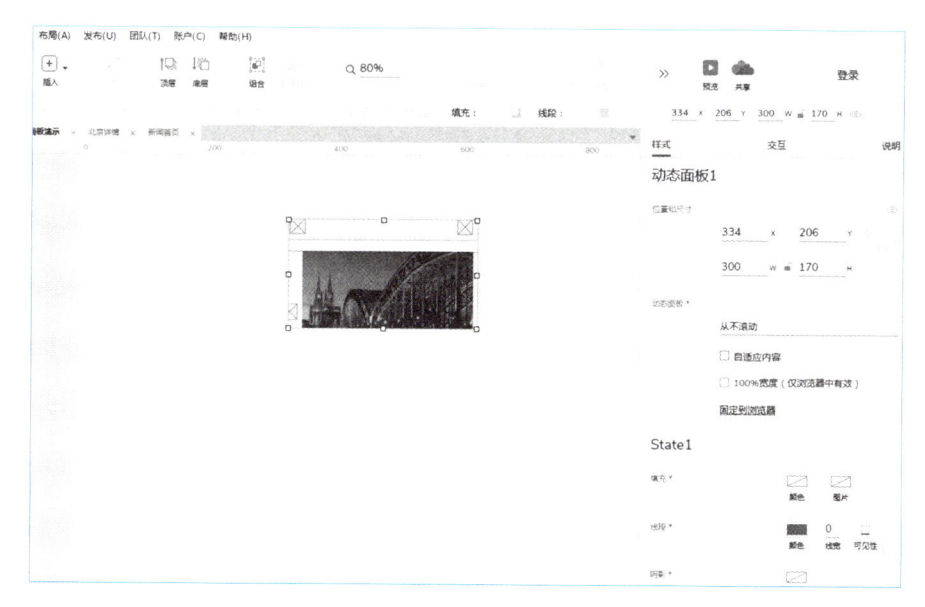

图 2-58　退出动态面板编辑模式

调整动态面板的尺寸，使其恰好包含"新闻首页"，如图2-59所示。双击动态面板，进入动态面板"编辑"模式，确认"新闻首页"页面完全包含在动态面板的虚线范围内，如果没有被虚线完全包围，则还需要调整"新闻首页"页面的位置，直到被虚线完全包含为止，如图2-60所示。

界面设计

图 2-59　调整动态面板尺寸

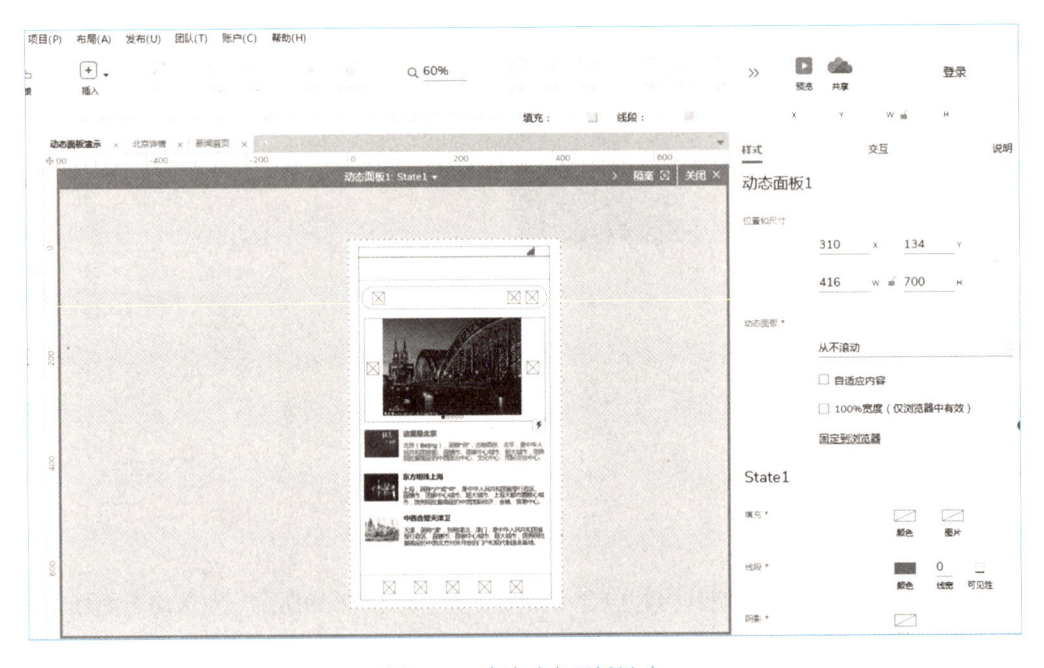

图 2-60　确认动态面板尺寸

将动态面板状态切换至State2，如图2-61所示，将"北京详情"页面复制到State2的空白区域，如图2-62所示。

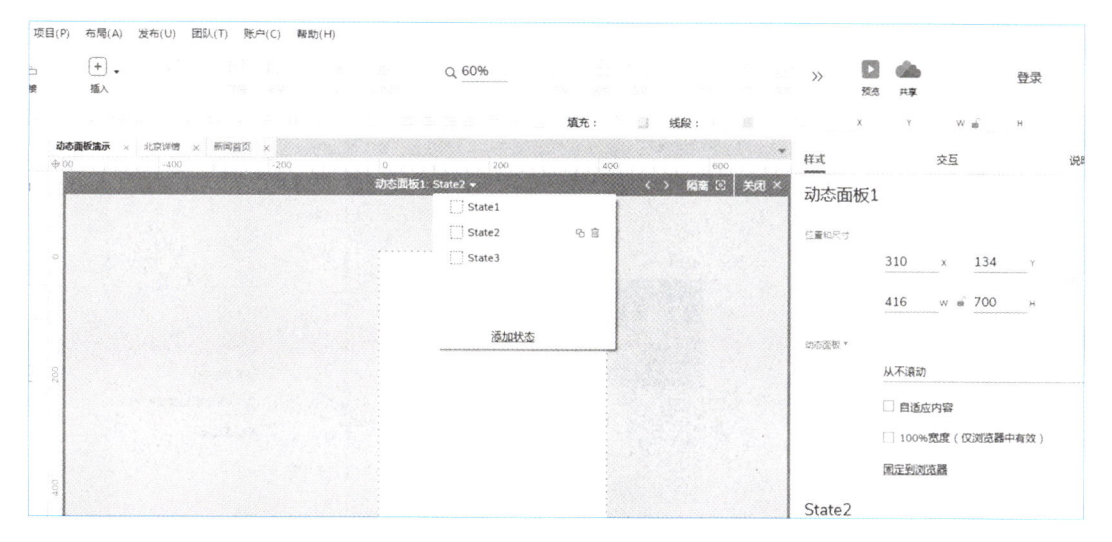

图 2-61 切换动态面板状态到 State2

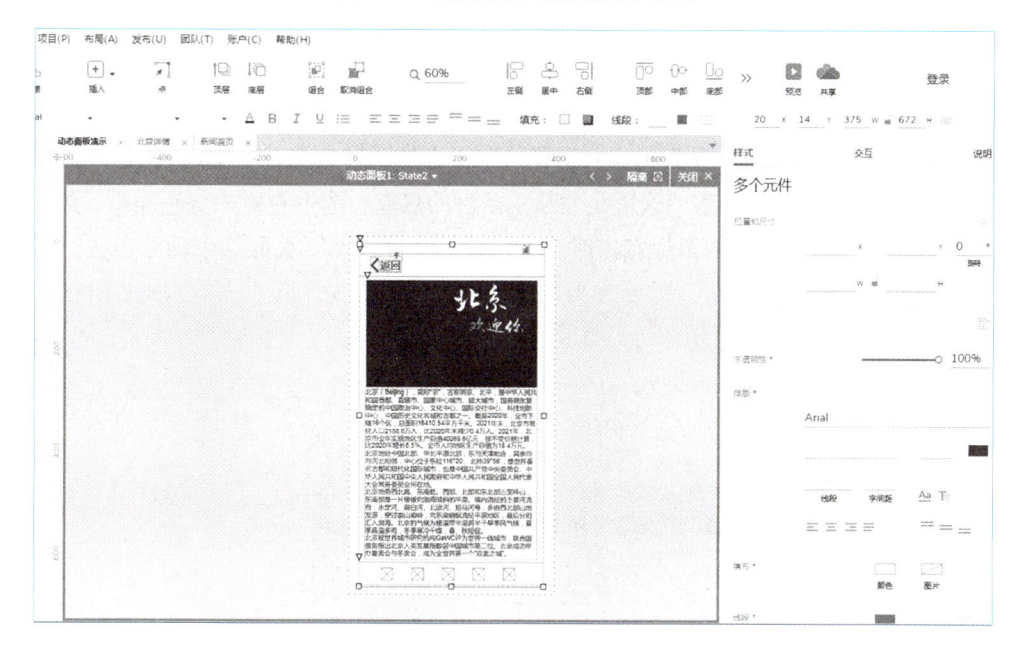

图 2-62 在动态面板中制作"北京详情"页面

再将动态面板状态切换至State3，在空白区域处制作"上海详情"页面。可以先将"北京详情"页面复制过来，然后替换图片和文本段落的内容，如图2-63所示。三个状态准备完毕，现在开始设置鼠标点击事件处理动作。

界面设计

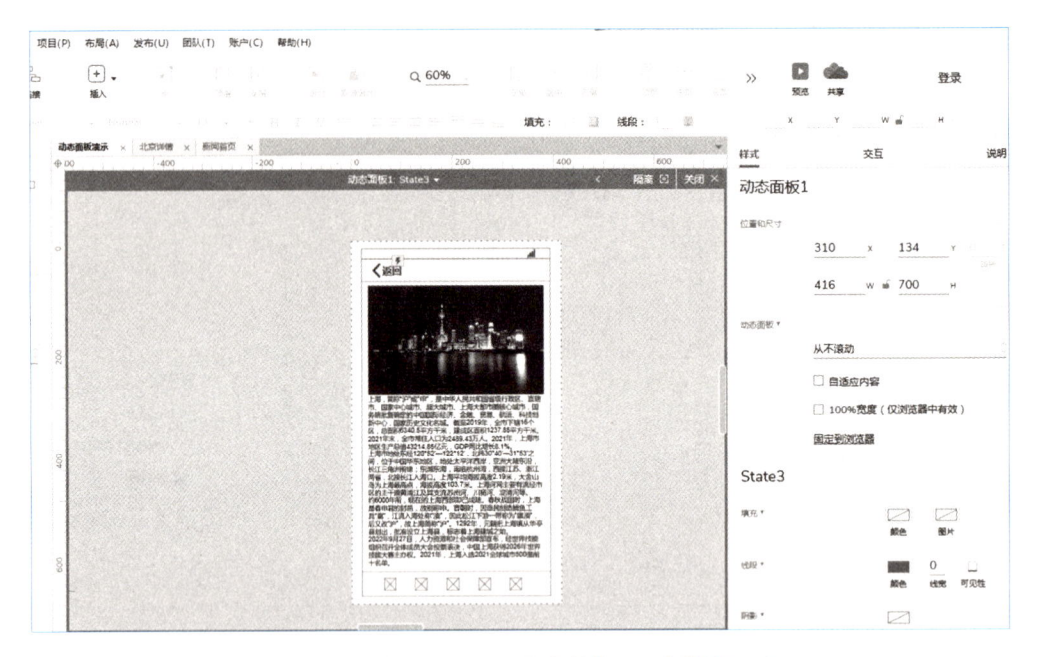

图 2-63 在动态面板 State3 状态制作 "上海详情" 页面

④ 设置"这里是北京"页面到"北京详情"页面的跳转。先设置State1状态,将动态面板切换到State1状态,选中覆盖"这里是北京"条目的热点,选中右侧的交互面板,如图2-64所示。可以看到,前面设置的鼠标点击时打开链接"北京详情"页面这个动作还在,不过现在这个响应动作已经没有用了,需要改为其他动作,所以要先删除它。点击图2-64红圈中的"北京详情",交互面板给出提示,如图2-65所示。

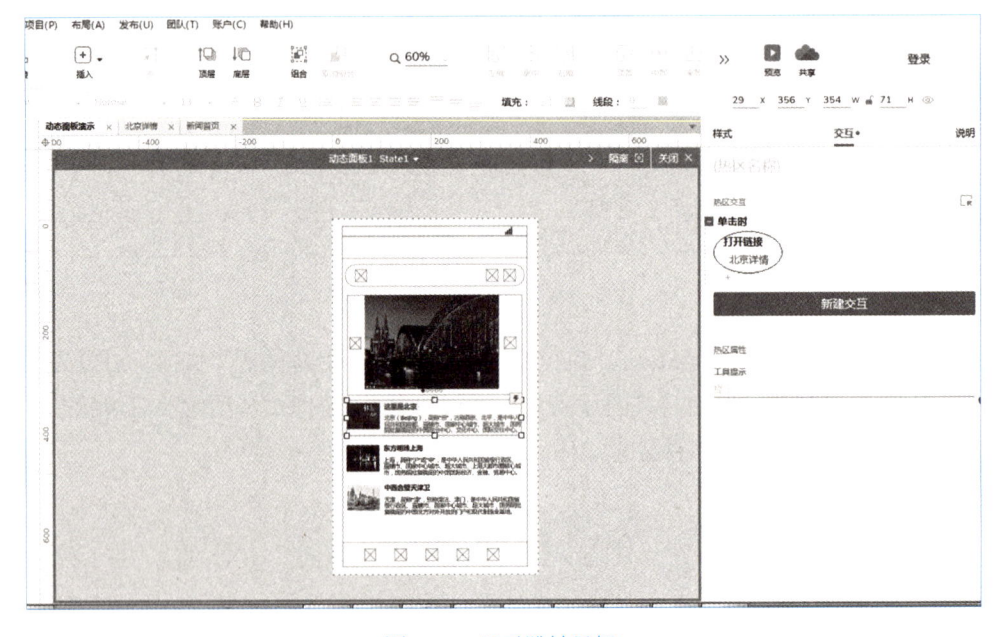

图 2-64 显示跳转目标

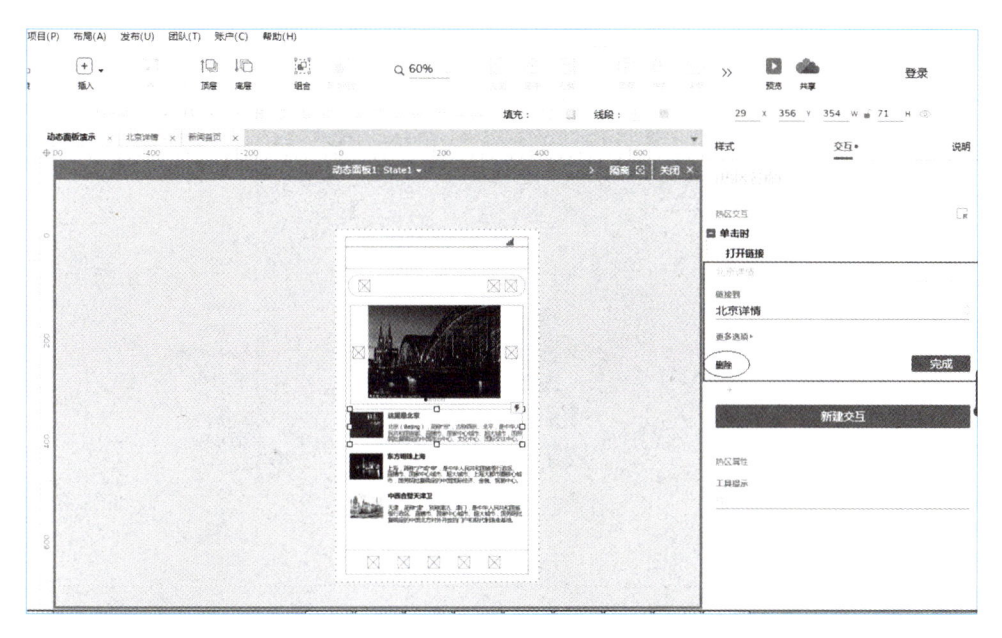

图 2-65　删除跳转目标

点击"删除",可以删除当前动作,如图2-66所示。现在鼠标点击事件没有响应动作,可以点击图2-66红圈中的"点击添加"来重新添加响应动作,如图2-67所示。这次应选择"元件动作"中的"设置面板状态",如图2-68所示。

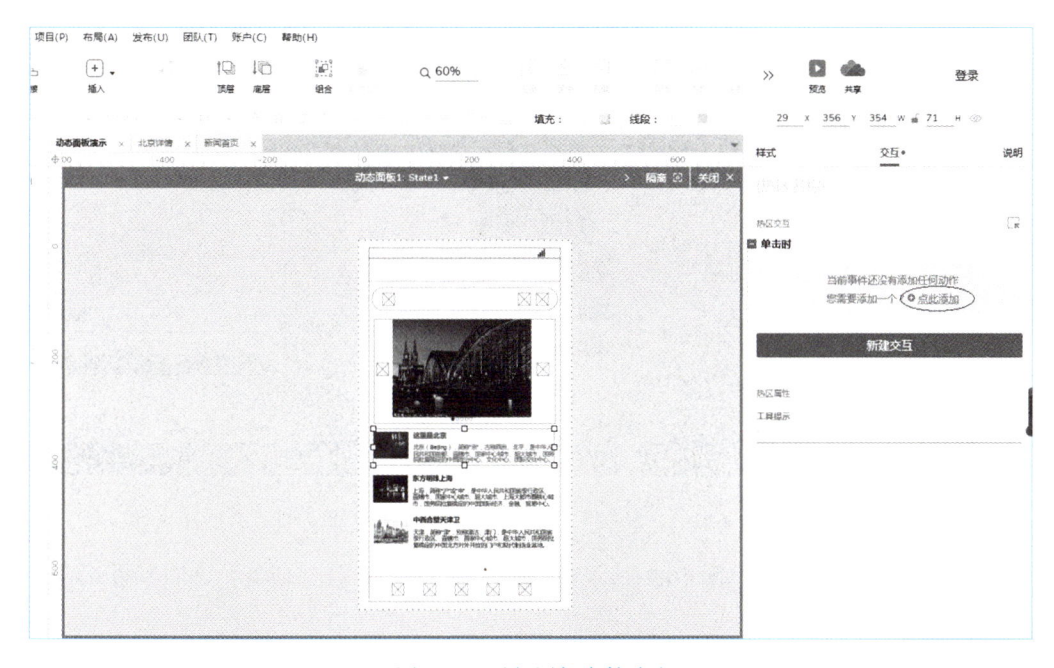

图 2-66　重新添加事件响应

界面设计

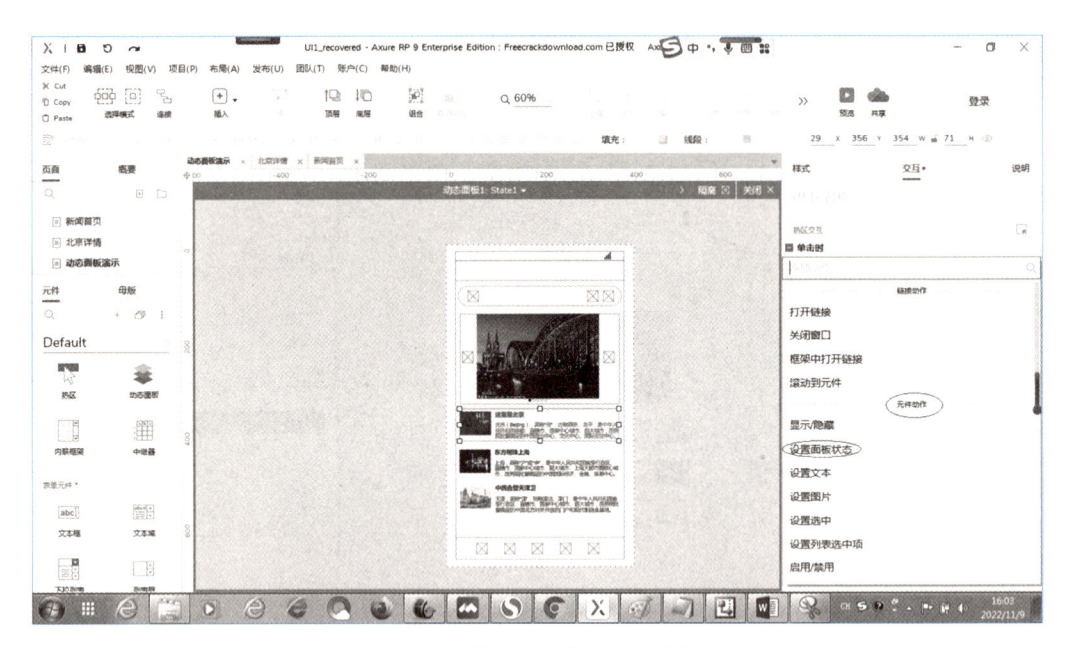

图2-67 设置鼠标点击响应动作

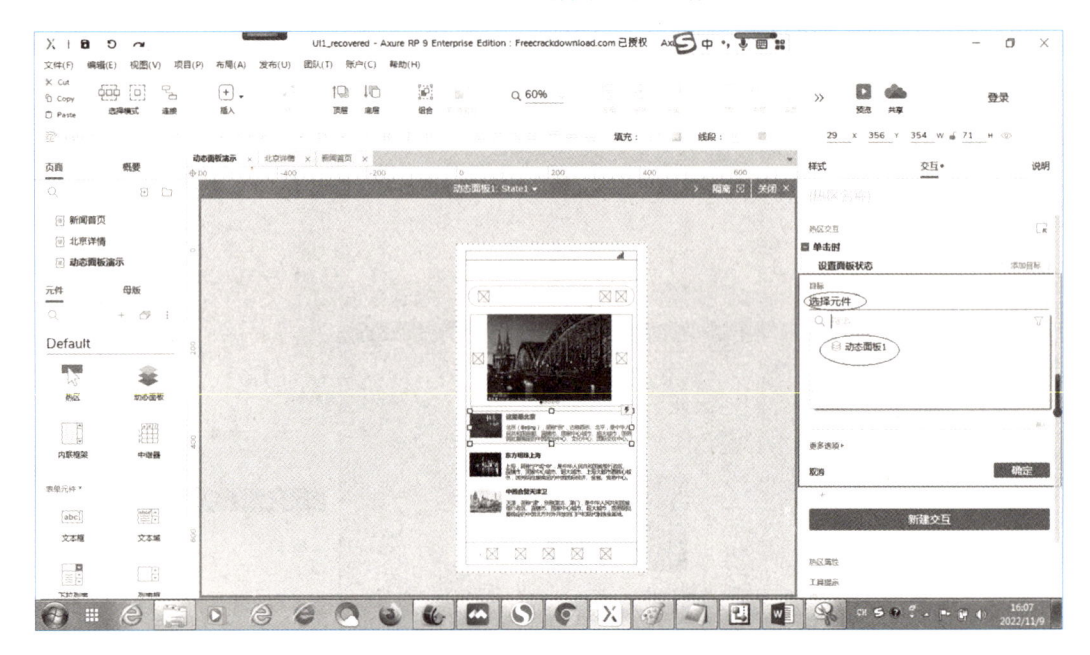

图2-68 设置状态切换

选择元件时点击图2-68红圈中的"动态面板1",开始设置状态切换,如图2-69所示。

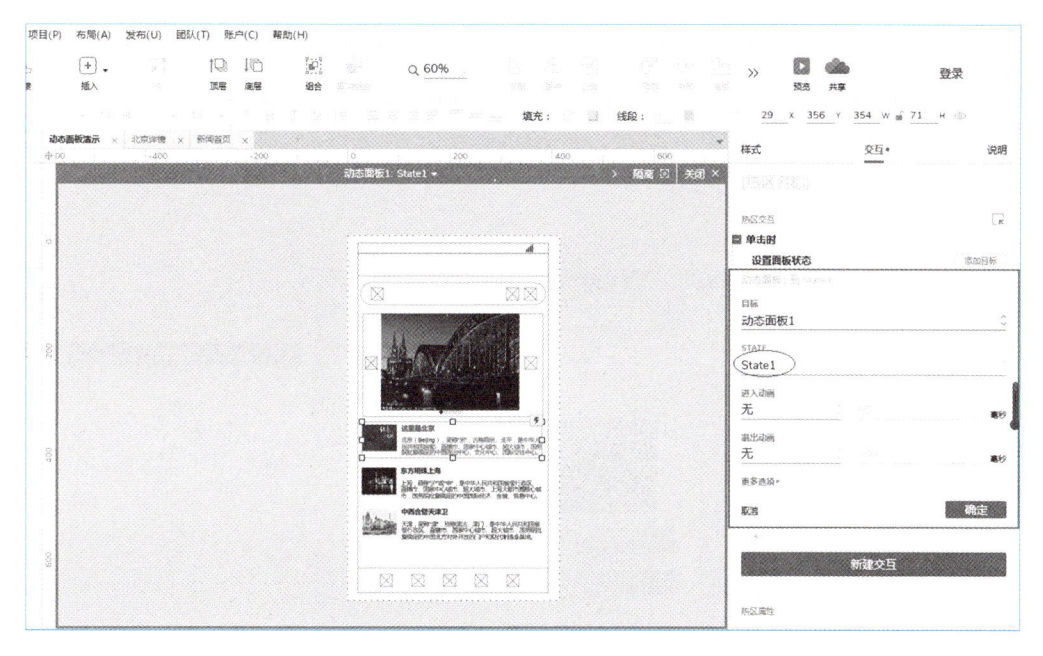

图2-69 当前状态为State1

当前状态是State1，点击热区后应切换到"北京详情"页面，"北京详情"页面对应于State2，所以应将图2-69中的目标状态修改为"State2"。点击图2-69红圈中的下拉列表，选择State2即可，如图2-70所示。

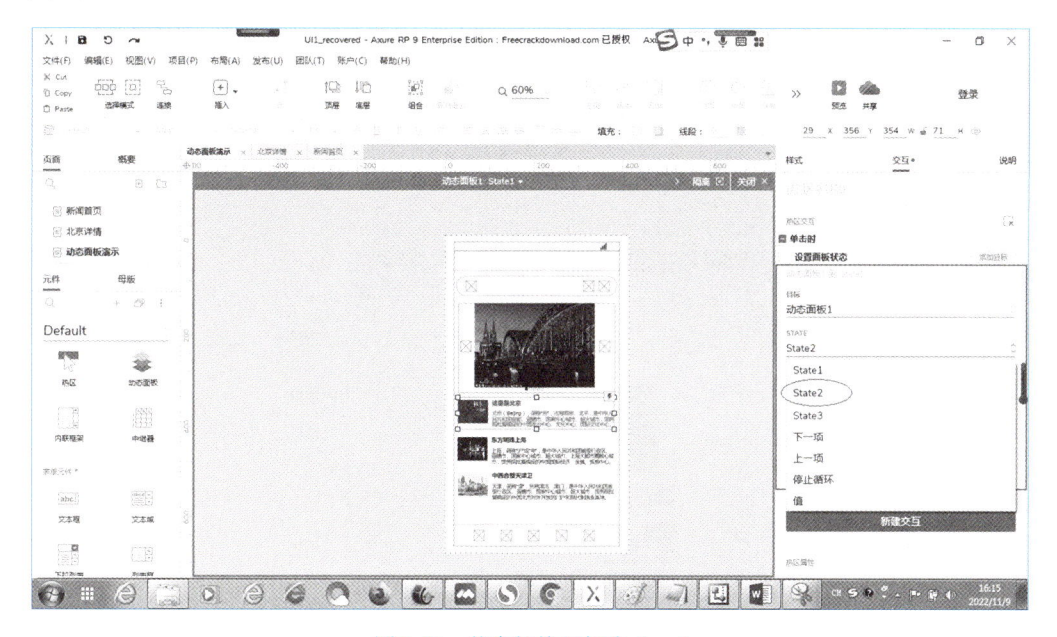

图2-70 状态切换目标为State2

到此为止，"这里是北京"页面到"北京详情"页面的跳转设置已经完成，可以点击"预览"按钮进行验证。

界面设计

⑤ 设置"东方明珠上海"页面到"上海详情"页面的跳转。由于"东方明珠上海"页面原来没有热区覆盖,所以现在需要拖一个热区以覆盖该条目,如图2-71所示。

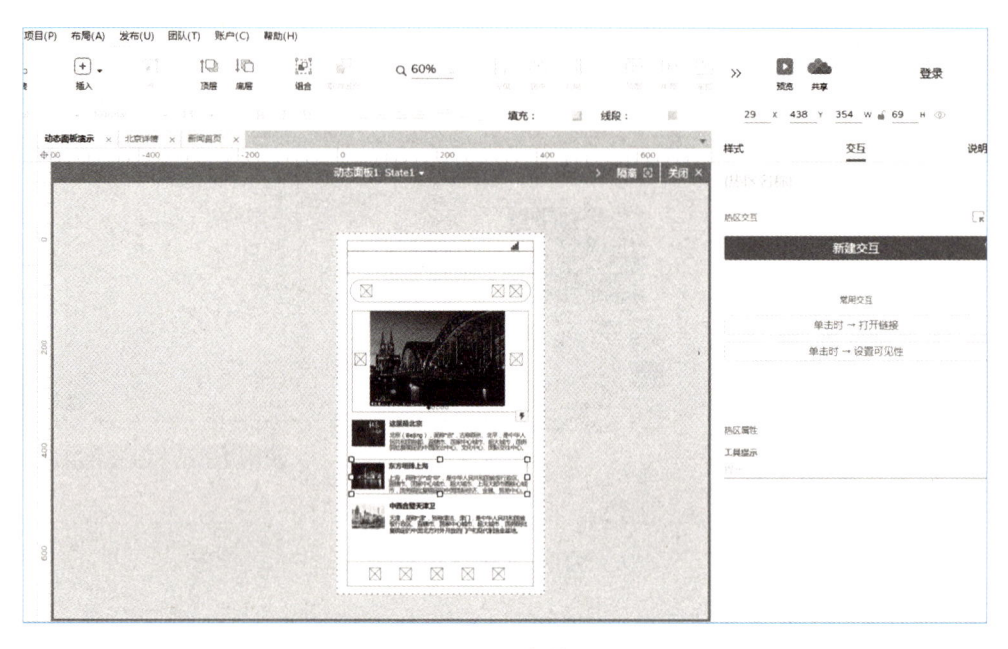

图 2-71 添加热区

为新添加的热区设置鼠标点击事件响应动作,这次跳转的目标状态应该是State3,如图2-72所示。到此为止,"东方明珠上海"页面到"上海详情"页面的跳转设置已经完成,可以点击"预览"按钮进行验证。

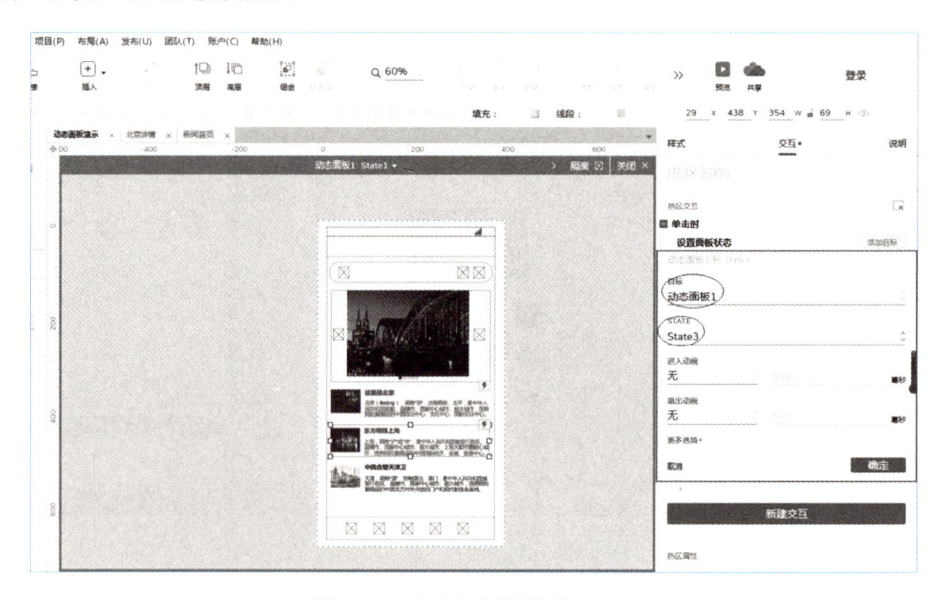

图 2-72 状态切换目标为 State3

⑥ 设置返回跳转。最后一件事是修改"北京详情"页面和"上海详情"页面的返回动作。将动态面板切换到State2状态，选中覆盖"返回"图标的热区，删除原有的鼠标点击事件相应动作，如图2-73所示。

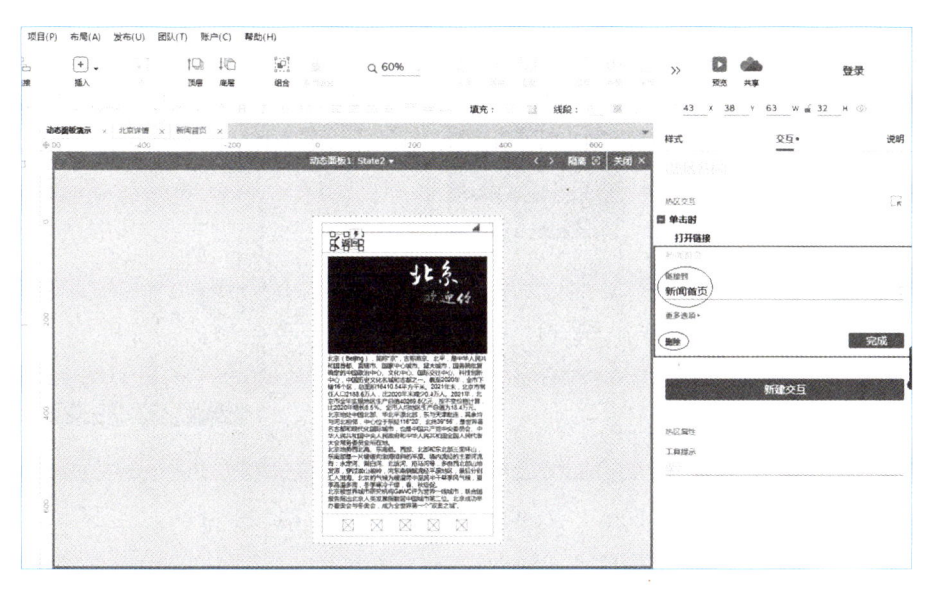

图 2-73　删除原有事件响应

重新设置热区鼠标点击事件响应动作，如图2-74所示。用同样的方法，设置"上海详情"页面到"新闻首页"页面的返回动作，如图2-75所示。

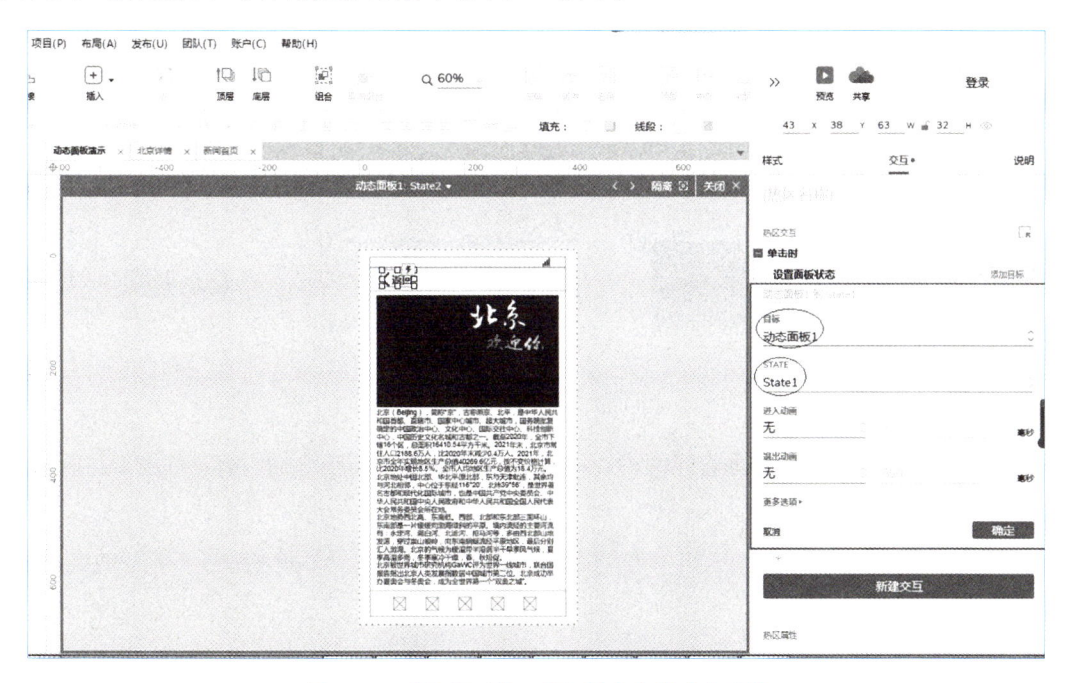

图 2-74　重新设置热区鼠标单击事件响应动作

界面设计

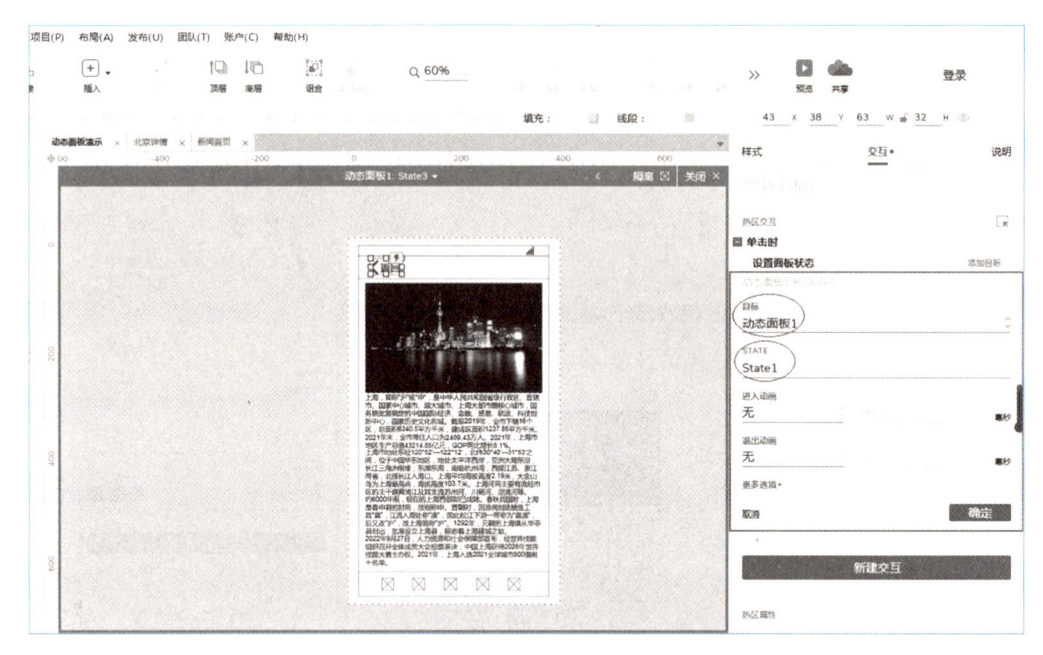

图 2-75　设置"上海详情"到"新闻首页"的返回动作

点击"预览"按钮验证,"北京详情"页面和"上海详情"页面可以成功地返回"新闻首页"页面。

（7）按钮与线条

按钮是最常见的一种元件,无论是PC网页还是手机App都有经常使用。Axure RP提供的按钮一共有3种,如图2-76所示,第一个是"主要按钮",无边框,可以使用比较突出的颜色进行填充,表示该按钮比较重要,希望得到重视。第二个按钮默认有灰色边框,无填充色,是一个普通按钮。第三个按钮是链接按钮,无边框和填充色,字体颜色与主要按钮的填充色相同,点击后会链接到其他页面。

Axure RP 的基本元件-5

图 2-76　按钮元件

线条元件分为水平线和垂直线两种,可以作为分隔线,用于分隔内容,如图2-77所示。

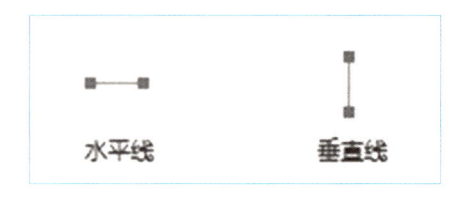

图 2-77　线条元件

[例2-4] 创建注册页面。

下面用按钮、线条及其他一些元件来做一个注册页面。首先在页面面板上添加一个新页面，命名为"注册页面"。

先拖入一个一级标题，将标题文本设置为"注册页面"，然后拖入一条水平线，放置在标题下方，并且在右侧样式面板中，将线条宽度（w）设置为600，如图2-78所示。

再拖入一个三级标题，将标题内容设置为"姓名"，然后拖入一个矩形元件（此处应该放置文本框，现在还没有学到，暂时用矩形元件替代），放置在标题右侧。继续拖入多个三级标题及对应的矩形元件，将各三级标题内容分别设置为"性别""年龄""籍贯""住址""联系方式"。最后拖入一个主要按钮和一个普通按钮，分别将按钮文字设置为"提交"和"复位"，如图2-79所示。

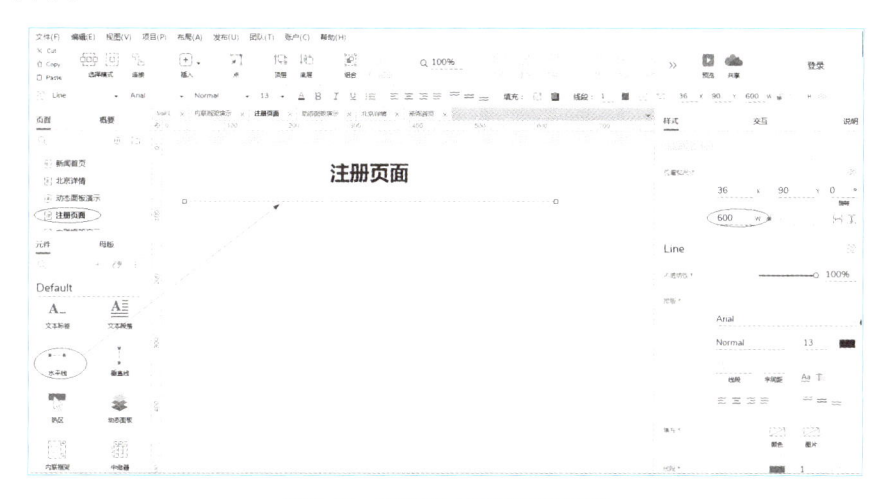

图2-78 制作页面标题和分隔线

图2-79 制作注册页面

界面设计

选中一个按钮后，可以通过右侧交互面板设置互动，互动设置过程与热区互动设置类似。

（8）内联框架

内联框架元件的作用类似于网页中的iframe标签，在内联框架中可以嵌入其他页面的内容。其他页面可以是原型内部创建的页面，也可以是通过URL定位的网络页面，如地图网站、视频链接或文件下载链接等。

Axure RP 的基本元件-6

[例2-5] 内联框架的使用。

现在通过一个内联框架，分别让它显示刚刚创建的注册页面，然后通过点击几个按钮，分别让内联框架切换到北京名胜、上海视频和天津简介网页。

① 新建内联框架。首先在页面面板中添加一个新页面，命名为"内联框架演示"，从元件面板拖入一个内联框架元件，并调整好尺寸，在样式面板中为该内联框架取名为"内容框架"，如图2-80所示。

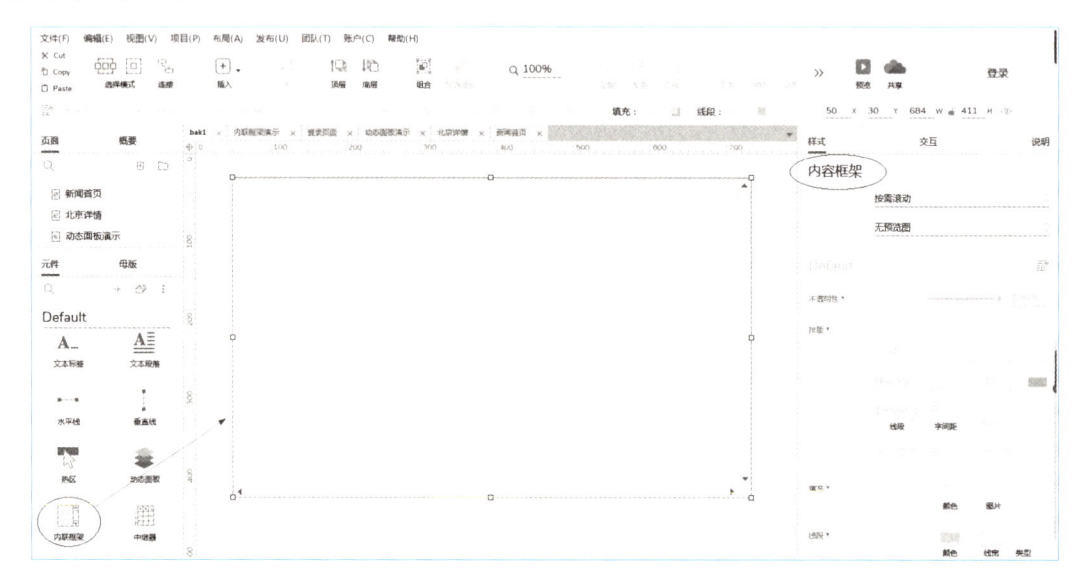

图2-80　添加内联框架元件

②设置内联框架的显示页面。双击内联框架，弹出内联框架的"链接属性"窗口，在"链接目标"中选择"链接一个当前原型中的页面"，并选择"注册页面"，如图2-81所示。

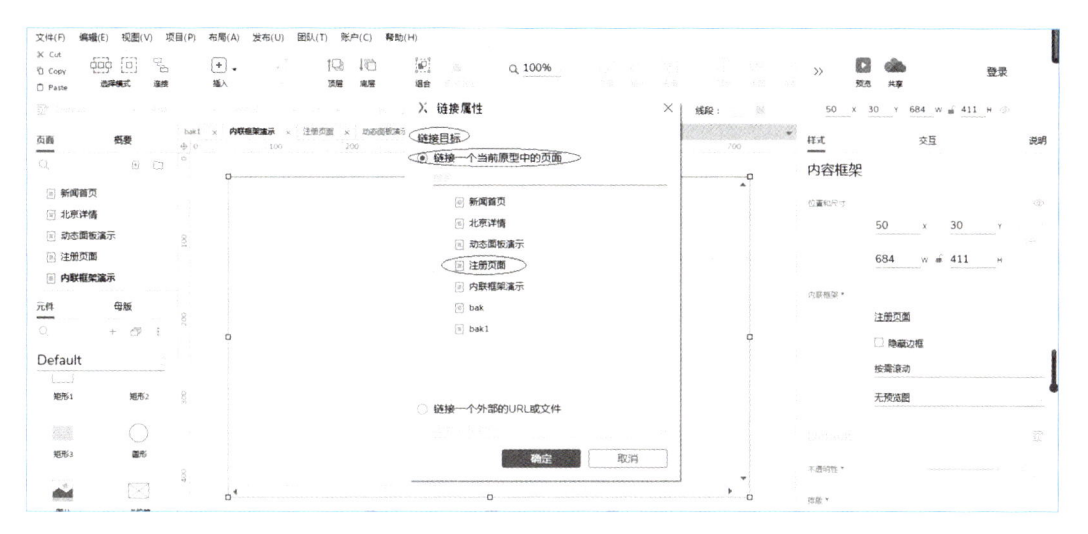

单元 2　界面设计的快速原型设计工具

图 2-81　将"注册页面"加入内联框架

点击"确定"按钮即可完成内联框架的显示页面设置。

③添加按钮并设置交互。接下来拖入三个按钮，按钮文本分别设置为"北京名胜"、"上海视频"和"天津简介"，如图2-82所示。分别为三个按钮设置交互，首先选中"北京名胜"按钮，在交互面板中为该按钮设置交互，如图2-83所示。

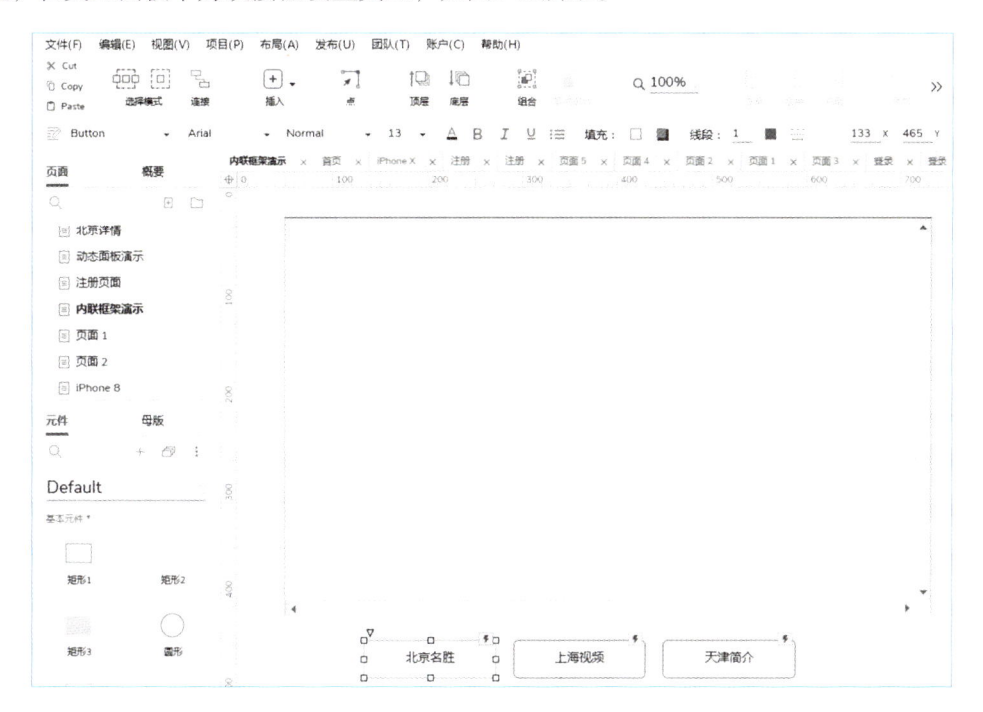

图 2-82　添加按钮

— 73 —

界面设计

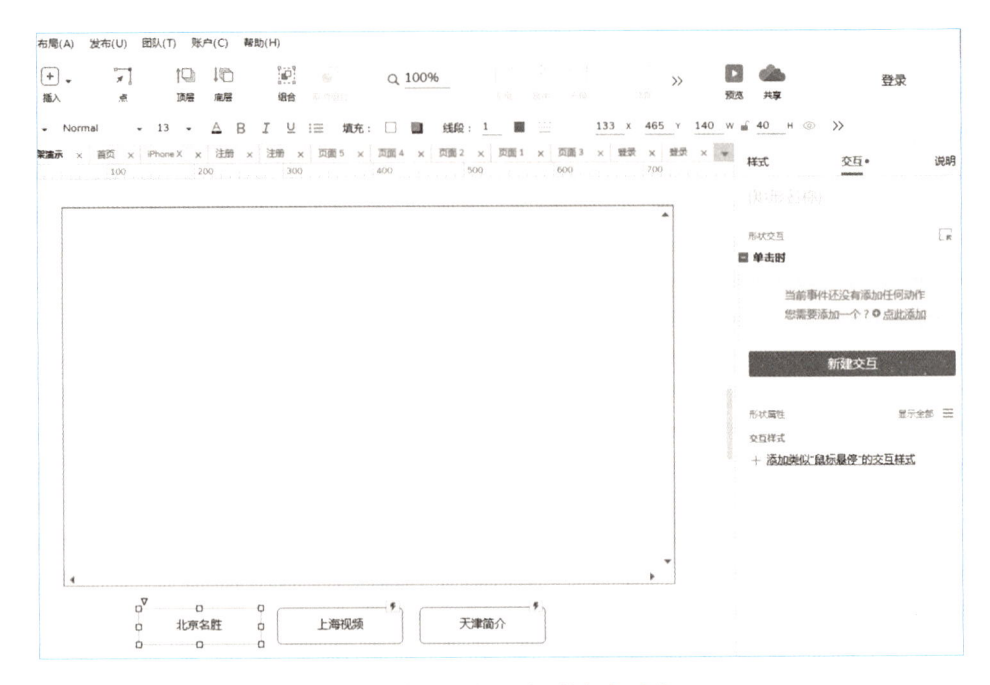

图 2-83 为"北京地图"按钮新建交互

点击交互面板中的"新建交互"按钮，选择"单击时"，显示全部点击事件对应的响应动作。选择"框架中打开链接"，如图2-84所示。点击"框架中打开链接"后显示选择元件窗口，在窗口中选择"内容框架"，如图2-85所示。

图 2-84 设置"北京地图"按钮单击事件交互

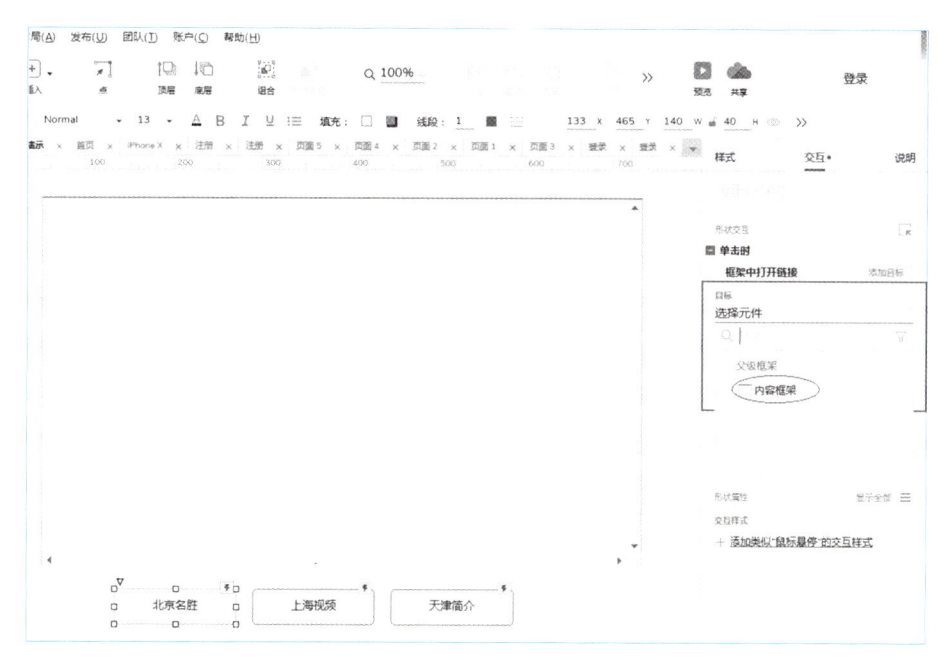

单元 2　界面设计的快速原型设计工具

图 2-85　选择链接目标为页面中的"内容框架"

选择内容框架后，继续显示"选择页面"窗口，点击"链接到URL或文件路径"，如图2-86所示。点击"链接到URL或文件路径"后，继续输入链接网址，此处我们输入的是北京颐和园网站的网址，如图2-87所示。点击"完成"按钮完成"北京名胜"按钮的交互设置。

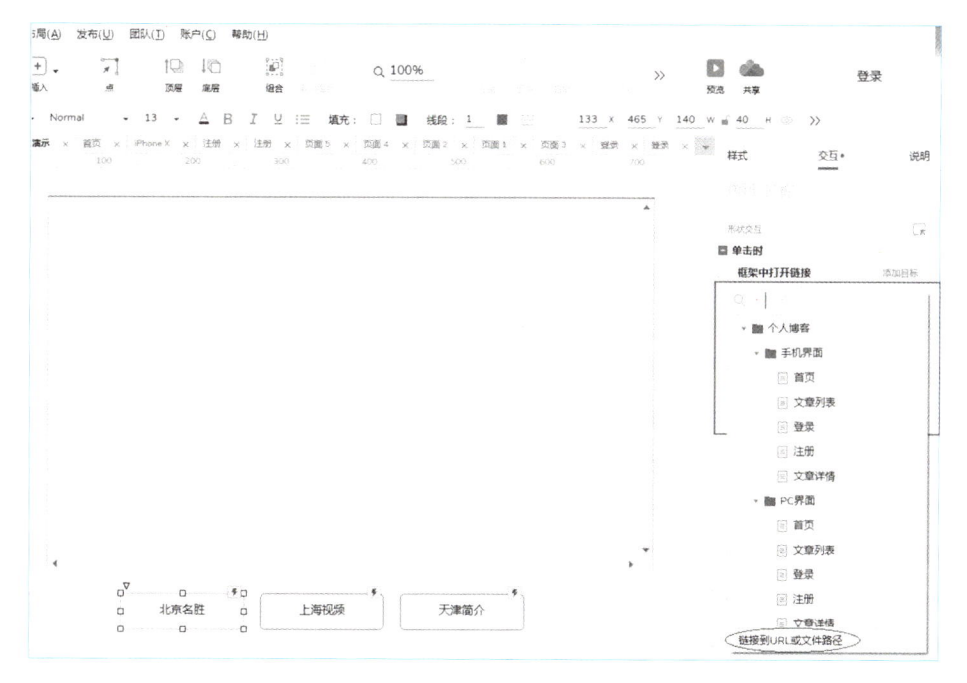

图 2-86　设置"内容框架"显示页面的 URL

界面设计

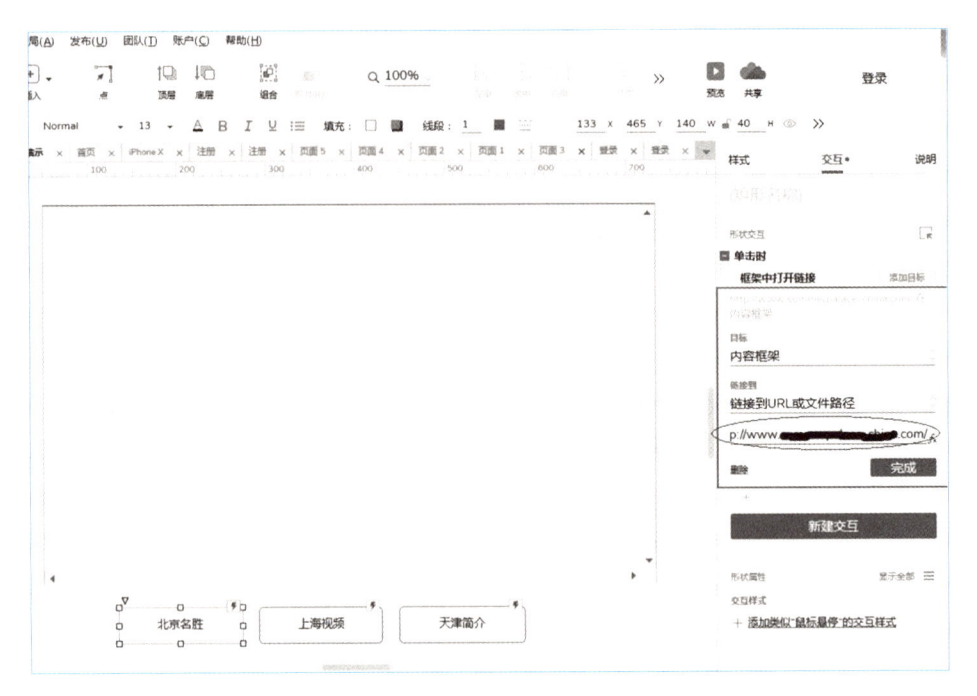

图 2-87 "内容框架"显示页面的 URL

用同样的方法完成"上海视频"和"天津简介"按钮的交互设置。

④预览效果。将三个按钮的交互分别设置完成后,点击"预览"按钮,显示如图2-88所示。

图 2-88 "内容框架"显示初始页面

可以看到,内联框架首先显示的是原型内部的"注册页面",与我们的设置相符。接下来点击"北京名胜"按钮,显示如图2-89所示。然后点击"上海视频"按钮,显示如图2-90所示。最后点击"天津简介"按钮,显示如图2-91所示。可以看到,所有显示都与我们的设置相符。

图 2-89 "内容框架"显示北京名胜

图 2-90 "内容框架"显示上海视频

图 2-91 "内容框架"显示天津简介

2. 表单元件

表单是网页提供的一种交互手段，主要作用是采集数据。表单的用途非常广泛，通常的注册、搜索、登录等操作都是借助于表单实现的。

Axure RP提供了一套用于制作表单的元件，分别是文本框、文本域、下拉列表、列表框、复选框、单选按钮，统称为表单元件，如图2-92所示。这6个元件涵盖了表单的所有操作。

（1）文本框

文本框用于收集单行文本信息，收集的信息可以是文本、密码、邮箱、数字、电话、URL等各种类型。具体的输入格式在交互面板中设置。

从元件面板拖入一个文本框元件，保持文本框被选中状态，在右侧交互面板中设置文本框的输入类型，如图2-93所示。

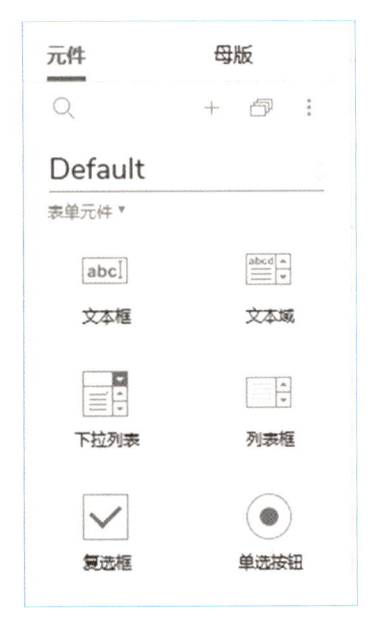

图 2-92 表单元件

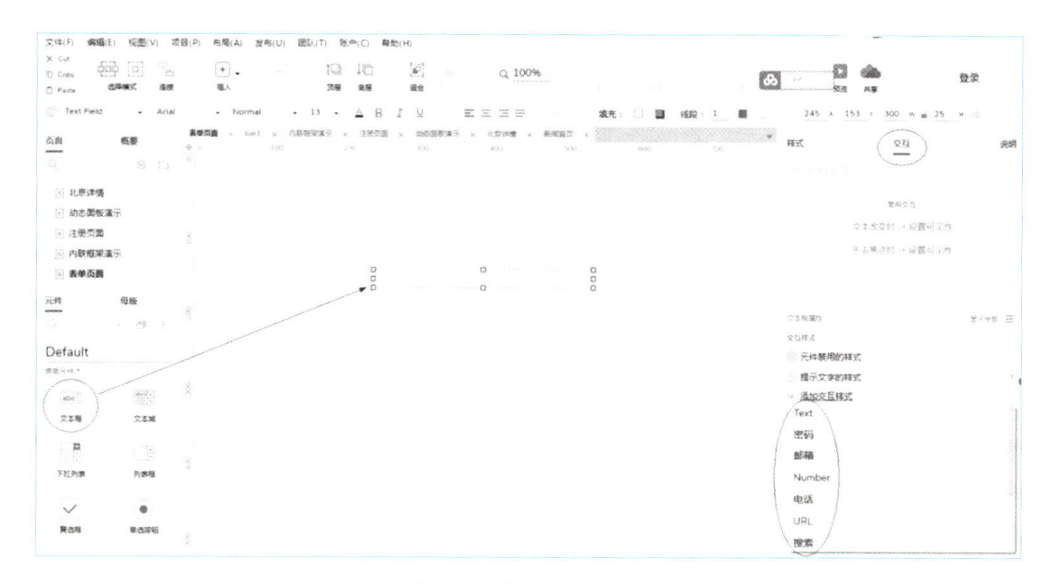

图 2-93 拖入文本框元件

在输入类型列表框中选择"Text",在提示文本中输入"用户名",如图2-94所示。

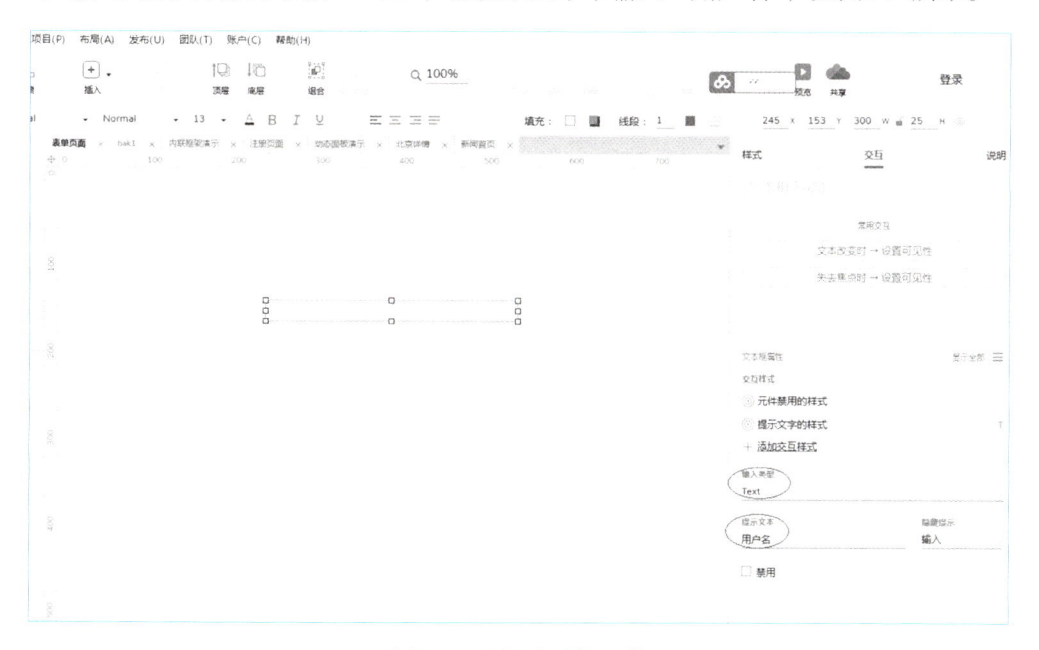

图 2-94 设置文本框元件

将设置好的文本框复制5份,垂直对齐,分别将复制的各文本框的输入类型和提示文本设置更改为"密码"、"密码","邮箱"、"邮箱","电话"、"电话","URL"、"网址","文件"、"选择文件"等,设置完成后点击"预览"按钮,可以看到如图2-95所示效果。给每一个文本框输入相应的内容,如图2-96所示。

界面设计

图 2-95　预览效果

图 2-96　在文本框中输入内容

（2）文本域

文本域用于收集多行文本信息，当文本内容较多时，还会出现滚动条方便内容上下滚动。

文本域的使用方式与文本框类似。首先拖入一个文本域，然后在交互面板中输入提示文本，如图2-97所示。

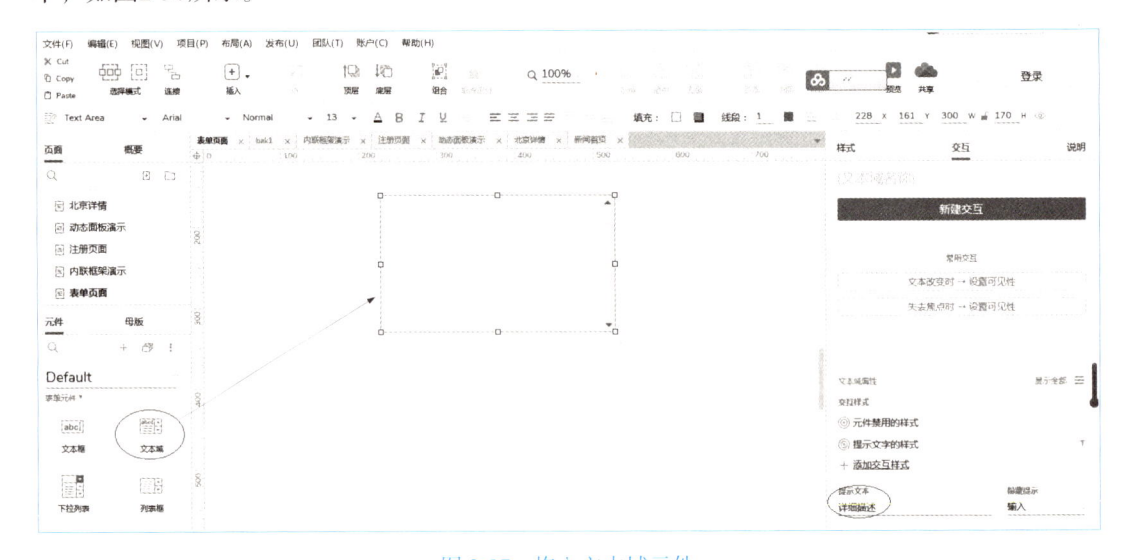

图 2-97　拖入文本域元件

设置完毕后点击"预览"按钮，结果如图2-98所示。在文本域中输入大量文本后，效果如图2-99所示。可以看到，由于内容比较多，文本域出现了滚动条。

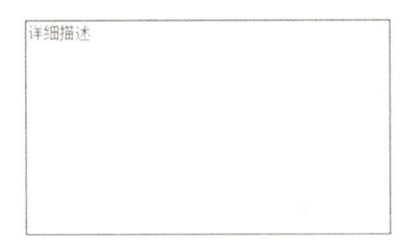

图 2-98　预览文本域

图 2-99　在文本域中输入内容

单元 2　界面设计的快速原型设计工具

（3）下拉列表

下拉列表可以包含多个选项，并可以设置默认选中项。在使用时列表以下拉的方式显示，每次只能选择一个选项，在确定选项后，又将弹出的列表收回。

从元件面板拖一个下拉列表到画布，双击下拉列表，弹出"编辑下拉列表"对话框。点击"添加"按钮为下拉列表添加选项。勾选一个选项作为默认值，这样下拉列表就会默认选中它，如图2-100所示。

选项添加完毕后，点击"确定"按钮，然后点击"预览"按钮，预览效果如图2-101所示。可以看到，"上海"选项被作为默认选项被首先自动选中。

（4）列表框

列表框可以包含多个选项，与下拉列表相似，但外观又与文本域相似。列表框的特点是一次可以选择多个选项，如在选择个人爱好时，可以同时选择"足球""篮球""羽毛球"等。

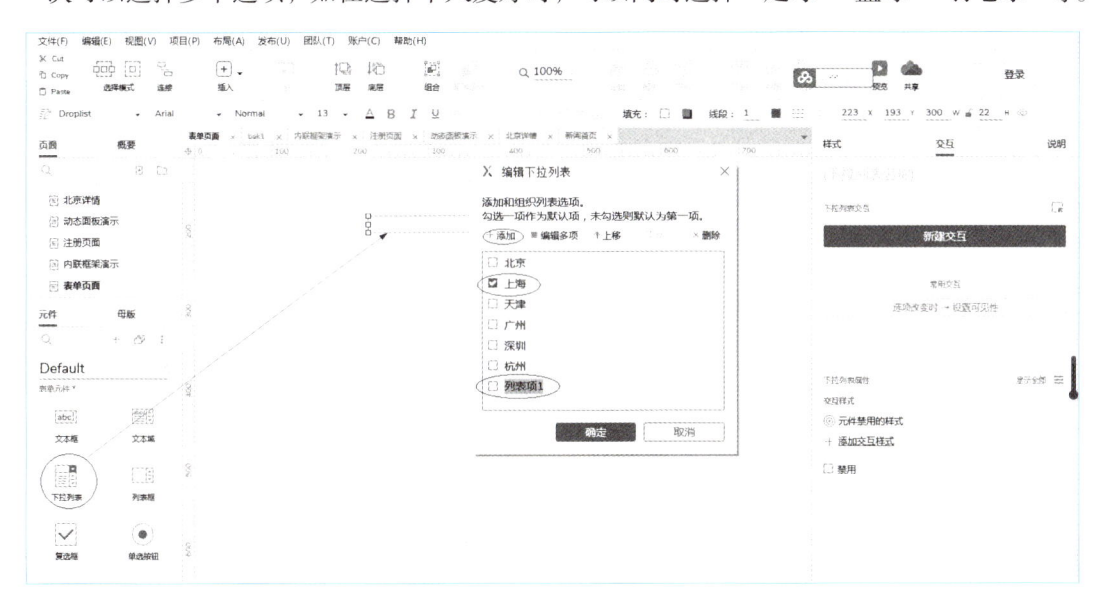

图 2-100　拖入并设置下拉列表元件

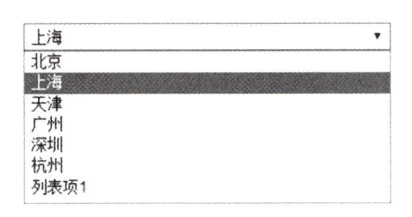

图 2-101　预览下拉列表

从元件面板拖一个列表框到画布，双击列表框，弹出"编辑列表框"对话框。点击"添加"按钮为下拉列表添加选项。与下拉列表不同，在列表框中多了一个"允许选中多个选项"功能，勾选该功能后，可以在列表框中选择多个选项，如图2-102所示。

— 81 —

图 2-102　拖入并设置列表框元件

选项添加完毕后，点击"确定"按钮，然后点击"预览"按钮，预览效果如图2-103所示。按住Ctrl键不放，用鼠标可勾选多个选项，如图2-104所示。

图 2-103　预览列表框　　　　　　　　　　图 2-104　选择多个选项

（5）复选框

复选框可以收集多个选项值，这一点与列表框一致。但是复选框与列表框的展现形式不同。复选框的使用非常简单，只要把复选框元件拖入画布，并改写一下对应的标签文字即可。

从元件面板拖一个复选框元件到画布中，更改复选框对应的标签内容为"足球"，然后将该复选框复制4份，分别更改复制的复选框标签内容为"篮球""排球""羽毛球""乒乓球"。将所有复选框水平排列整齐，分布均匀，如图2-105所示。

点击"预览"按钮，在预览显示的几个复选框中随意选择3项，效果如图2-106所示。

以上复选框的默认样式是按钮在左侧，即左侧对齐，可以选中所有复选框，然后在样式面板中设置右侧对齐，如图2-107所示。然后将所有复选框的文字对齐方式改为右对齐，得到如图2-108所示效果。

单元 2　界面设计的快速原型设计工具

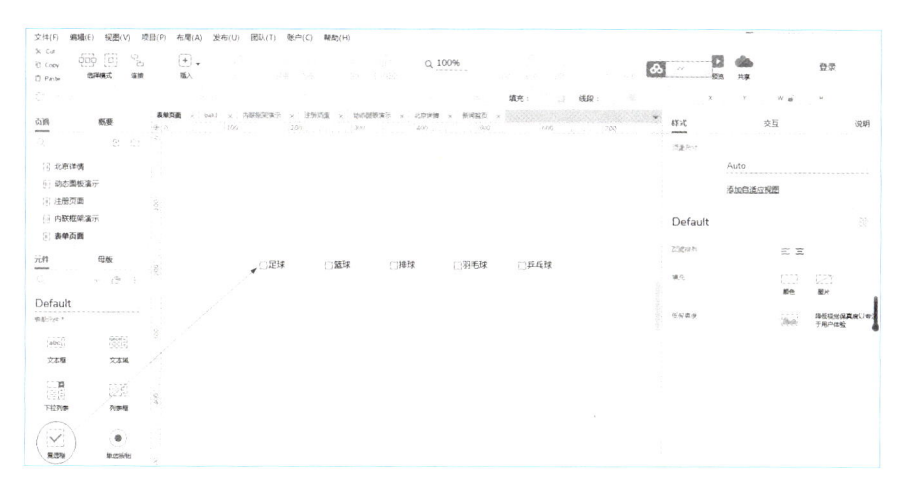

图 2-105　建立复选框

图 2-106　预览复选框

图 2-107　设置右侧对齐

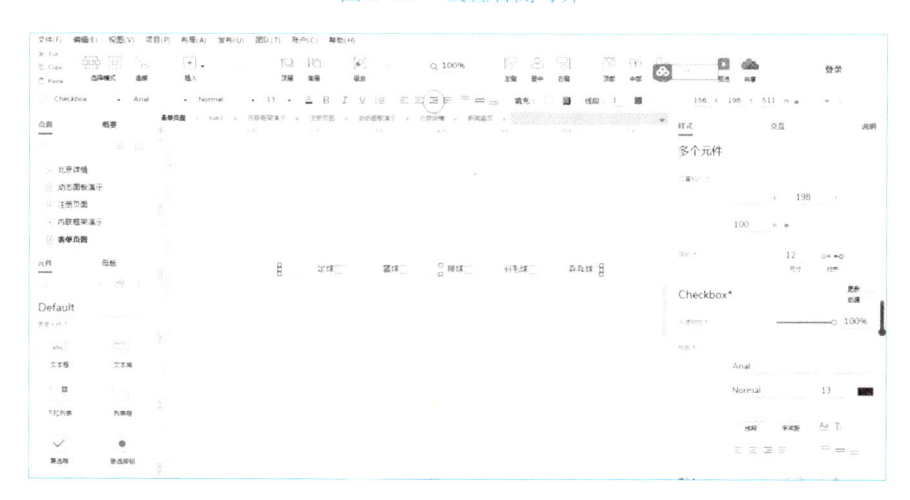

图 2-108　复选框文字右侧对齐

— 83 —

点击"预览"按钮,并任意选择3项,效果如图2-109所示。

图2-109　右侧对齐预览效果

（6）单选按钮

单选按钮有多个选项,但是任意时刻只能选择一个选项。从元件面板拖一个单选按钮元件到画布中,更改单选按钮对应的标签内容为"小学",然后将该单选按钮复制3份,分别更改复制的单选按钮标签内容为"初中""高中""大学"。将所有单选按钮水平排列整齐,分布均匀,如图2-110所示。

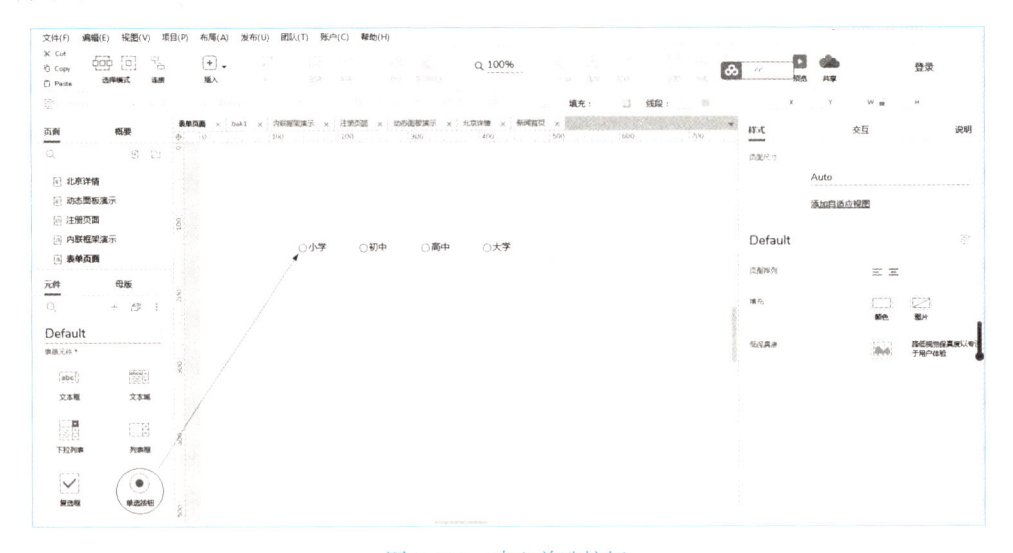

图2-110　建立单选按钮

点击"预览"按钮,预览显示单选按钮后,任意选择几项,效果如图2-111所示。

图2-111　预览单选按钮

可以看到,单选效果并没有实现。原因是这几个单选按钮没有在同一个组中,只有在同一个组中的几个单选按钮,才能实现单选功能。现在需要把这几个单选按钮组成一组。

选择全部单选按钮,右击,选择"指定单选按钮的组",如图2-112所示。弹出一个"选项组"对话框,在对话框中输入该单选按钮组的名称"文化程度",如图2-113所示。输入组名称后,点击"确定"按钮,即可完成将几个单选按钮组成一组的功能。

点击"预览"按钮,在预览的单选按钮中任意选择几项,效果如图2-114所示。可以看到,这次实现了单选功能。

单元2　界面设计的快速原型设计工具

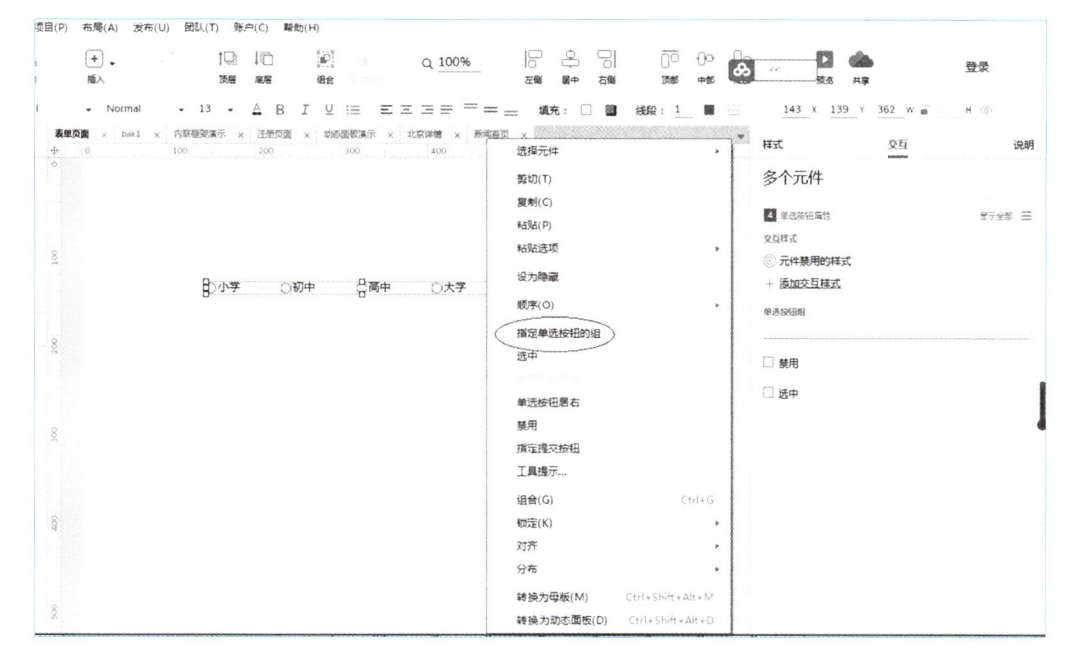

图2-112　为单选按钮指定组

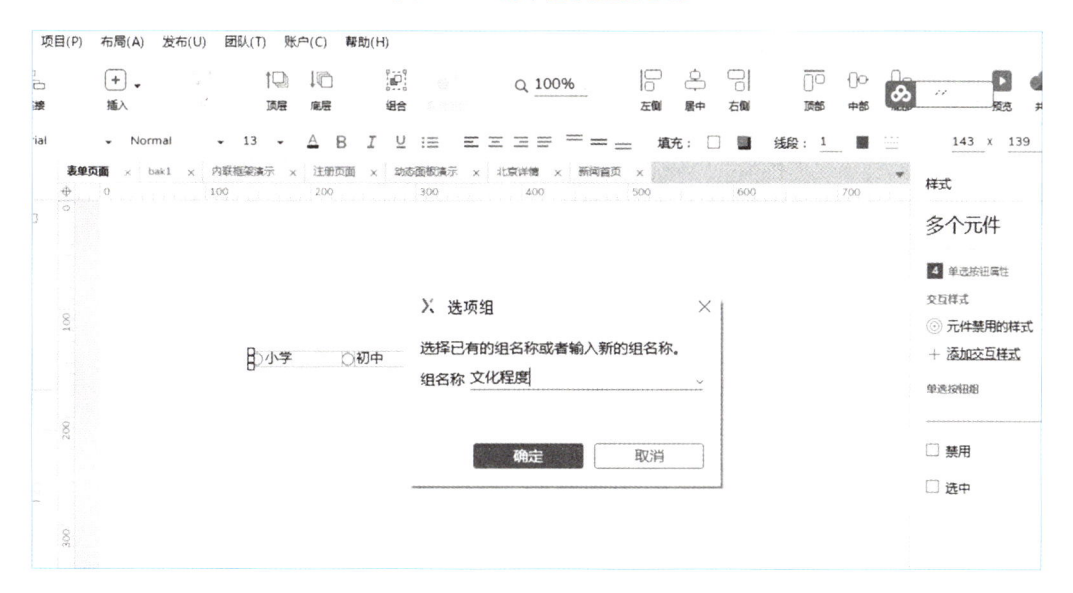

图2-113　为单选按钮组设定组名

图2-114　预览单选按钮功能

Axure RP 的表单元件

2.3 原 型 图

原型图用于表达产品设计思路,任何文字描述都不及图形表达直观高效。原型图可以模拟真实的软件使用场景、用户与界面之间的交互行为以及产品最终的运作方式。从低保真原型图到高保真原型图,实际上是经历了一个设计的完整过程,高保真原型图完成之后,就可以进入开发阶段了。

2.3.1 低保真原型图

软件界面的设计往往是从低保真原型图开始的。所谓低保真原型图,实际就是我们常说的草图,制作低保真原型图的目的仅仅在于表达软件产品的概貌和基本需求,包括核心业务逻辑、模块功能、用户使用流程、功能页面关系等,而产品的基本需求表达出来后,还需要各相关方的确认,因此要求低保真原型图快速出图,列出界面中的组件、框架、布局示意即可,在这个阶段需要反复确认,无须做成高保真原型图,这样有利于降低成本。

在设计低保真原型图之前,首先要做足够的调研与分析,包括用户的目标人群、使用场景等,要研究如何能够最大限度地方便用户使用、满足用户需求。这一步非常重要,因为一旦低保真原型图定稿,产品的基本风格和特性也就确定下来了。

低保真原型图定稿之后,设计师还需要以此为基础,进一步设计出高保真原型图,这种层层递进的设计方式,能够最大限度地避免错误,大幅度降低产品开发成本。

虽然低保真原型图不要求十分精致,但是对于界面设计师来说,在做低保真原型图时,界面元素的比例结构还要力求达到高保真原型图的标准,这样会使得后续工作轻松一些。

低保真原型图有如下设计要点:

(1)低保真原型图无须添加颜色,使用灰度设计即可。

(2)低保真原型图与最后的设计稿(即高保真原型图)中各个元素的比例结构应该一致。

(3)图标、组件等元素可以示意,但文字内容与比例大小应该与实际一致,这样可以减轻后续工作量。

(4)各个页面之间的跳转关系和逻辑是低保真原型图设计的重点,模块关系在这个阶段一定要梳理清楚。

如图2-115所示是一些低保真原型图的例子。

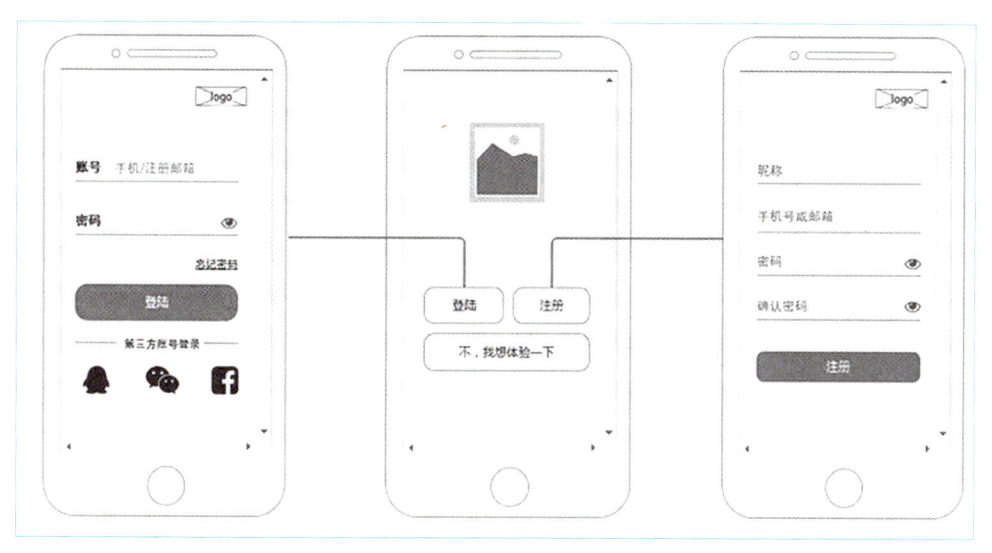

单元 2　界面设计的快速原型设计工具

（a）

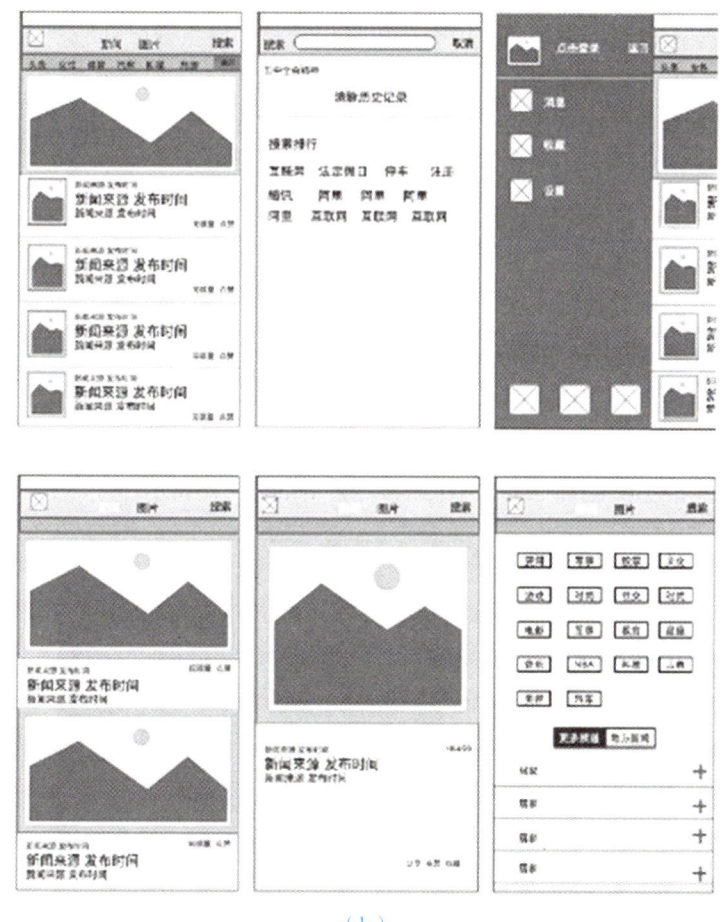

（b）

图 2-115　低保真原型图的例子

界面设计

(c)

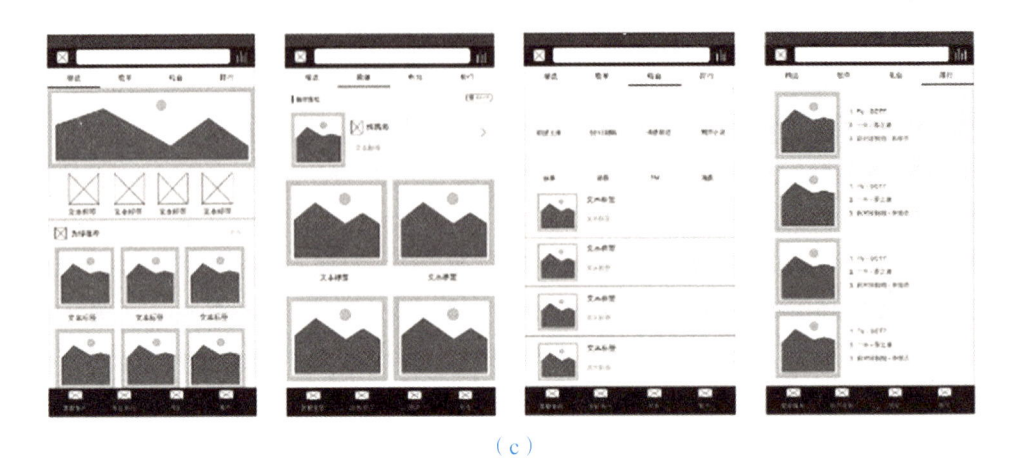

图 2-115　低保真原型图的例子（续）

2.3.2　高保真原型图

在低保真原型图得到用户及相关方充分确认后，就需要将低保真原型图转换为高保真原型图，这也是界面设计师的主要工作之一。

所谓高保真原型图，就是用户可以在屏幕上看到的真真实实的页面。这些页面不再是灰度图，而应该是彩色图，真实地反映页面开发完成后的样子。

事实上，在最后确定设计方案之前，界面设计师还要平衡一下设计方案与开发难易程度，毕竟设计方案最终要由开发人员来实现，如果实现难度过高，设计方案脱离实际，则对于整个项目来说也是不利的。从这个角度来说，界面设计师懂一些代码编程是大有好处的。

高保真原型图强调的是"保真"，也就是设计稿要与真实实现的效果一样。因此在高保真原型图中，页面布局、字体大小、配色方案等都要精确设置。在低保真原型图设计阶段，就要将页面的结构比例、文字内容等精确设置好，这样就可以明显减小高保真原型图制作的工作量。从低保真原型图到高保真原型图的转换，如图2-116所示。

原型图

图 2-116　从低保真原型图到高保真原型图的转换

— 88 —

2.3.3 设计实例

以下来看一个实例，该实例是"个人博客"系统，通过界面可以访问个人在网上发布的文章，具体功能包括显示文章列表、显示文章详情、显示最新文章、用户注册、用户登录、发表评论等。此处的重点在于用低保真原型图和高保真原型图来表示这个系统，因此先把已经实现的"个人博客"系统展示出来，然后用低保真原型图和高保真原型图把该系统界面制作出来。注意，此处的过程与实际项目开发是相反的，在实际项目中，制作低保真原型图和高保真原型图时，系统还没有进入开发阶段，因此我们所展示的系统是不存在的，制作低保真原型图首先要从设计创意开始。而这里仅仅是为了方便描述，才把真实系统提前展示，重点在于说明低保真原型图和高保真原型图的制作过程，而不是创意过程。

按照响应式设计的原则，个人博客系统实现了两种布局，分别是移动屏幕布局和PC屏幕布局，效果如图2-117所示。

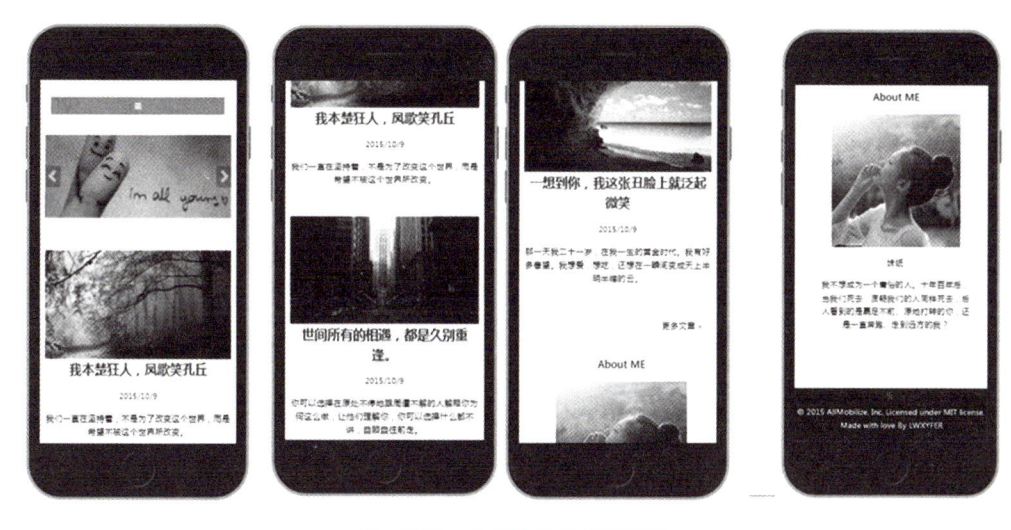

图2-117　个人博客移动端首页

1. 移动屏幕布局

（1）首页

首页由折叠菜单（也称"汉堡菜单"）、轮播图、图文列表、作者自述和底部组成，图文列表比较长，所以使用了垂直滚动条。为了显示全部文章的图文列表，还在图文列表的下面放置了一个"更多文章"按钮。

（2）文章列表

点击折叠菜单，展开菜单选项，选择"文章列表"，效果如图2-118所示。

图 2-118　个人博客移动端文章列表页面

文章列表由折叠菜单（也称"汉堡菜单"）、文章列表、作者自述和底部组成，由于文章列表比较长，使用了垂直滚动条。为了显示更多的文章，在文章列表底部还添加了"上一页"和"下一页"两个按钮。

（3）登录

点击折叠菜单，展开菜单选项，选择"登录"，登录成功后返回首页。如果还没有注册，则点击"注册"按钮进入注册页面。登录页面效果如图2-119所示。

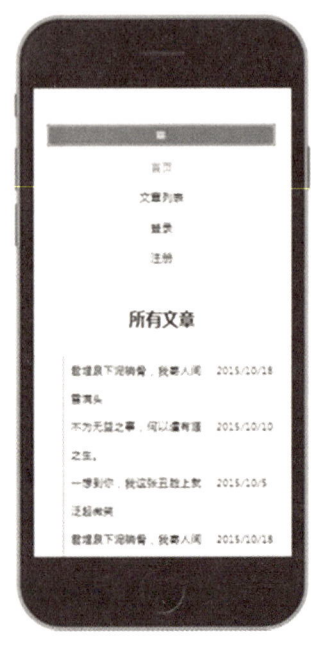

图 2-119　个人博客移动端登录页面

（4）注册

点击折叠菜单，展开菜单选项，选择"注册"，注册成功后返回首页。如果已经注册过，可点击"登录"按钮进入登录页面。注册页面效果如图2-120所示。

图2-120　个人博客移动端注册页面

（5）文章详情

在首页或文章列表中，点击任何一篇文章的标题，可进入文章详情页面，效果如图2-121所示。文章详情页面由折叠菜单、文章图文内容、评论区、作者自述、最新文章列表和页面底部组成。

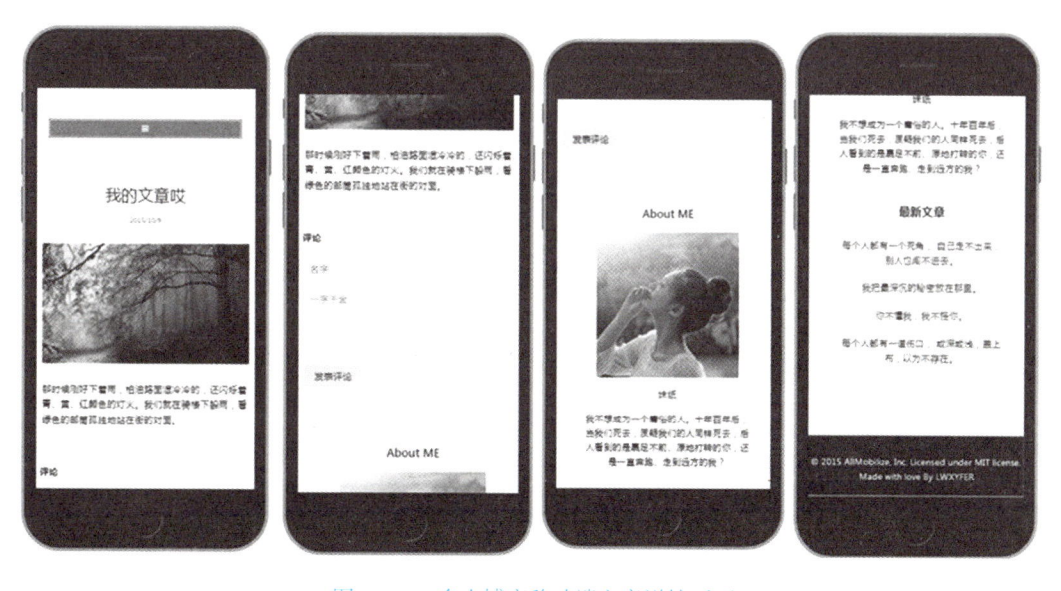

图2-121　个人博客移动端文章详情页面

2. PC屏幕布局

（1）首页

个人博客系统PC端首页如图2-122所示。

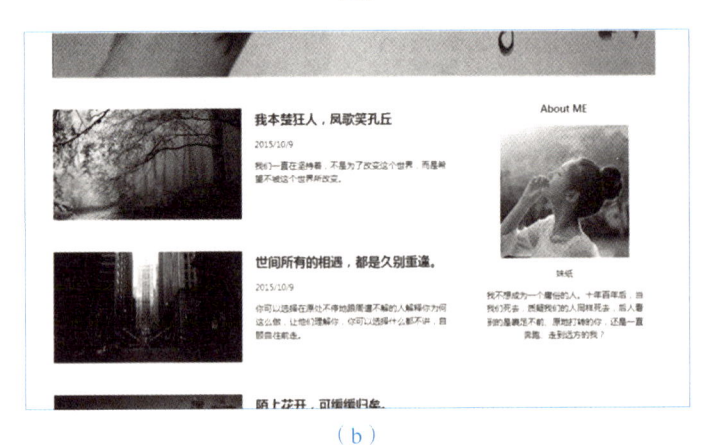

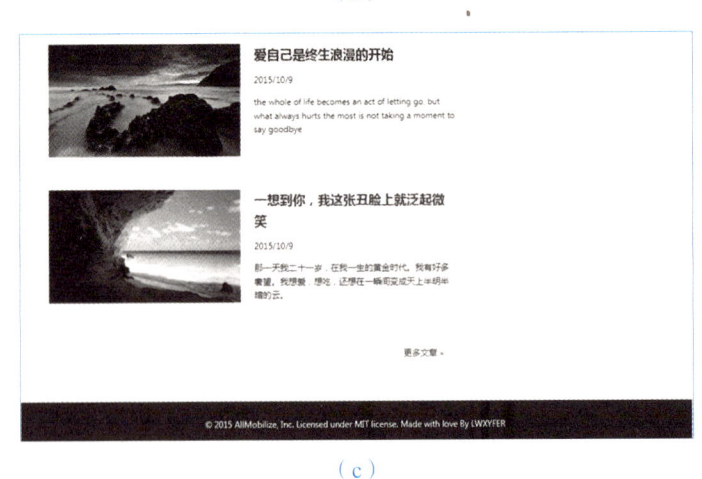

（a）

（b）

（c）

图 2-122　个人博客 PC 端首页

单元 2　界面设计的快速原型设计工具

首页由标题、导航、轮播图、图文列表、作者自述和底部组成。因为图文列表比较长，所以使用了垂直滚动条。为了显示全部文章的图文列表，还在图文列表的下面放置了一个"更多文章"按钮。

（2）文章列表

点击导航栏中的"文章列表"选项，切换到文章列表页面，效果如图2-123所示。文章列表由标题、导航栏、所有文章列表、作者自述和底部组成。

（a）

（b）

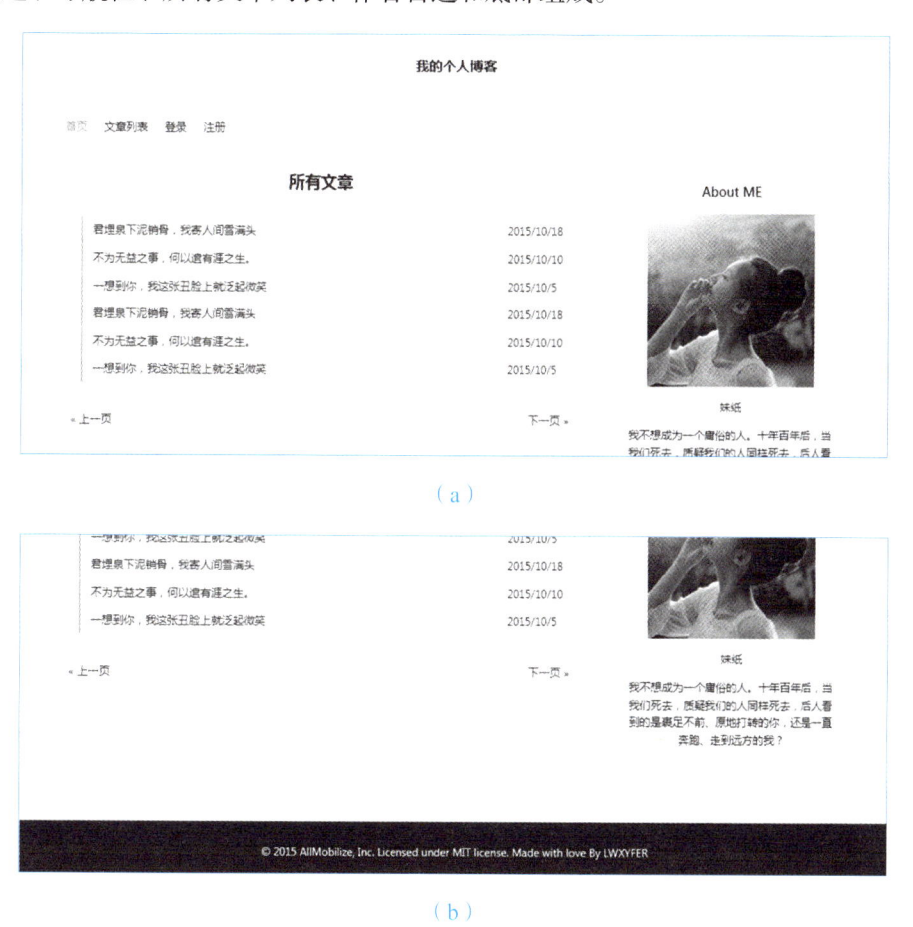

图 2-123　个人博客 PC 端文章列表页面

（3）登录

点击导航栏中的"登录"选项，切换到登录页面，效果如图2-124所示。如果是没有注册过的新用户，在此页面点击"注册"按钮，可切换到注册页面。如果要放弃登录，可点击"返回首页"按钮，切换回首页。

图 2-124　个人博客 PC 端登录页面

（4）注册

点击导航栏中的"注册"选项，切换到注册页面，效果如图2-125所示。

图 2-125　个人博客 PC 端注册页面

如果是已注册过的老用户，在此页面点击"登录"按钮，可切换到登录页面。如果要放弃注册，可点击"返回首页"按钮，切换回首页。

3. 制作低保真原型图

使用Axure RP制作低保真原型图实际上就是制作我们前面提到的低保真线框图。

新建一个原型项目，在页面面板添加文件夹，并命名为"个人博客"。在该文件夹下添加两个子文件夹，分别命名为"手机界面"和"PC界面"。在"手机界面"文件夹和"PC界面"文件夹下分别添加4个页面，页面分别命名为"首页"、"文章列表"、"登录"和"注册"，如图2-126所示。

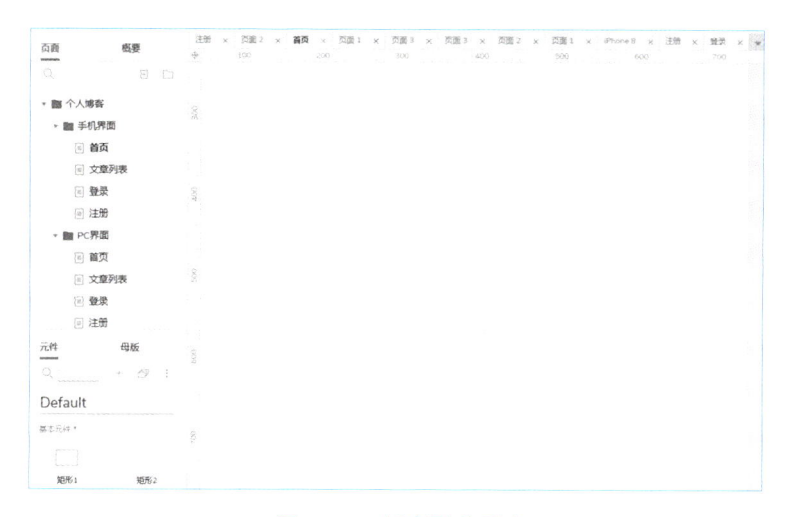

单元 2　界面设计的快速原型设计工具

图 2-126　新建原型项目

（1）手机界面的低保真原型图

① 制作首页页面。选择 iPhone 8 设计模型，如图 2-127 所示。

对于通常的手机页面来说，可以直接在上面模型的空白处设计布局。然而对于"个人博客"页面来说，我们发现，页面上没有用到状态栏、导航栏和标签栏，因此可以利用整个屏幕来设计页面，如图 2-128 所示。

上面这个低保真原型图远远没有达到要求，这里至少还要补充两个重要功能表示，一个是垂直滚动条加长列表显示功能，另一个是折叠菜单功能。要表示这两个功能，都需要使用动态面板。

首先来看垂直滚动条加长列表功能。实现垂直滚动条加长列表功能，需要把所有元件放置在动态面板上。因此先把刚才布局好的所有元件剪切下来，然后将一个动态面板拖到设计模型上，将动态面板的尺寸调整为与设计模型的屏幕尺寸相同，最后将剪切下来的所有元件粘贴到动态面板上，如图 2-129 所示。

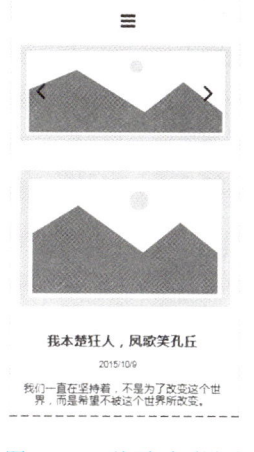

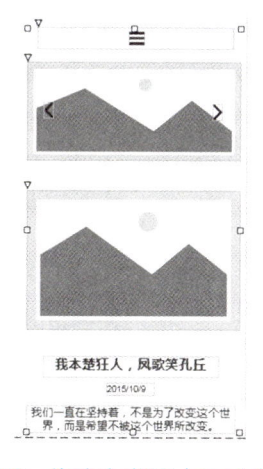

图 2-127　iPhone 8 设计模型　　图 2-128　首页页面设计　　图 2-129　首页页面设计加入动态面板

界面设计

选中动态面板，右击，选择"滚动条"→"垂直滚动"，如图2-130所示。鼠标双击动态面板，进入编辑模型，如图2-131所示。在动态面板上继续添加几个文章图文列表项，添加作者自述和页面底部，如图2-132所示。

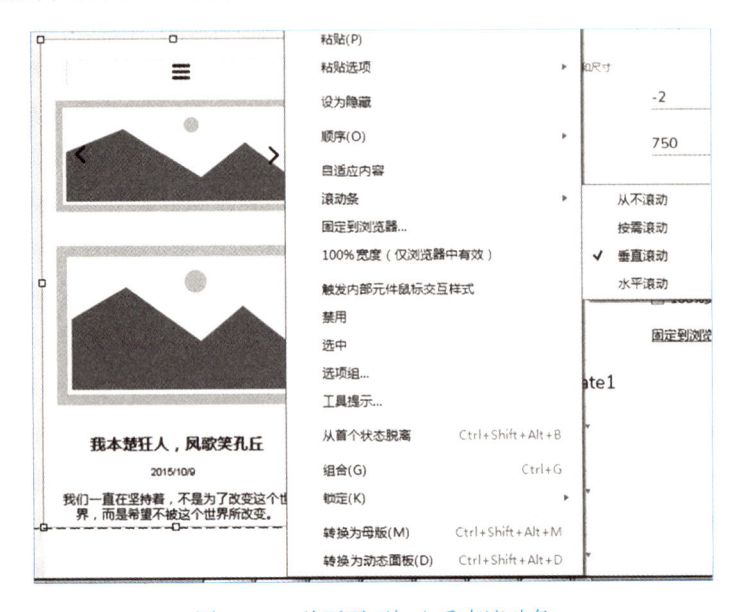

图2-130　首页页面加入垂直滚动条

图2-131　进入动态面板编辑模式

图2-132　在动态面板中加入所有首页内容

单元 2　界面设计的快速原型设计工具

点击"关闭"按钮，退出动态面板编辑模式，如图2-133所示。

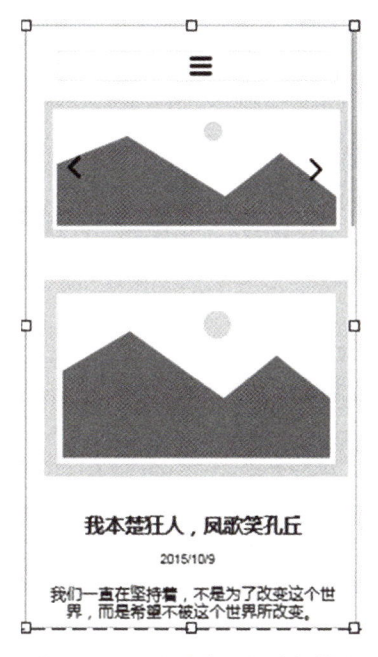

图 2-133　退出动态面板编辑模式

点击Axure的"预览"按钮，预览效果如图2-134所示。

图 2-134　预览手机端首页页面

以上实现了垂直滚动条加长列表功能，下面来实现折叠菜单功能。右击折叠菜单条，选择"转换为动态面板"，如图2-135所示。

界面设计

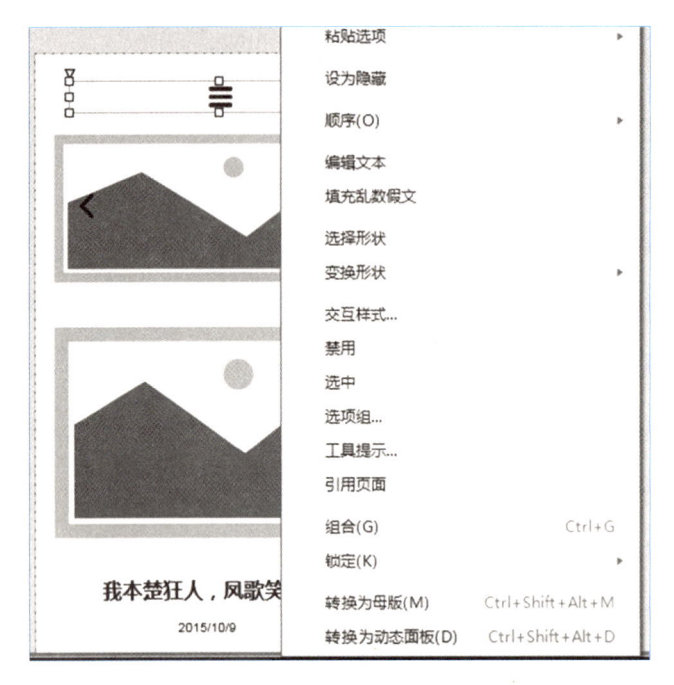

图2-135　将折叠菜单矩形边框转换为动态面板

双击"折叠菜单条"动态面板进入编辑模式，如图2-136所示。

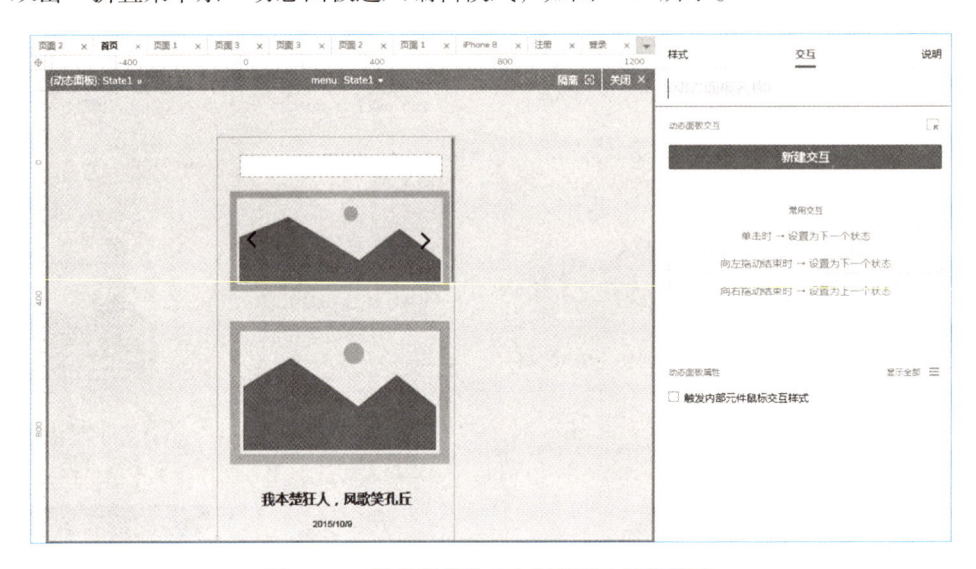

图2-136　折叠菜单条动态面板进入编辑模式

在样式面板将"折叠菜单条"动态面板命名为"menu"，为menu复制状态State2（注意不是添加状态State2），如图2-137所示。

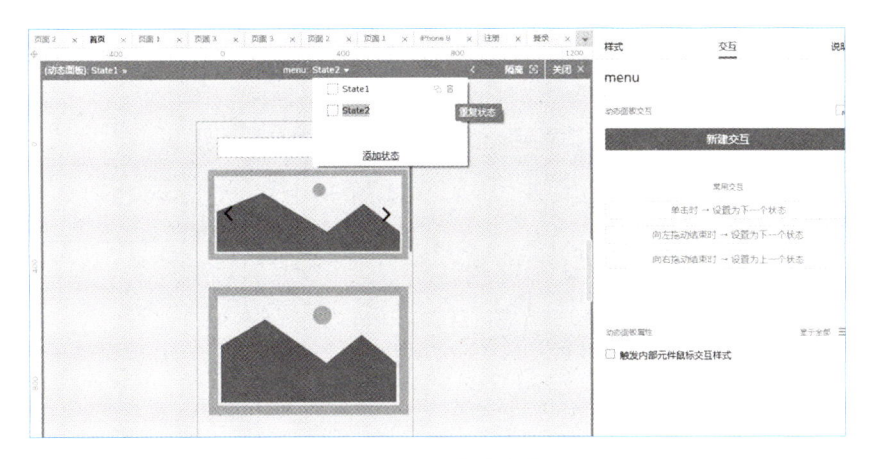

图 2-137 为 menu 复制状态 State2

下面开始建立交互。先将menu动态面板设置为State1状态，在交互面板点击"新建交互"按钮，设置"单击时"，选择元件响应动作为"设置面板状态"，如图2-138所示。

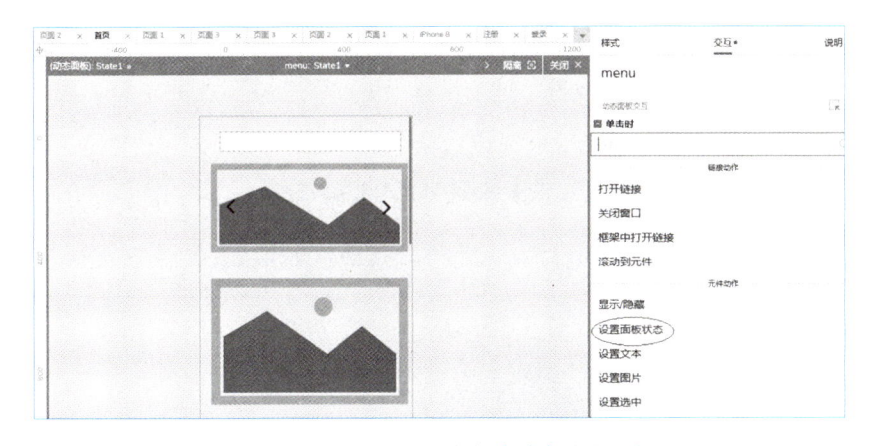

图 2-138 为 State1 状态创建单击响应服务

点击"设置面板状态"进入设置面板状态界面，如图2-139所示。

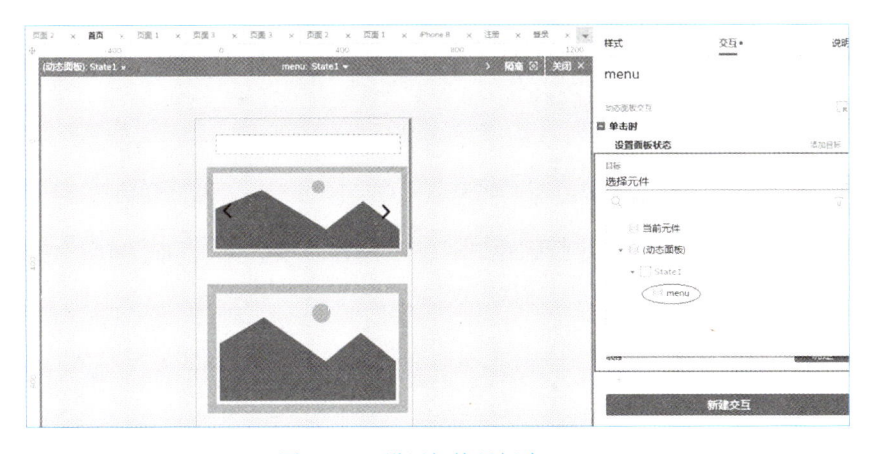

图 2-139 设置切换目标为 menu

界面设计

选择目标为"menu",进入具体设置界面,如图2-140所示。

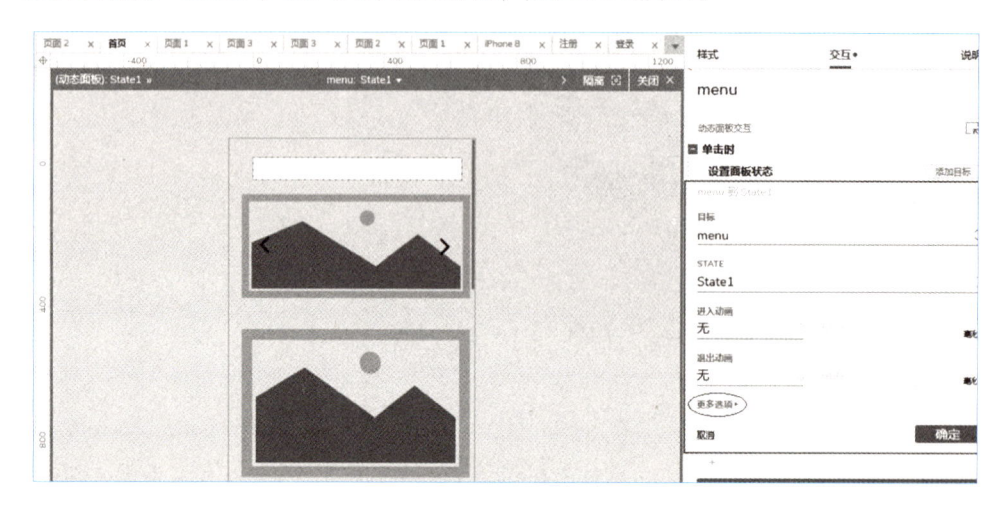

图 2-140　设置更多选项

具体设置内容如图2-141所示,特别需要注意的是要通过点击如图2-140中的"更多选项"进行"推动和拉动元件"选项的设置,这个设置很重要,能够实现折叠菜单下面的列表项随着折叠菜单的展开向下移动的效果。

图 2-141　勾选"推动和拉动元件"选项并选中"下方"按钮

确认设置无误后点击"确定"按钮返回,显示设置面板状态,如图2-142所示。

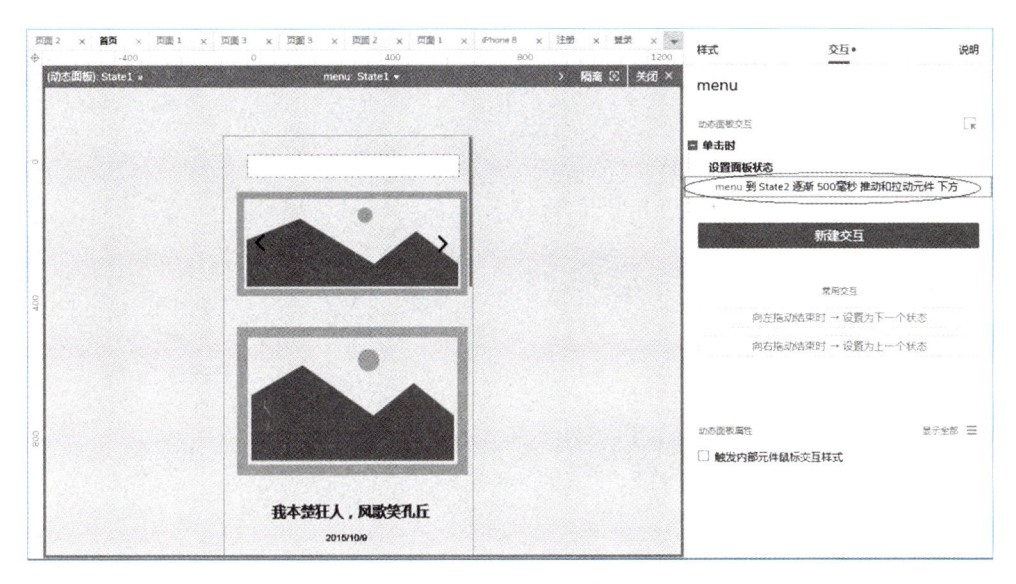

单元 2　界面设计的快速原型设计工具

图 2-142　展示设置结果

将menu状态切换为State2，拖入四个矩形元件，为折叠菜单条添加菜单项，如图2-143所示。

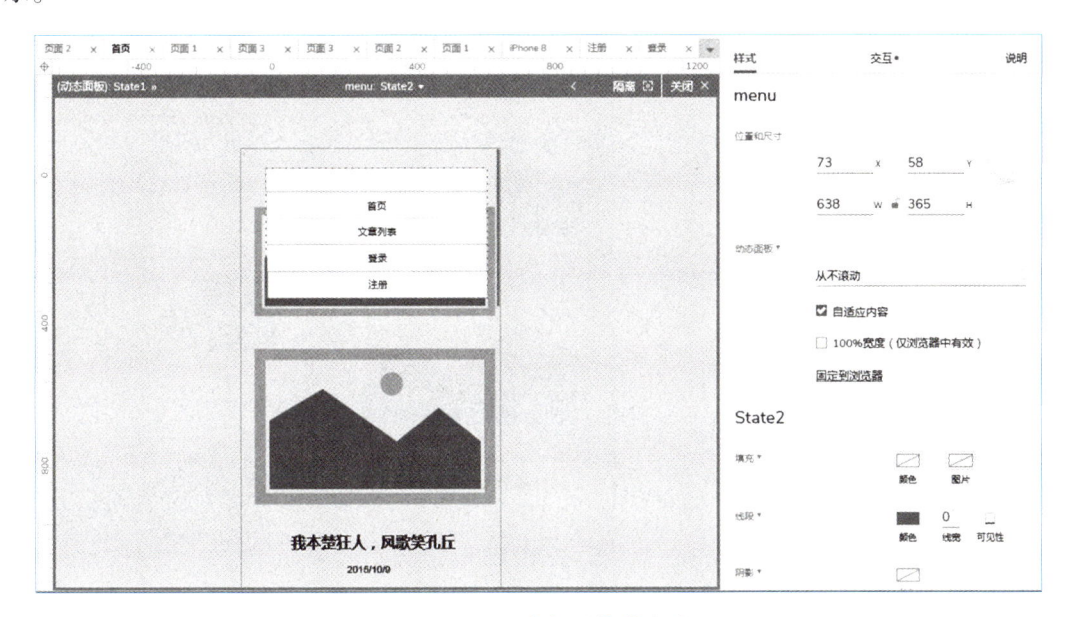

图 2-143　添加折叠菜单选项

点击menu动态面板"关闭"按钮，退出动态面板编辑模式，如图2-144所示。

界面设计

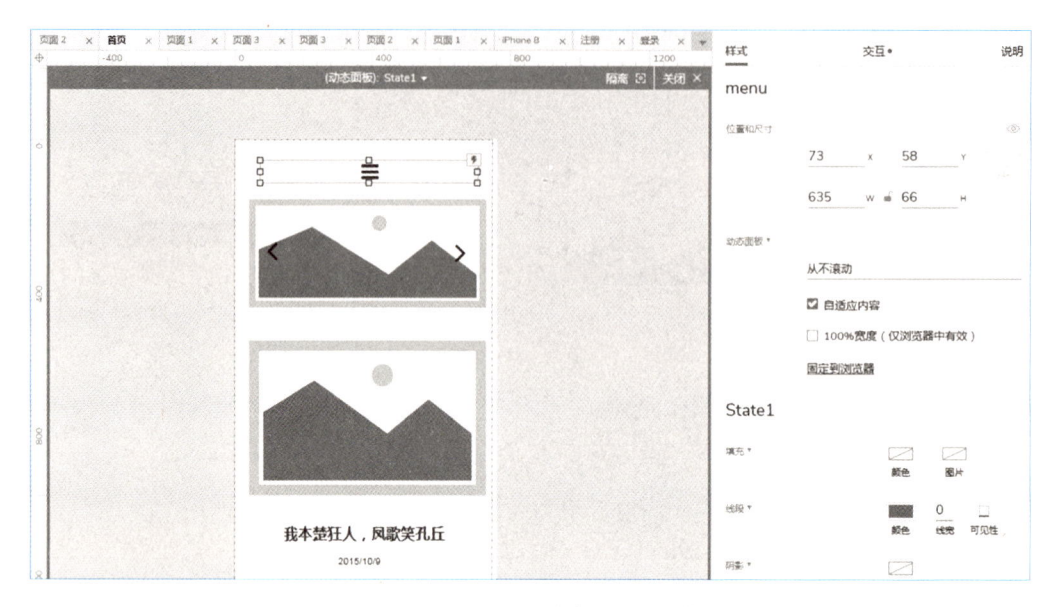

图 2-144 退出 menu 动态面板编辑模式

再次点击"关闭"按钮，退出页面动态面板，如图2-145所示。点击Axure"预览"按钮，效果如图2-146所示。点击折叠菜单条，效果如图2-147所示。

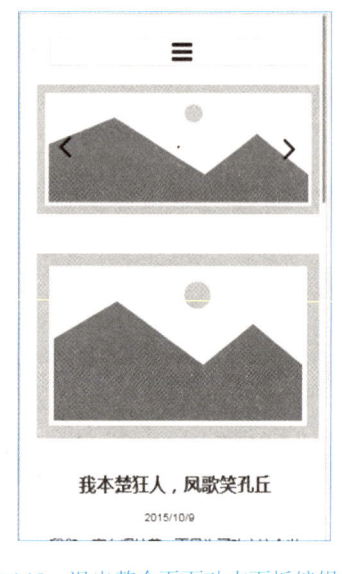

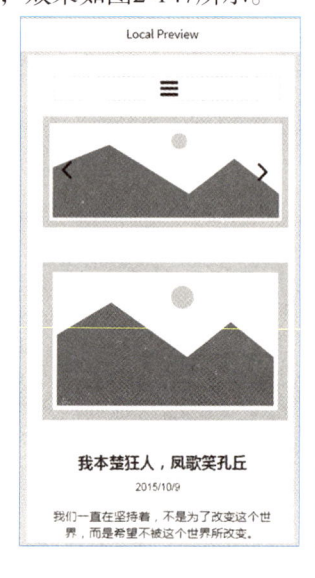

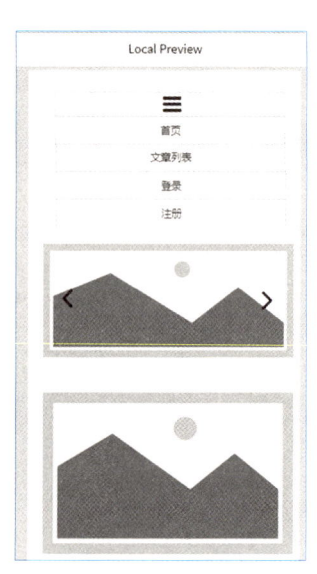

图 2-145 退出整个页面动态面板编辑模式　　图 2-146 预览首页效果　　图 2-147 折叠菜单效果

可以看到，我们实现了折叠菜单的展开效果，并且轮播图以下的所有元件随着折叠菜单的展开实现了向下移动。接下来要做的事情是将各菜单项的边框去掉，并设置折叠菜单中各菜单项的跳转目标。

进入menu动态面板的编辑状态，将状态切换至State2，选择菜单项"首页"所在矩形，如图2-148所示。通过"可见性"设置将"首页"矩形的边框去掉。用同样方法将另外三个菜单项矩形的边框去掉，效果如图2-149所示。

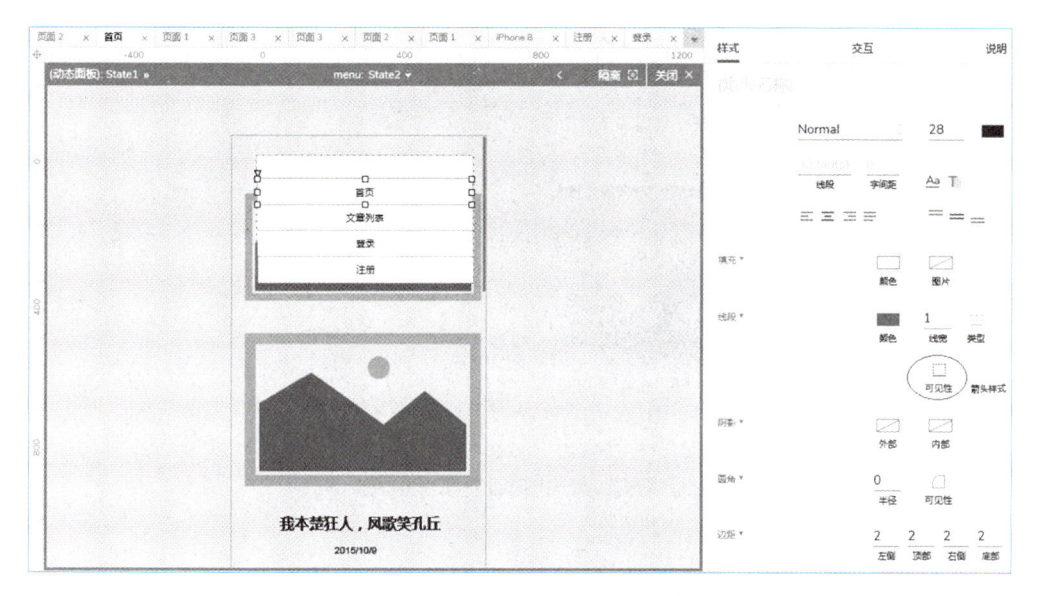

图2-148　选中菜单选项所在矩形

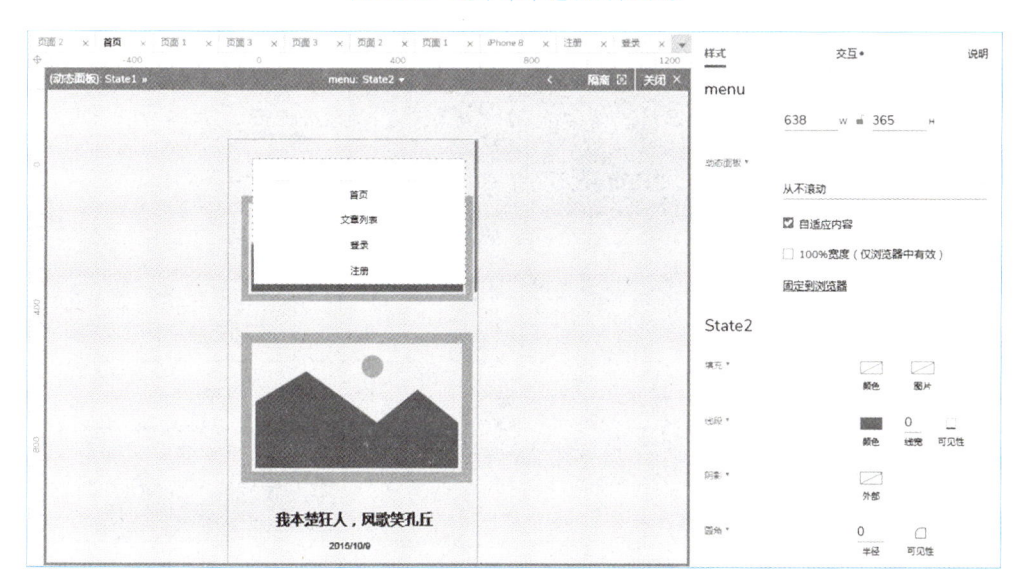

图2-149　去掉菜单选项所在矩形边框

下面设置各菜单项的跳转目标。首先选中"首页"菜单项的矩形，通过交互面板新建交互，设置点击事件响应动作，此时应选择"打开链接"，如图2-150所示。点击"打开链接"进入设置界面，如图2-151所示。选择"首页"作为跳转目标并确定。关闭所有动态面板，点击"预览"按钮，效果如图2-152所示。

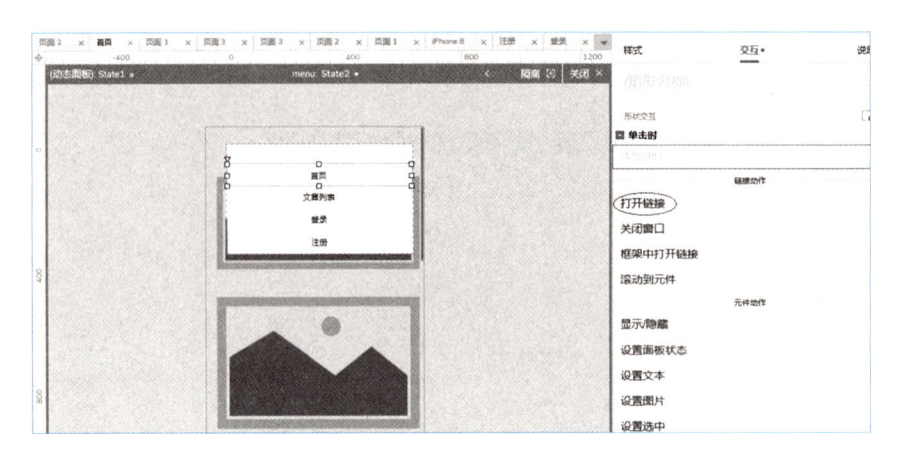

图 2-150　设置菜单选项单击事件响应服务

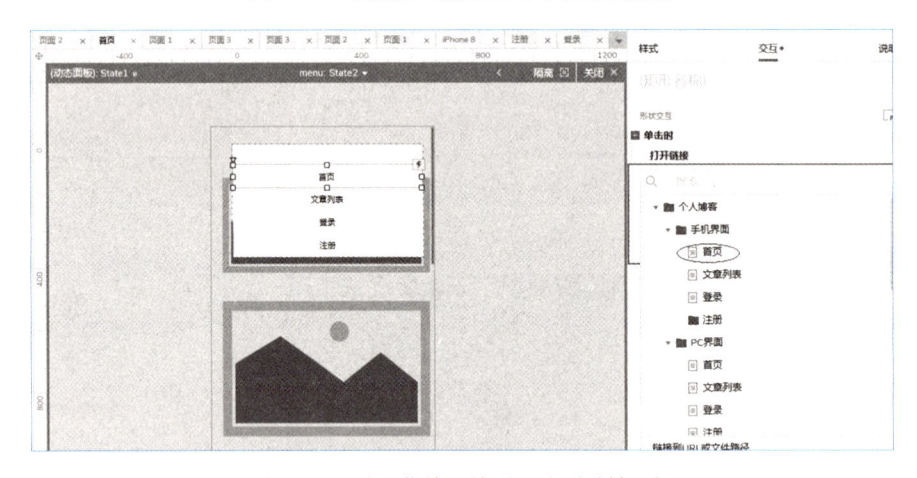

图 2-151　设置菜单"首页"选项跳转目标

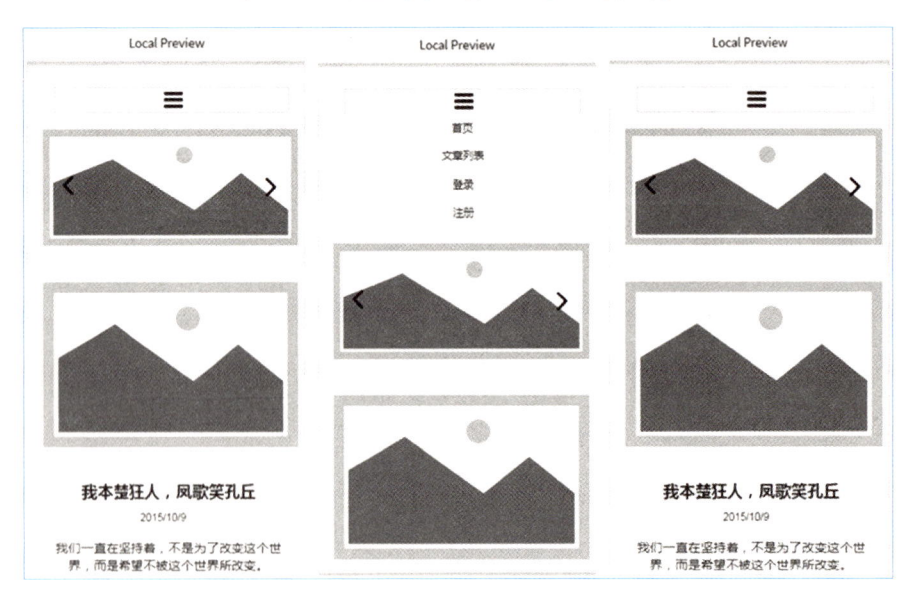

图 2-152　预览跳转效果

操作顺序为：首先进入首页，点击折叠菜单，折叠菜单展开，点击"首页"选项，跳转至"首页"页面。

用同样的方法，设置"文章列表"菜单项的跳转目标为"文章列表"页面；"登录"菜单项的跳转目标为"登录"页面；"注册"菜单项的跳转目标为"注册"页面。

② 制作文章列表页面效果。文章列表与首页有相同的头部和底部。头部是折叠菜单，底部是版权信息。中间部分的区别是将图文列表换成了文章标题列表，作者自述依然存在，仍旧需要垂直滚动条和长列表功能。

基于这样的结构，在制作文章列表页面时，可以先将首页部分复制下来，删除轮播图和图文列表部分，再加入文章标题列表即可，如图2-153所示。

把文章列表中每个标题的边框处理一下，将左边框加粗，另外三个边框删除，如图2-154所示。在列表下面增加两个翻页按钮，如图2-155所示。

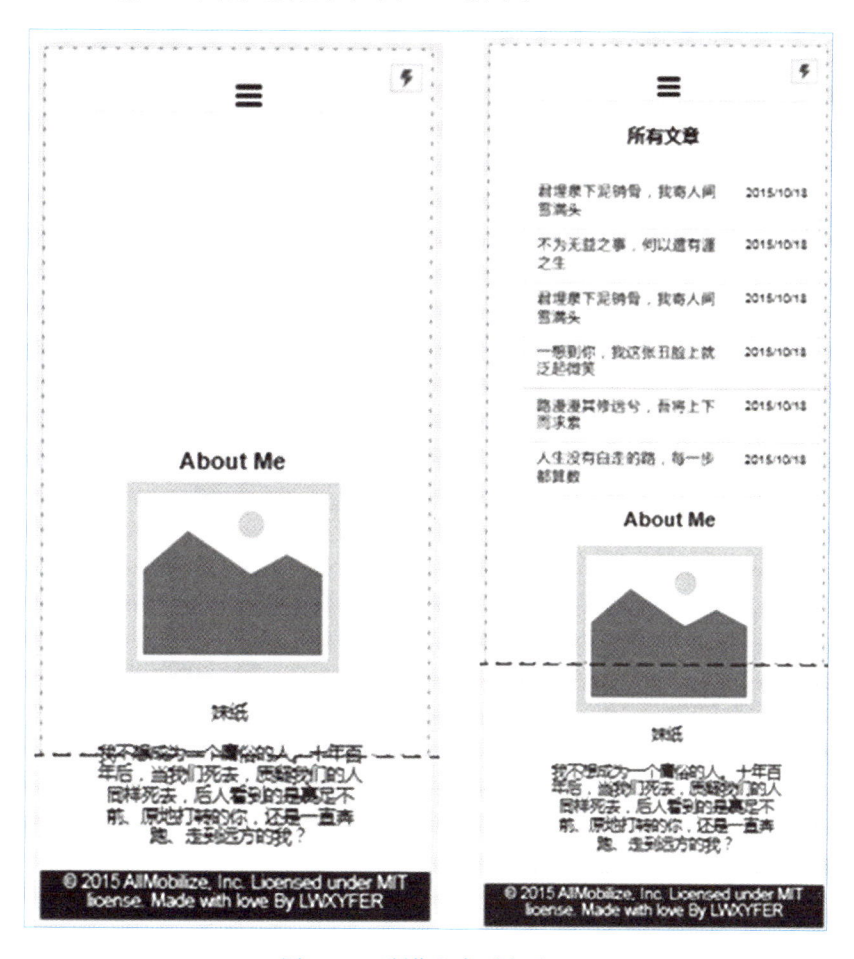

图 2-153　制作文章列表页面

界面设计

图 2-154　制作文章列表特效

图 2-155　添加两个翻页按钮

文章列表上所有组件都齐全了,现在来测试一下,如图2-156所示。由图可知,测试合格。

图 2-156　预览效果

③ "登录"页面。"登录"页面比较简单,一个背景图片,加上两个输入框、三个按钮,再加上一个底部即可。两个输入框的右侧各附上一个图标。在三个按钮中,点击"注册"和

"返回首页"按钮后分别跳转到"注册"页面、首页;点击"登录"按钮,执行登录操作,然后返回首页。

先进行页面布局,将需要的背景图片、文本框、按钮等组件排列在屏幕上,如图2-157所示。以下为三个按钮添加热区并添加点击事件响应动作,如图2-158所示。

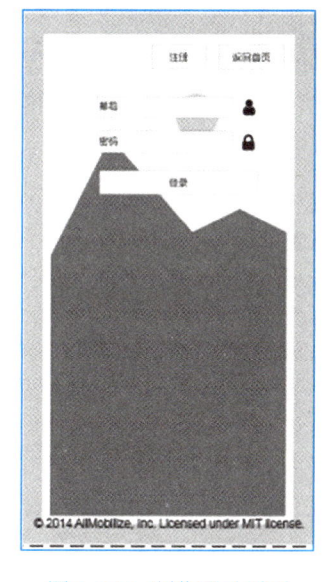

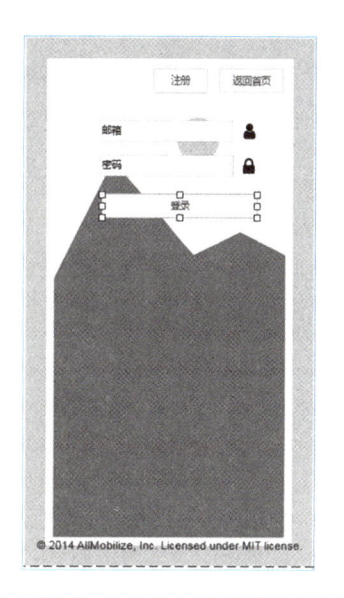

图2-157　制作登录页面　　　　　　　图2-158　为按钮添加热区并设置点击响应服务

"注册"按钮、"返回首页"按钮和"登录"按钮的跳转目标分别是"注册"页面和"首页"页面,如图2-159所示。按钮响应动作设置完成后,测试确认即可。

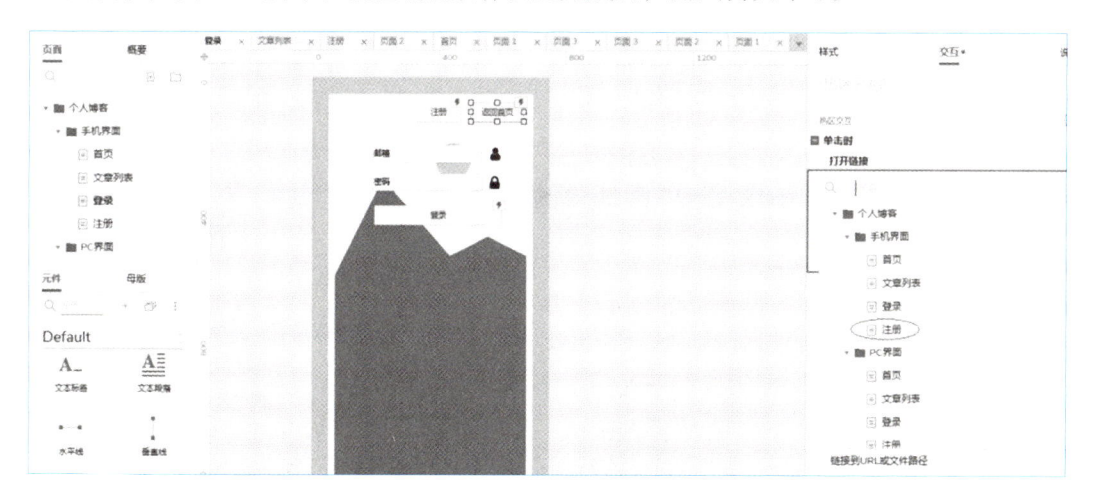

图2-159　设置按钮跳转目标

④ "注册"页面。"注册"页面与"登录"页面类似,只要修改一下文本框提示内容和各个按钮的提示内容,然后修改各个按钮的跳转目标即可("登录"按钮和"注册"按钮的跳转目标分别是"登录"页面和"首页"页面),如图2-160所示。

界面设计

⑤ 文章详情。当点击首页中图文列表的标题或文章列表中的文章标题时，会跳转到对应文章的"文章详情"页面。"文章详情"页面由头部折叠菜单、文章标题、发表日期、文章封面图片、文章内容、评论区、作者自述、最新文章列表以及页面底部组成。"文章详情"页面的内容比较多，所以也要求实现垂直滚动条和长列表显示，同时也要实现折叠菜单功能。"文章详情"页面可以在"首页"页面的基础上进行修改而成。

先添加"文章详情"空白页面，然后将首页复制到空白页面上，删除轮播图和图文列表部分，如图2-161所示。再加入文章详情元素即可，如图2-162所示。

图 2-160　制作"注册"页面

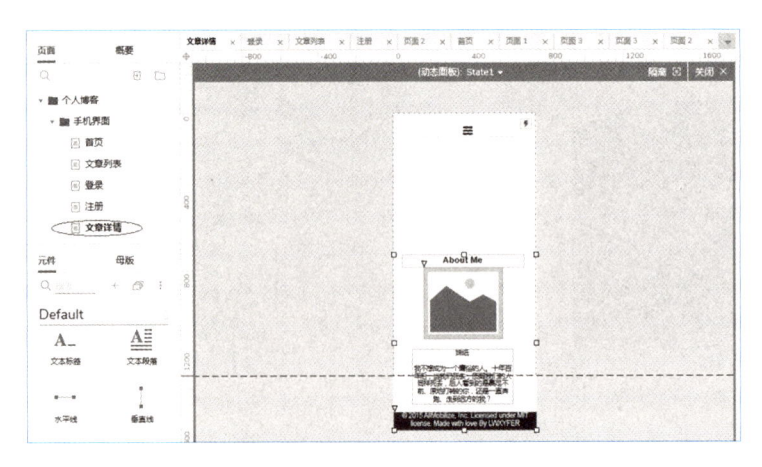

图 2-161　准备好文章详情初始页面

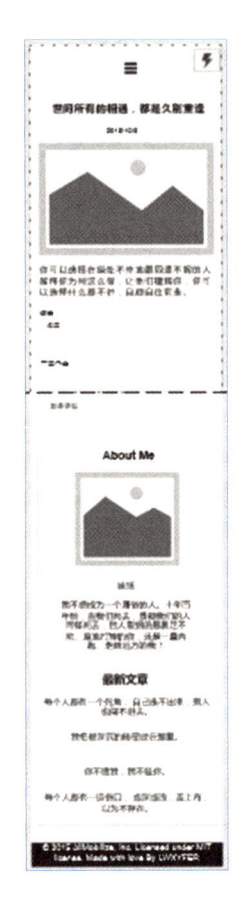

图 2-162　在初始页面添加文章详情内容

单元 2　界面设计的快速原型设计工具

回到"首页"和"文章"列表页面，为本页面的文章标题添加跳转设置，然后进行测试如图2-163所示。由图可知，测试结果正确。

（a）

（b）

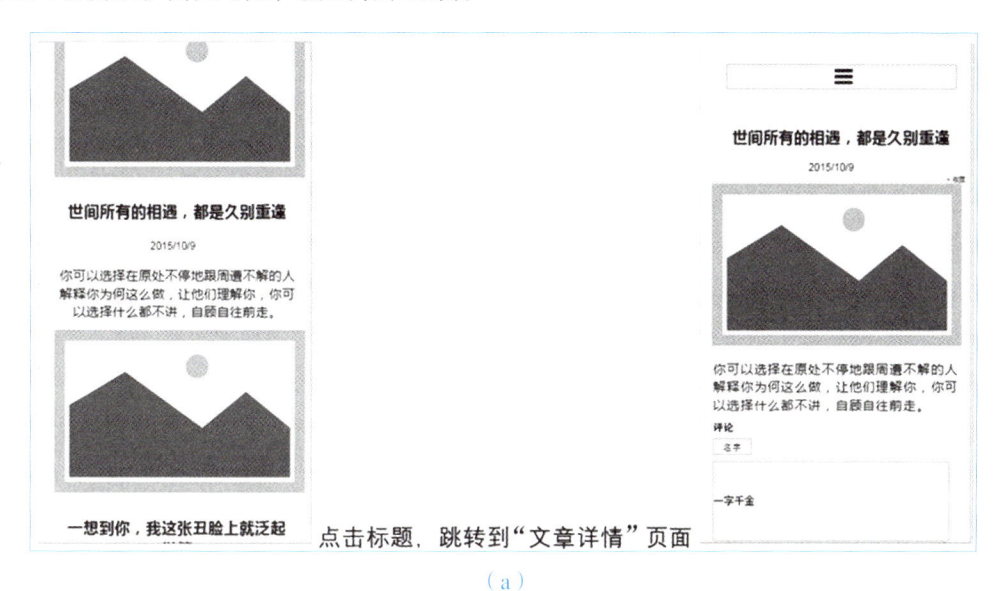

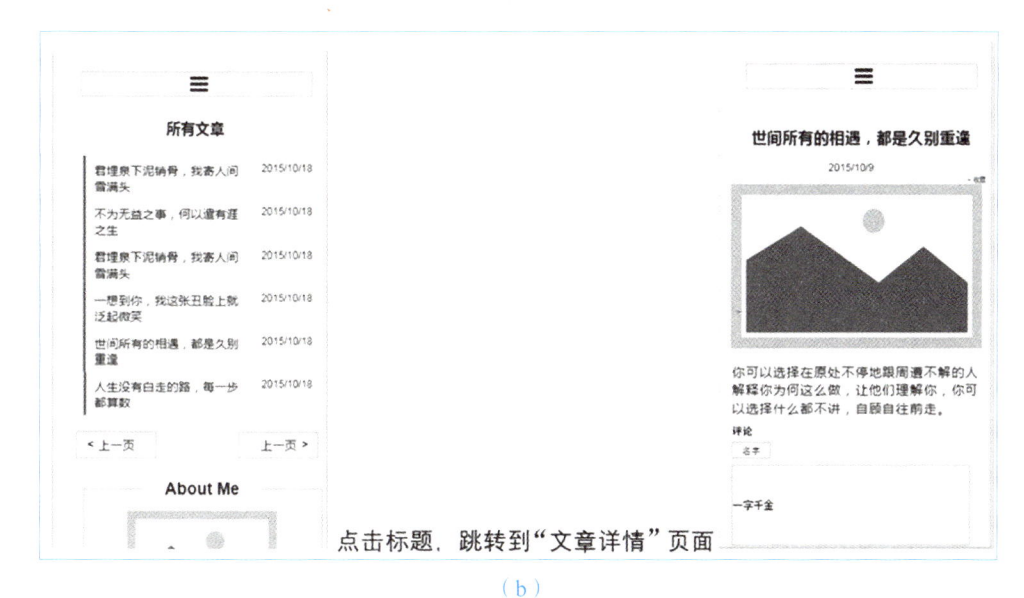

图 2-163　测试跳转效果

（2）PC界面的低保真原型图

① 制作首页效果。PC页面设计尺寸为网页总宽度1920，可视范围占据网页中心1200。首先创建标准Web页面。设置页面尺寸，选择页面尺寸为"Web"，如图2-164所示。

界面设计

图 2-164　创建标准 Web 页面

点击"添加自适应视图",弹出"自适应视图"对话框,输入名称、宽度、高度后点击"确定"按钮,如图2-165所示。此时首页尺寸被设置为"个人博客"视图尺寸,如图2-166所示。

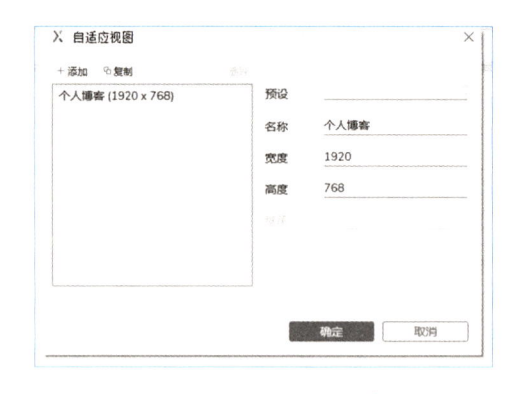

图 2-165　设置视图尺寸

图 2-166　设置首页尺寸

PC页面由标题、导航栏、轮播图、文章图文列表、作者自述和页面底部构成。由于页面内容比较长，所以页面需要设置垂直滚动条。

设置垂直滚动条的方法与移动端一样，先拖入一个动态面板，调整动态面板尺寸为页面尺寸，然后设置使用"滚动条"→"垂直滚动"，如图2-167所示。

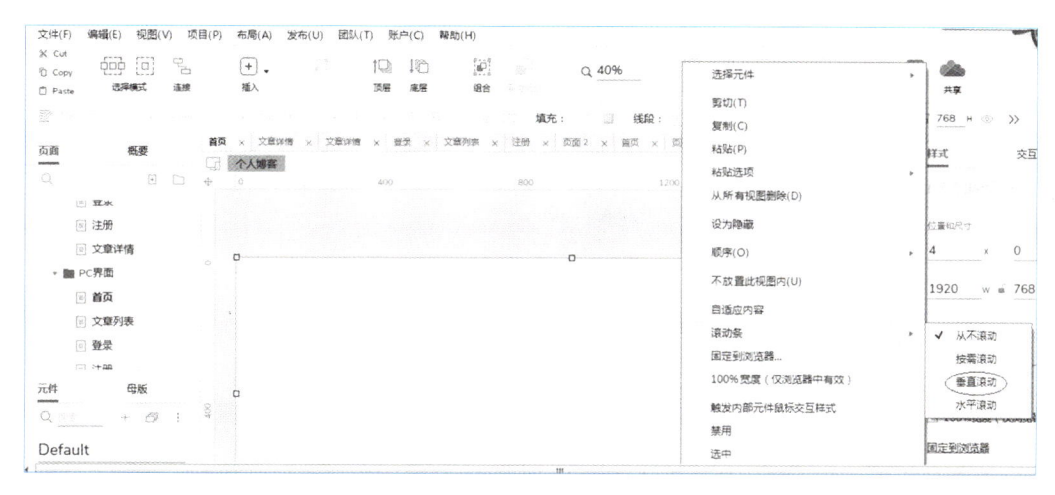

图 2-167　为首页添加垂直滚动条

设置完成后，双击动态面板，进入编辑状态，如图2-168所示。将首页上的所有元素拖到动态面板上，如图2-169所示。点击"关闭"按钮退出编辑状态，点击"预览"按钮，效果如图2-170所示。

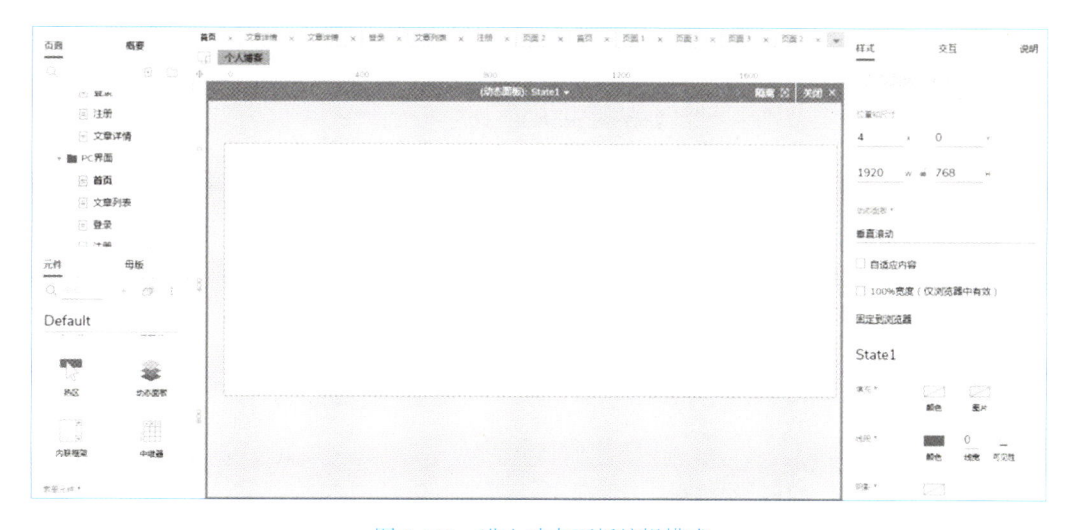

图 2-168　进入动态面板编辑模式

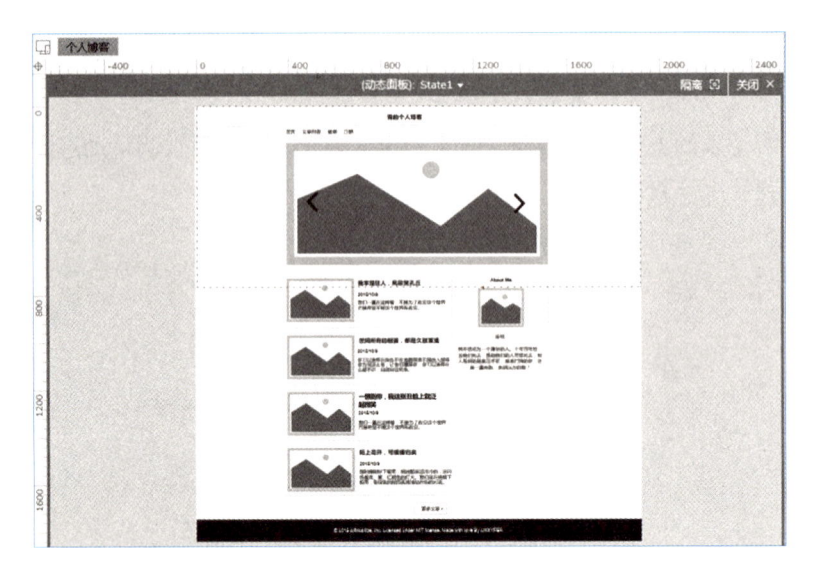

界面设计

图 2-169　在动态面板上创建"首页"页面

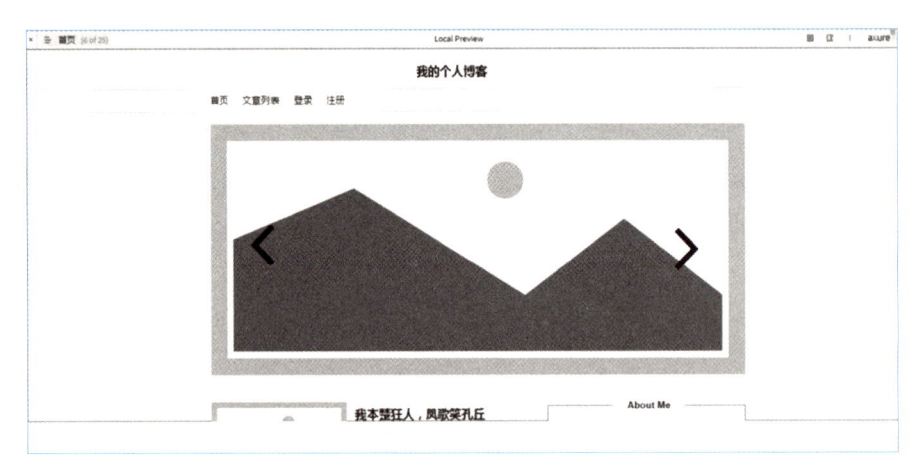

（a）

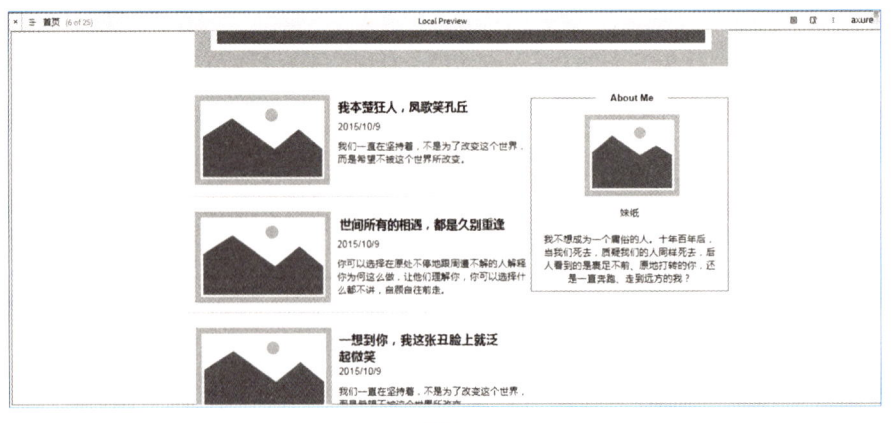

（b）

图 2-170　预览首页页面

单元 2　界面设计的快速原型设计工具

（c）

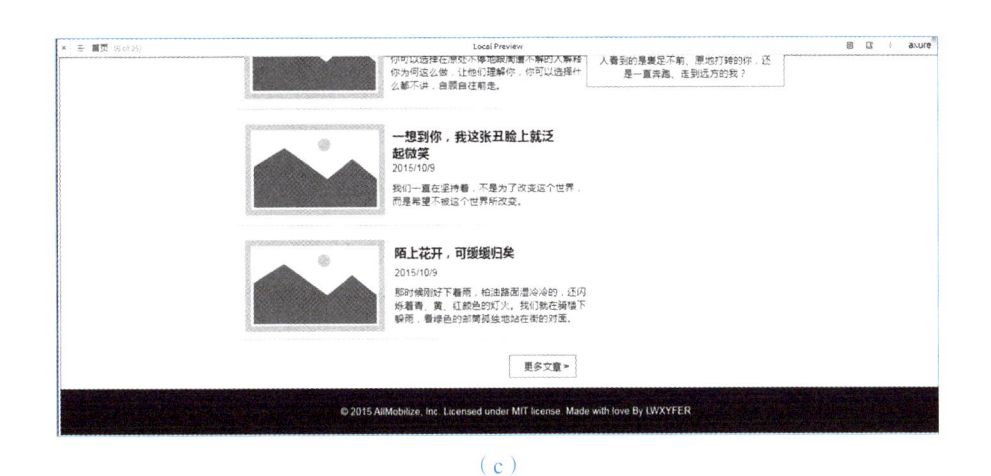

图 2-170　预览首页页面（续）

到此已完成首页布局，下面为导航栏中的导航项添加链接目标。首先为各个导航项添加热区，如图2-171所示。然后为各个热区添加点击事件，并设置链接目标，如图2-172所示。到此"首页"页面设置完成。

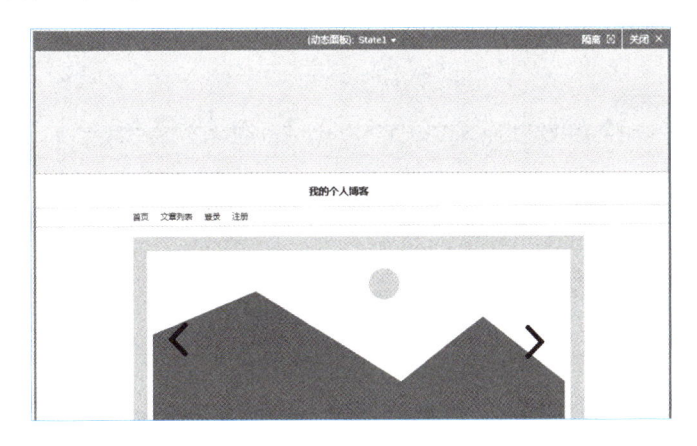

图 2-171　为导航项添加热点

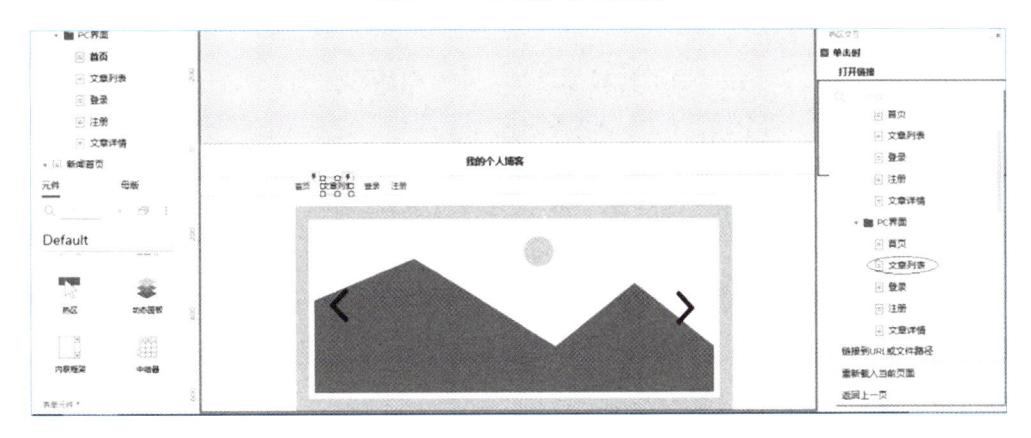

图 2-172　为导航项添加跳转目标

界面设计

② 制作"文章列表"页面效果。"文章列表"页面与"首页"页面有相同的头部和底部。头部是标题和导航栏，底部是版权信息。中间部分的区别是将图文列表换成了文章标题列表，作者自述依然存在，仍旧需要垂直滚动条和长列表功能。

首先将"文章列表"页面设置为"个人博客"视图尺寸，将首页复制到文章列表，保留页头、作者自述和底部，其他所有元件均删除，如图2-173所示。

图2-173 设置"文章列表"初始页面

现在将"文章列表"页面所需元件全部拖入页面，如图2-174所示。

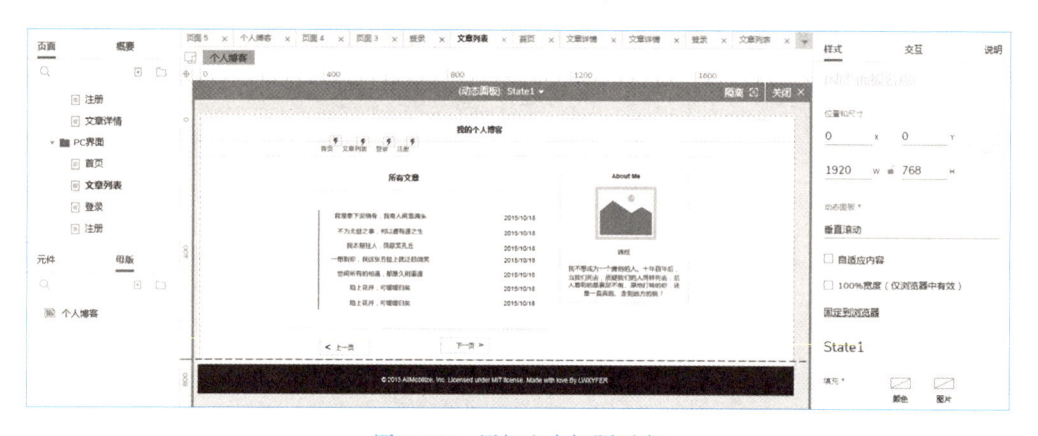

图2-174 添加文章标题列表

③ "登录"页面。"登录"页面比较简单，一个背景图片，加上两个输入框、三个按钮，再加上一个底部即可。两个输入框的右侧各附上一个图标。在三个按钮中，点击"注册"和"返回首页"按钮后分别跳转到"注册"页面、"首页"页面；点击"登录"按钮后，执行登录操作，然后返回首页。

首先将页面尺寸设置为"个人博客"视图尺寸，如图2-175所示。然后进行页面布局，将需要的背景图片、文本框、按钮等元件排列在屏幕上，如图2-176所示。最后为三个按钮添加热区并添加点击事件响应动作，如图2-177所示。按钮响应动作设置完成后，测试确认即可。

单元 2　界面设计的快速原型设计工具

图 2-175　设置登录页面尺寸

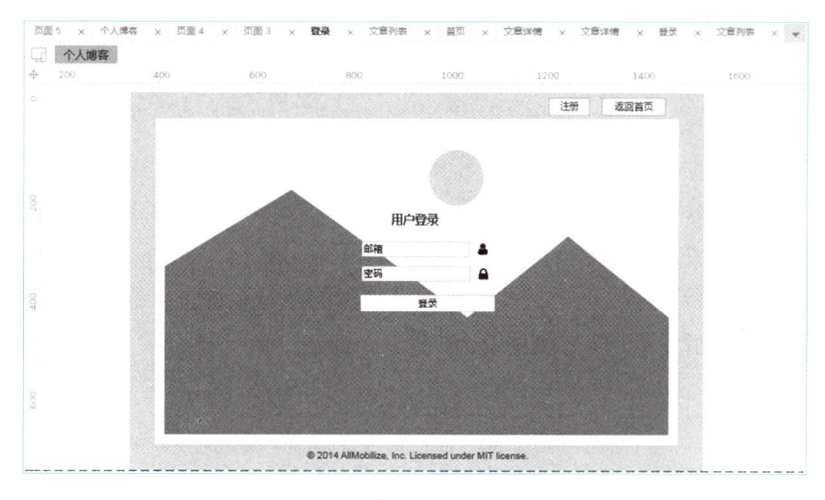

图 2-176　添加登录页面相关组件

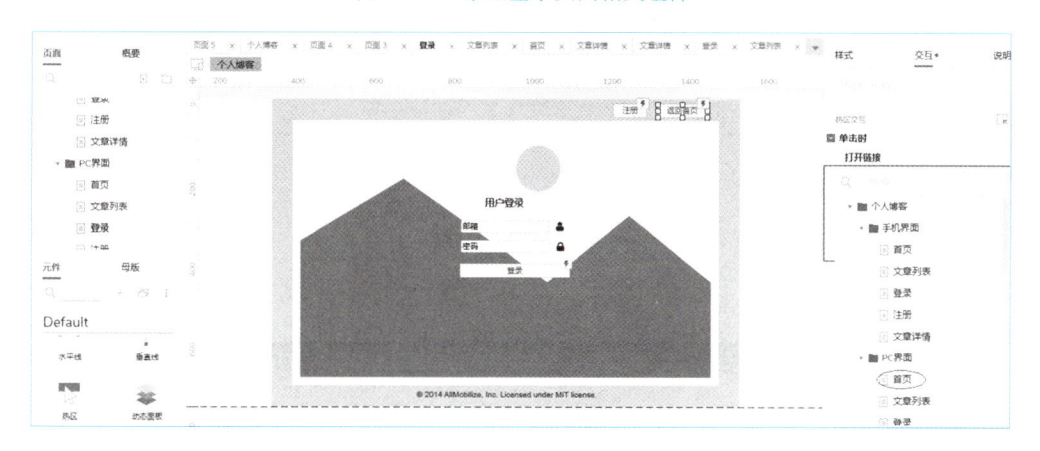

图 2-177　添加按钮响应动作

④ "注册"页面。"注册"页面与"登录"页面类似，只要修改一下文本框提示内容和各个按钮的提示内容，然后修改一下各个按钮的跳转目标即可（"登录"按钮和"注册"按钮的跳转目标分别是"登录"页面和"首页"页面），如图2-178所示。

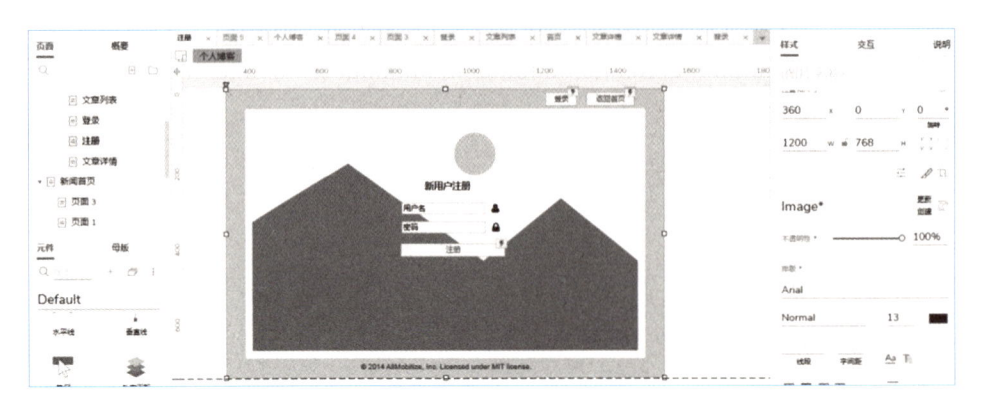

图 2-178 创建"注册"页面

⑤ "文章详情"页面。点击首页中图文列表的标题或文章列表中的文章标题，会跳转到对应文章的"文章详情"页面。"文章详情"页面由头部、文章标题、发表日期、文章封面图片、文章内容、评论区、作者自述、最新文章列表以及页面底部组成。"文章详情"页面的内容比较多，所以也要求实现垂直滚动条和长列表显示。"文章详情"页面可以在"首页"页面的基础上进行修改而成。

先添加"文章详情"空白页面，然后将首页复制到空白页面上，删除轮播图和图文列表部分，再加入文章详情元素即可，如图2-179所示。

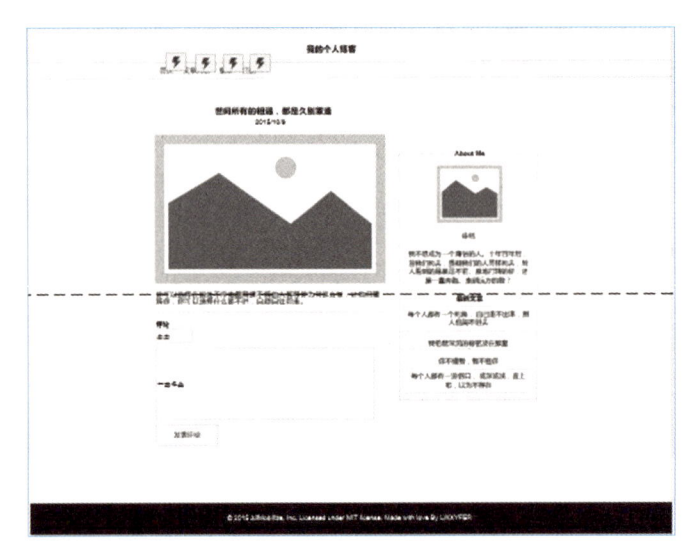

图 2-179 创建"文章详情"页面

回到"首页"和"文章列表"页面，为本页面的文章标题添加跳转设置，然后进行测试，如图2-180所示。点击文章标题，跳转到"文章详情"页面，如图2-181所示。

点击"文章列表"导航项，回到"文章列表"页面，如图2-182所示。

单元 2　界面设计的快速原型设计工具

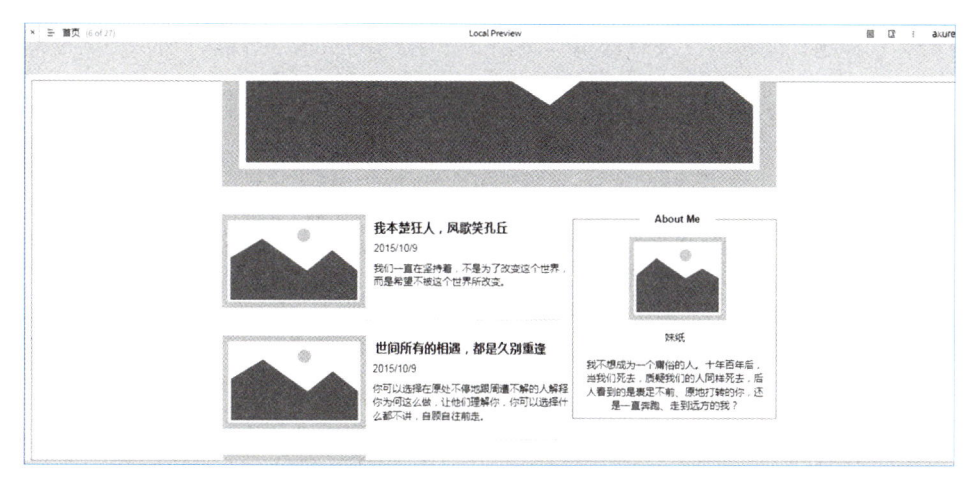

图 2-180　预览首页

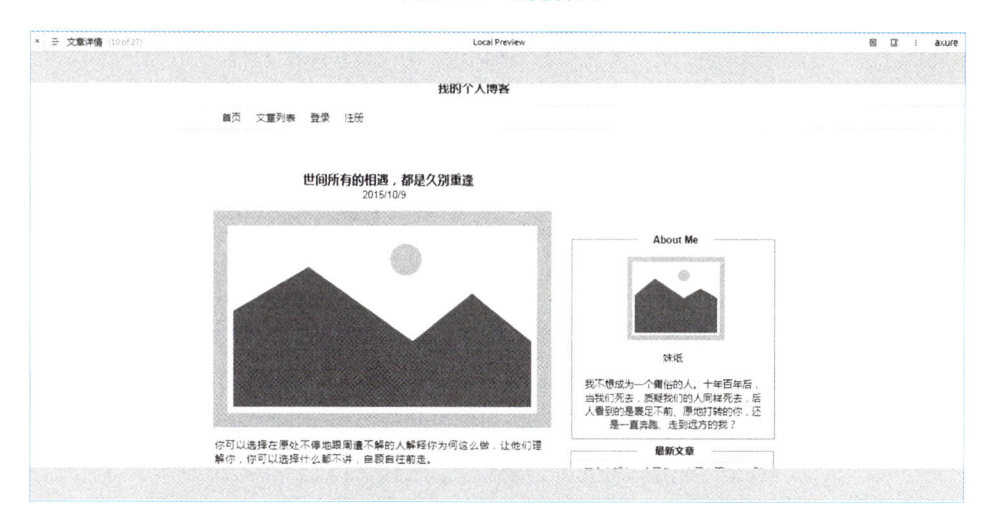

图 2-181　从首页跳转到"文章详情"页面

图 2-182　预览"文章列表"页面

界面设计

点击文章标题，跳转到"文章详情"页面，如图2-183所示。由图可知，测试结果正确。

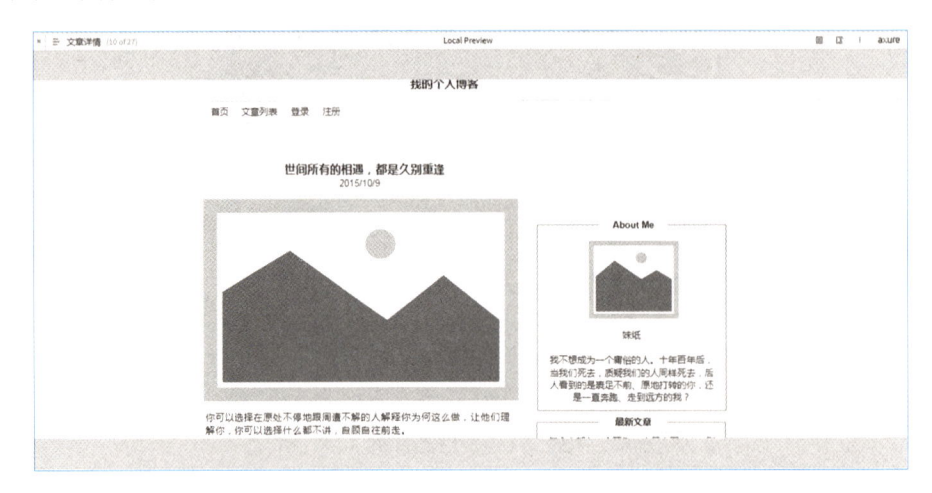

图2-183　从"文章列表"页面跳转到"文章详情"页面

4. 制作高保真原型图

低保真原型图完成后，需要与用户反复沟通，反复修改，最后获得用户对设计的确认。用户确认后就可以制作高保真原型图了。

（1）手机端高保真原型图

制作高保真原型图就是要对低保真原型图进行着色，用真实图片和图标替换低保真原型图中的各种占位符或图像元件。

① 手机端首页高保真原型图。打开手机端首页低保真原型图，如图2-184所示。

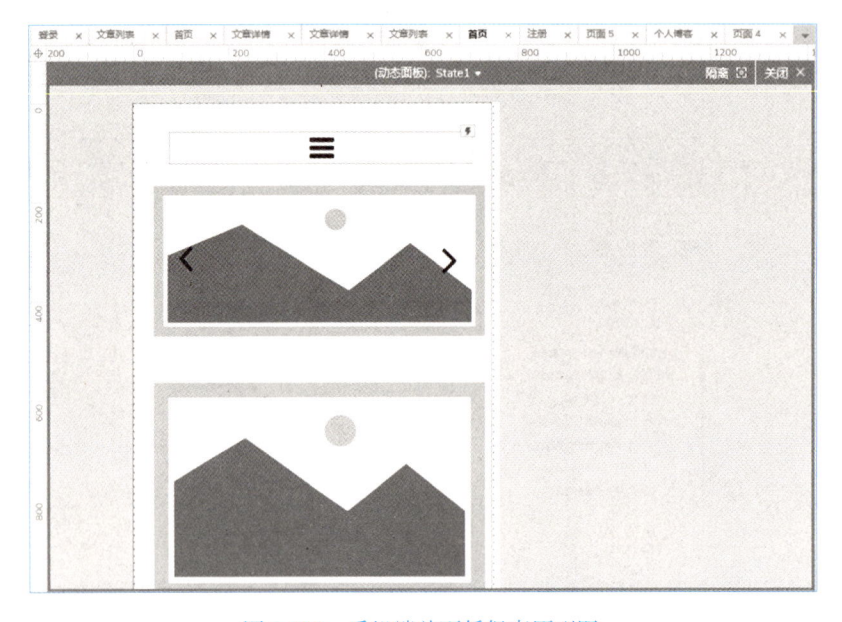

图2-184　手机端首页低保真原型图

单元 2　界面设计的快速原型设计工具

为折叠菜单着色，为轮播图及图文列表导入图片，如图2-185所示。测试结果如图2-186所示。

（a）

（b）

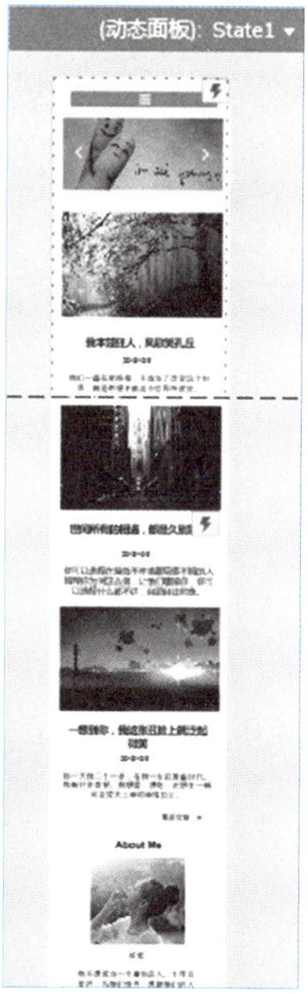

（c）

图 2-185　组件着色及导入图片

界面设计

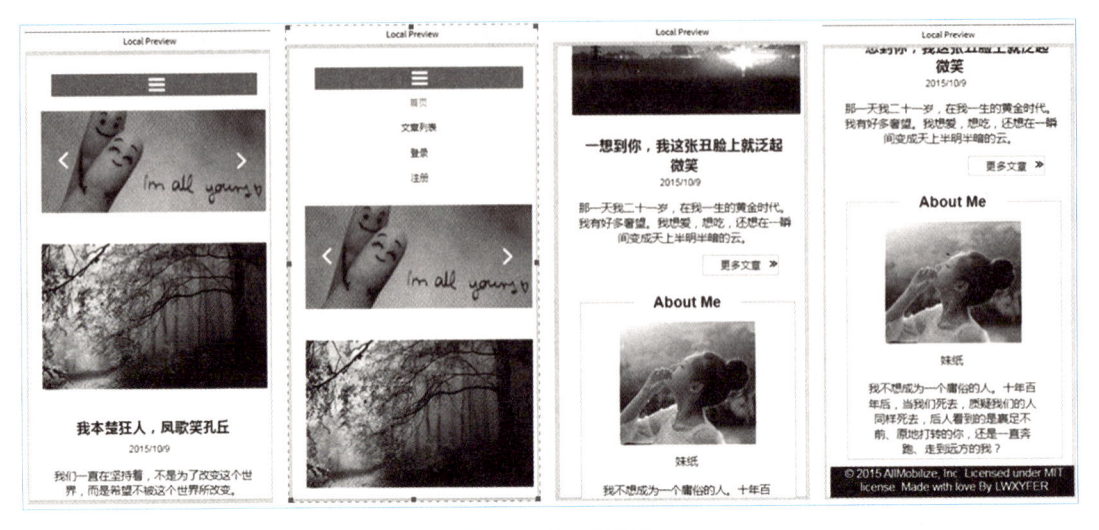

图 2-186　预览首页

② 手机端"文章列表"页面高保真原型图。打开手机端"文章列表"页面低保真原型图，如图2-187所示。

图 2-187　手机端"文章列表"页面低保真原型图

为折叠菜单及其他相关元件着色并导入相关图片，如图2-188所示。

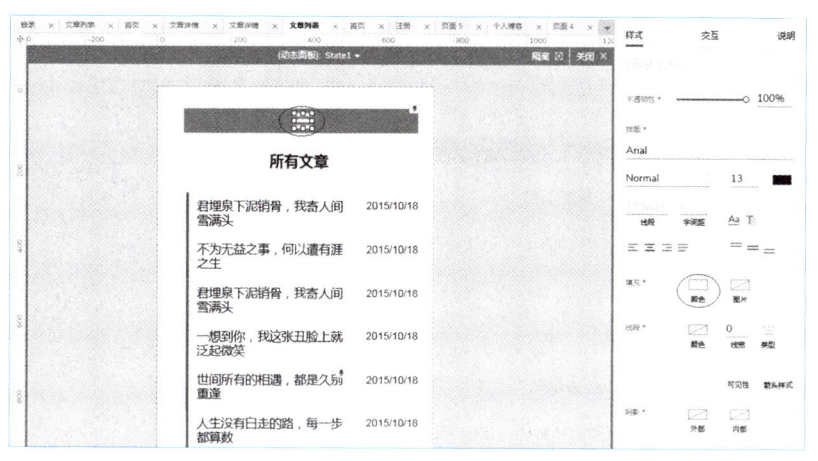

单元 2　界面设计的快速原型设计工具

（a）

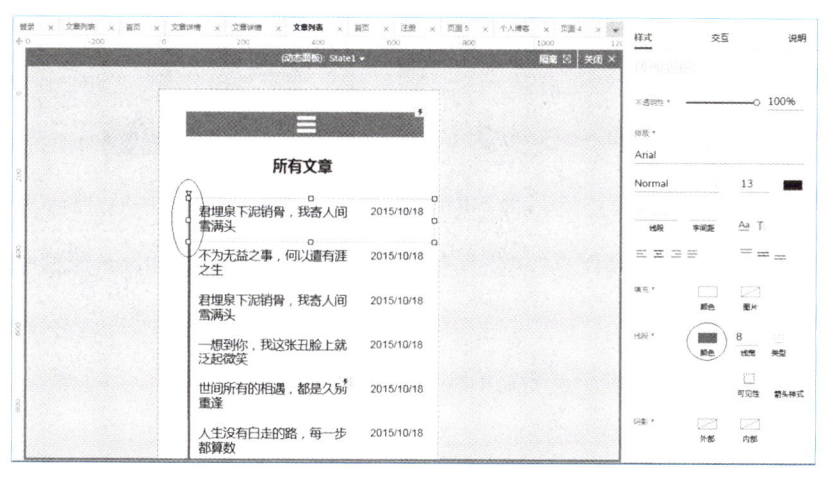

（b）

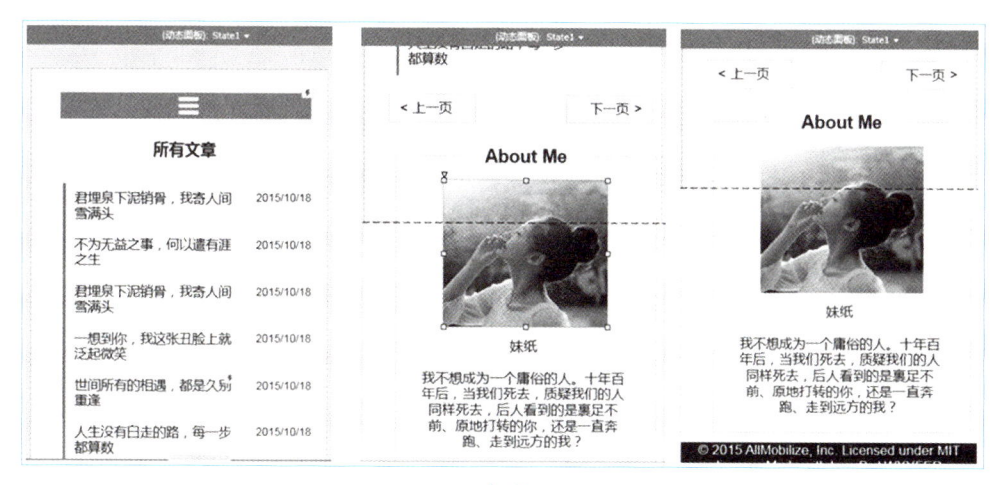

（c）

图 2-188　为菜单条及图标等着色并导入图片

至此，移动端"文章列表"页面高保真原型图制作完毕，测试结果如图2-189所示。

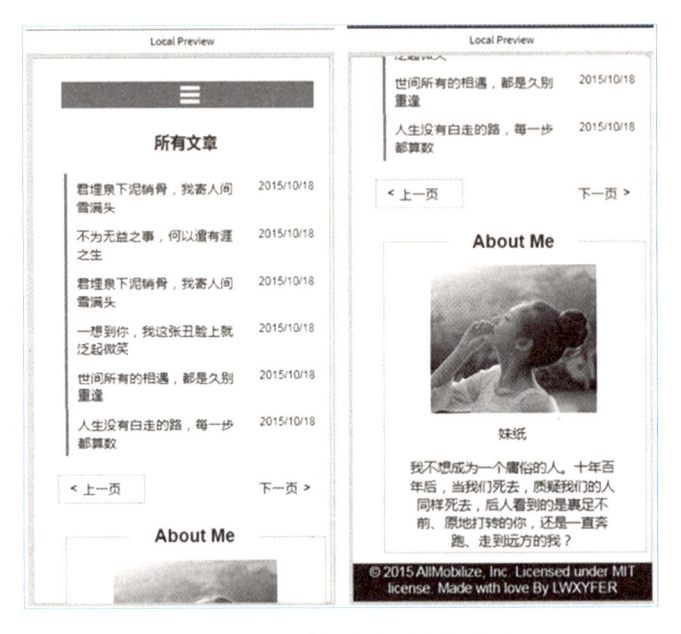

图 2-189　预览"文章列表"页面

③ 手机端"登录"页面高保真原型图。打开手机端"登录"页面低保真原型图，如图2-190所示。

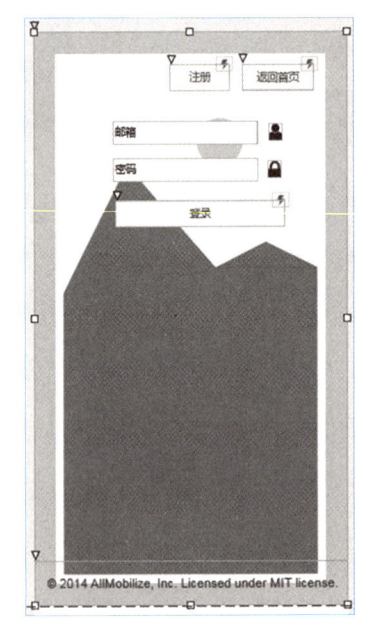

图 2-190　手机端"登录"页面低保真原型图

给界面中元件着色并导入图片。首先导入背景图片，然后将"注册"和"返回首页"按钮所使用的矩形填充色设置为完全透明,并将矩形边框设置为白色、边框线宽设置为4,矩形中的文字设置为白色(注意:先把覆盖在矩形上面的热点移开,设置完成后再将热点移回原处),如图2-191所示。

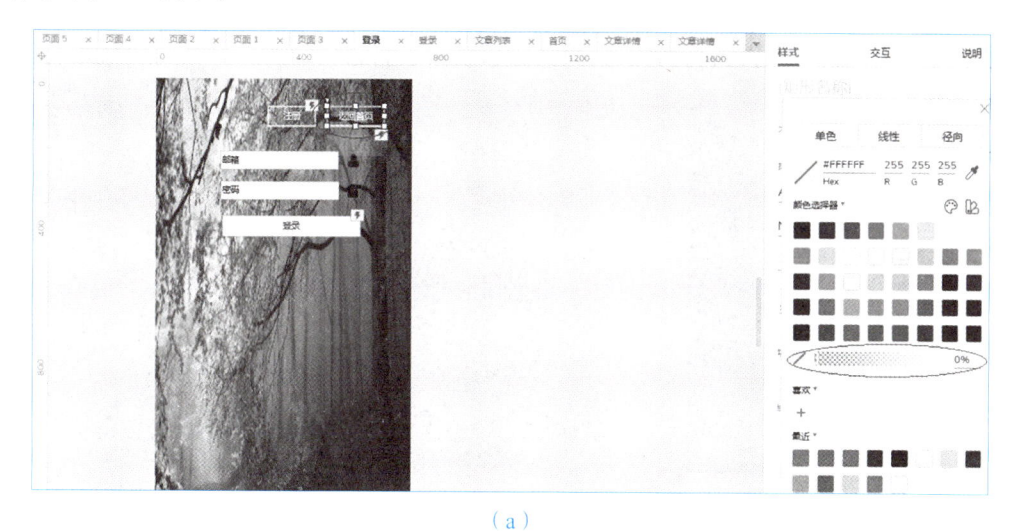

(a)

(b)

图2-191 设置"登录"和"返回首页"按钮

将两个文本框的背景色设置为白色,文本框中的提示信息设置为灰色,文本框右侧的两个图标颜色设置为白色,"登录"按钮的背景色设置为蓝色,按钮文字设置为白色,底部文字设置为白色,如图2-192所示。

到此,登录页面高保真原型图制作完毕,测试结果如图2-193所示。

④ 手机端"注册"页面高保真原型图。手机端"注册"页面高保真原型图的制作与手机端"登录"页面高保真原型图的制作过程完全相同,如图2-194所示。

界面设计

图 2-192　设置文本框和"登录"按钮 　　图 2-193　预览"登录"页面 　　图 2-194　手机端注册页面

⑤ 手机端"文章详情"页面高保真原型图。打开手机端"文章详情"页面低保真原型图，如图2-195所示。为折叠菜单着色，导入文章封面和作者自述图片，将评论区文本框内的提示信息设置为灰色，将发表评论按钮的背景色设置为深灰色，如图2-196所示。

图 2-195　手机端"文章详情"页面低保真原型图 　　图 2-196　元件着色及导入图片

单元2　界面设计的快速原型设计工具

至此，手机端"文章详情"页面高保真原型图制作完毕，如图2-197所示。

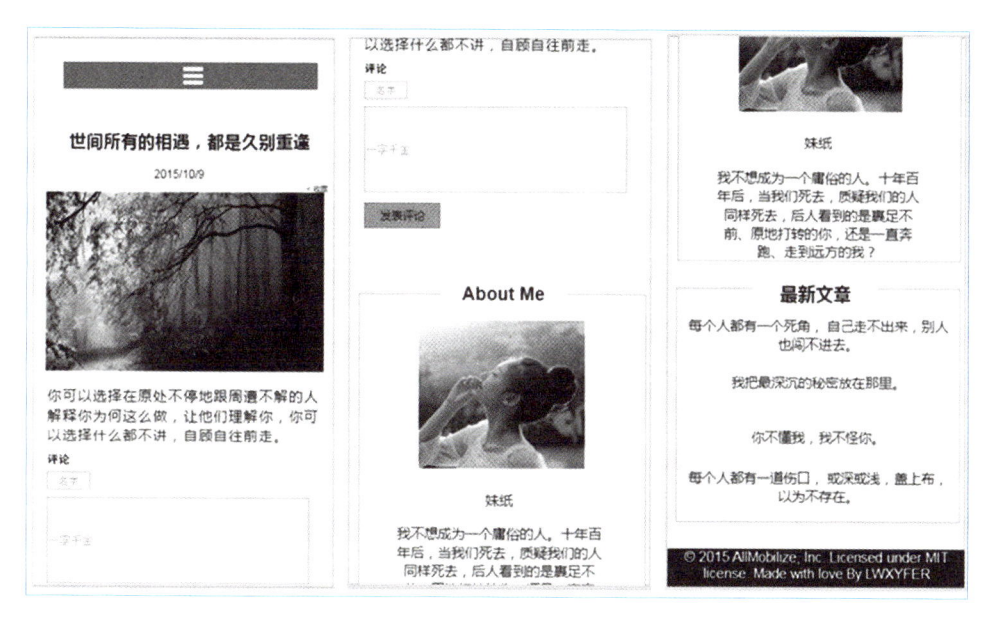

图2-197　预览"文章详情"页面

（2）PC端高保真原型图

PC端高保真原型图的制作过程与手机端类似，主要是进行着色和图片导入。

① PC端"首页"页面高保真原型图。打开PC端"首页"页面低保真原型图，如图2-198所示。

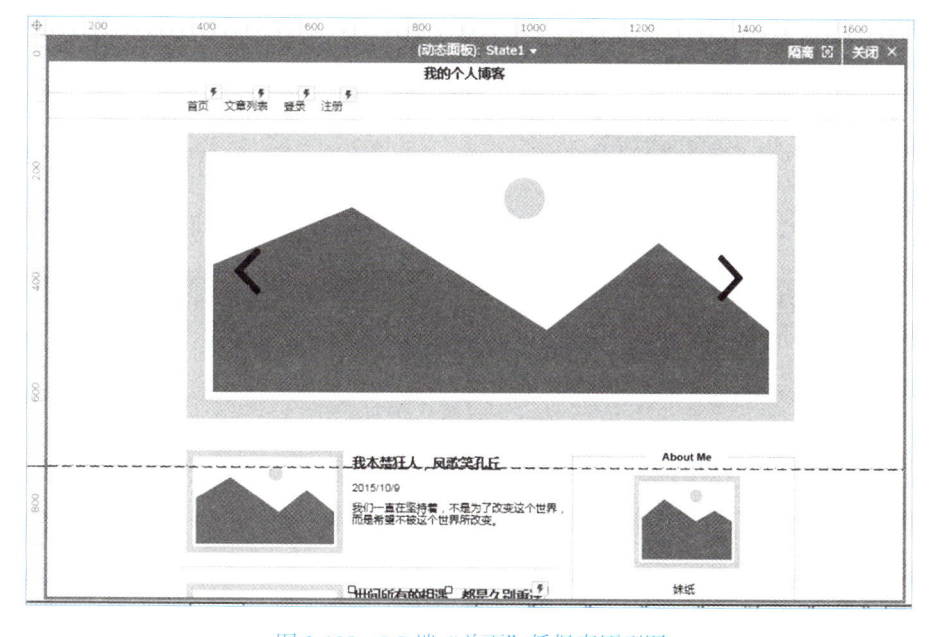

图2-198　PC端"首页"低保真原型图

为导航项着色，为轮播图、图文列表及作者自述导入图片，如图2-199所示。

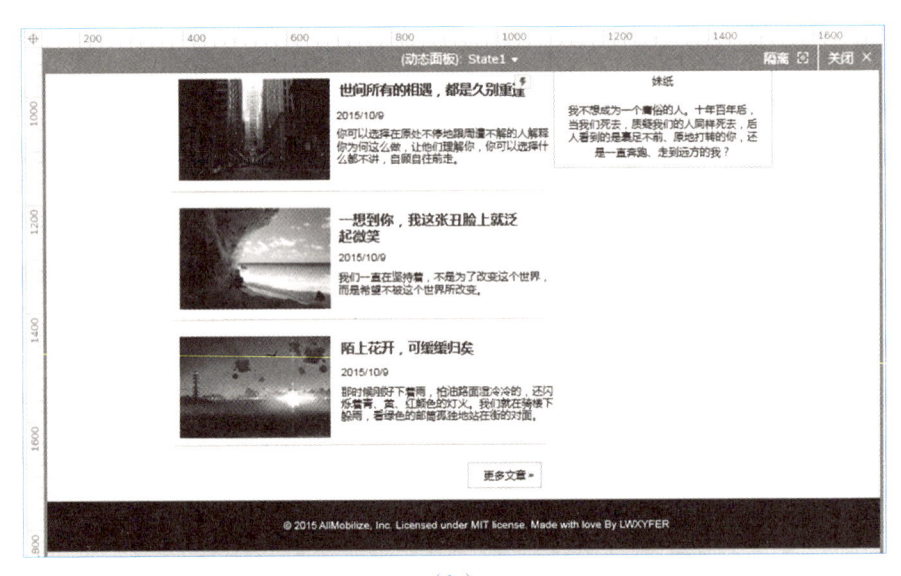

（a）

（b）

图2-199　为元件着色及导入图片

至此，PC端"首页"页面高保真原型图制作完毕，如图2-200所示。

② PC端"文章列表"页面高保真原型图。打开PC端"文章列表"页面低保真原型图，如图2-201所示。为导航项和元件着色，为作者自述导入图片，如图2-202所示。

单元 2　界面设计的快速原型设计工具

（a）

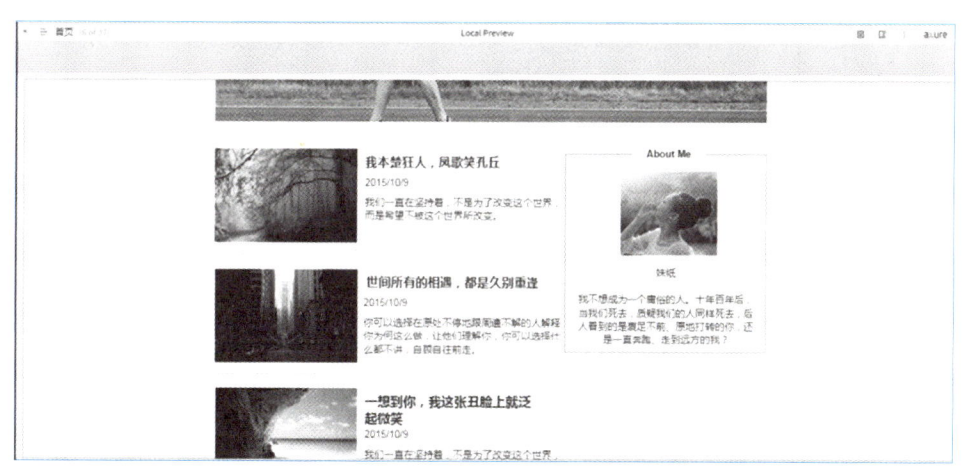

（b）

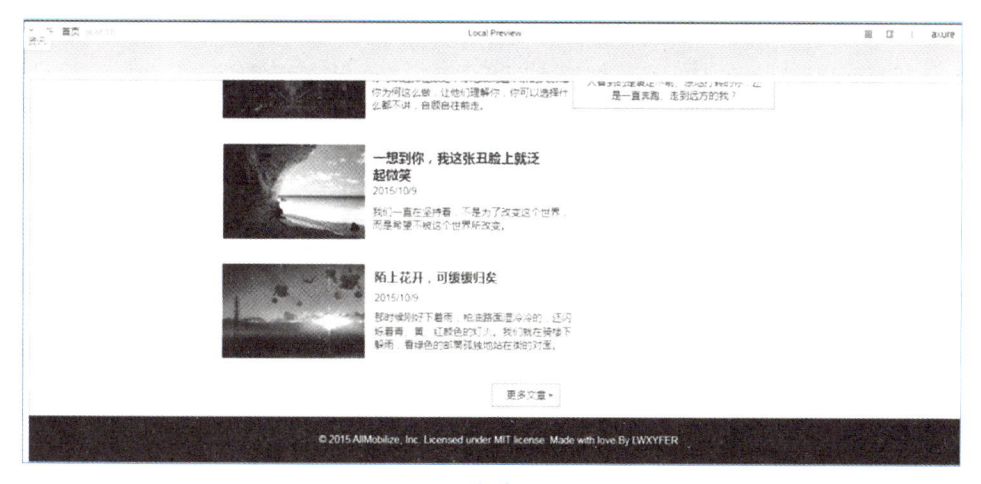

（c）

图 2-200　预览"首页"页面

界面设计

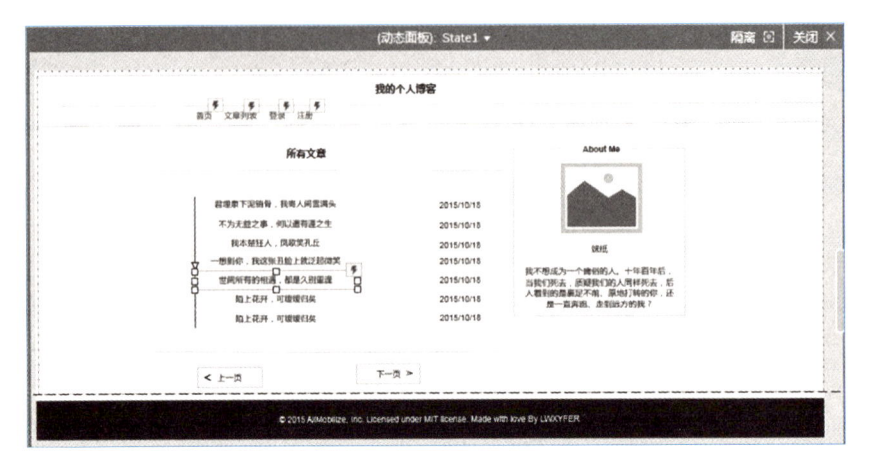

图 2-201　PC 端 "文章列表" 页面低保真原型图

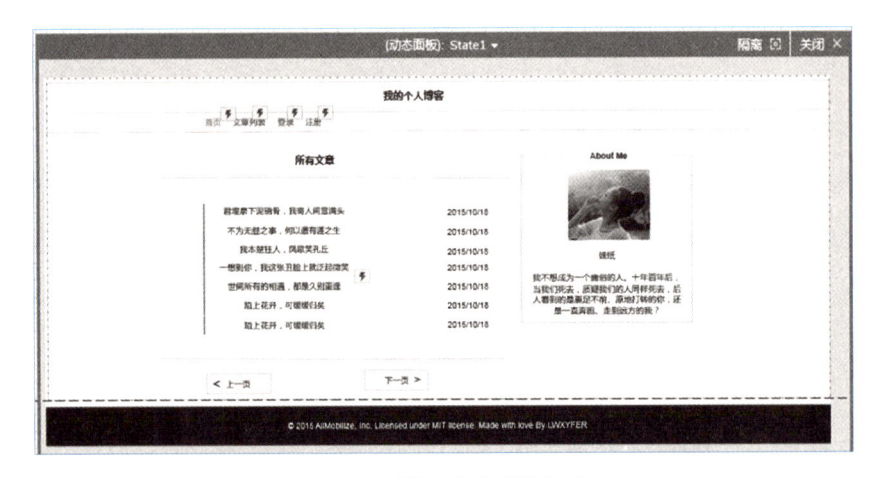

图 2-202　预览 "文章列表" 页面

至此，PC 端 "文章列表" 页面高保真原型图制作完毕，如图 2-203 所示。

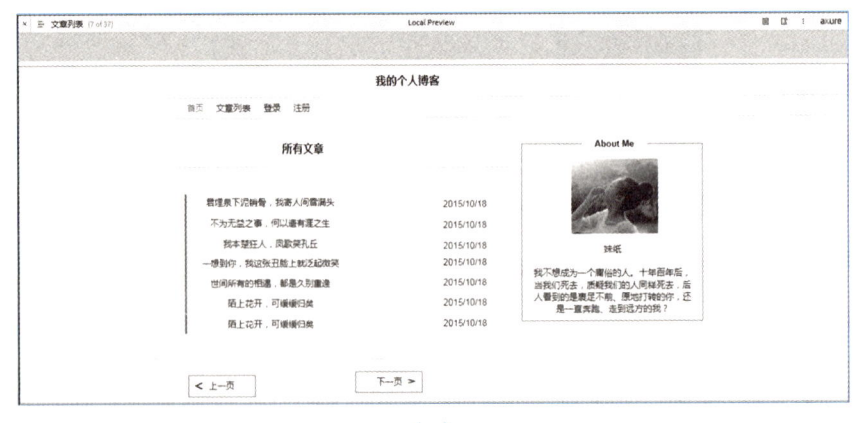

（a）

图 2-203　测试 "文章列表" 页面

(b)

图 2-203　测试"文章列表"页面（续）

③ PC端"登录"页面高保真原型图。打开PC端"登录"页面低保真原型图，如图2-204所示。

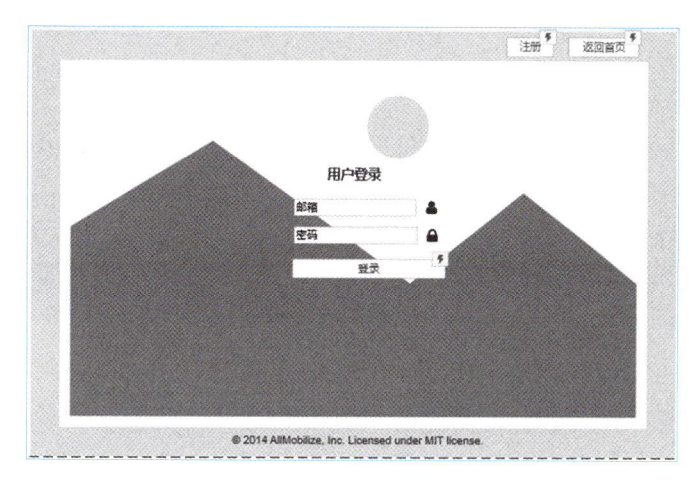

图 2-204　PC端"登录"页面低保真原型图

导入图片并给界面中的元件着色。首先导入背景图片，然后将"注册"和"返回首页"按钮所使用的矩形填充色设置为完全透明，并将矩形边框设置为白色、边框线宽设置为4，矩形中的文字设置为白色（注意：先把覆盖在矩形上面的热点移开，设置完成后再将热点移回原处），底部文字设置为白色等，如图2-205所示。预览"登录"页面如图2-206所示。

④ PC端"注册"页面高保真原型图。PC端"注册"页面高保真原型图与"登录"页面高保真原型图的制作过程完全相同，如图2-207所示。

⑤ PC端"文章详情"页面高保真原型图。打开PC端"文章详情"页面低保真原型图，如图2-208所示。

图 2-205　为元件着色及导入图片

图 2-206　预览"登录"页面

图 2-207　制作"注册"页面高保真原型图

单元 2　界面设计的快速原型设计工具

图 2-208　PC 端"文章详情"页面低保真原型图

为导航项着色，导入文章封面和作者自述图片，将评论区文本框内的提示信息设置为灰色，将发表评论按钮的背景色设置为深灰色，如图2-209所示。

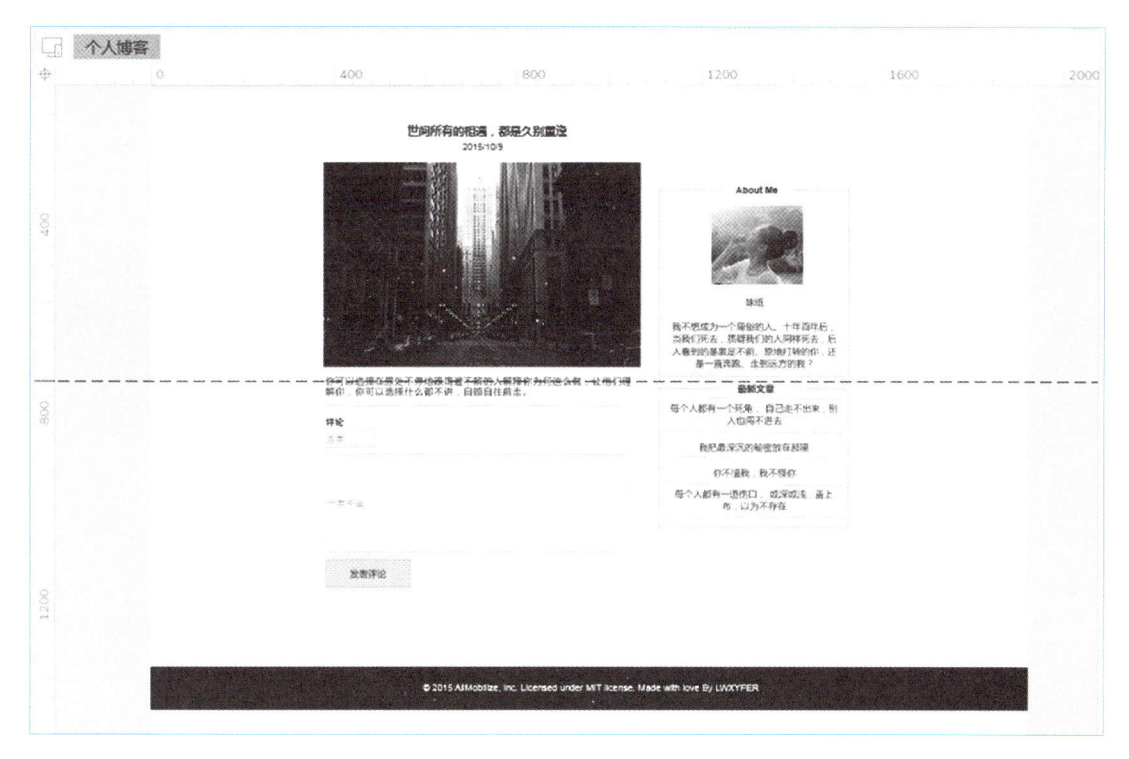

图 2-209　为元件着色及导入图片

至此，PC端"文章详情"页面高保真原型图制作完毕，如图2-210所示。

个人博客的手机端页面和PC端页面高保真原型图到此全部制作完毕，最后再进行一次整体测试，确保所有的跳转目标、导入图片及元件着色正确。

界面设计

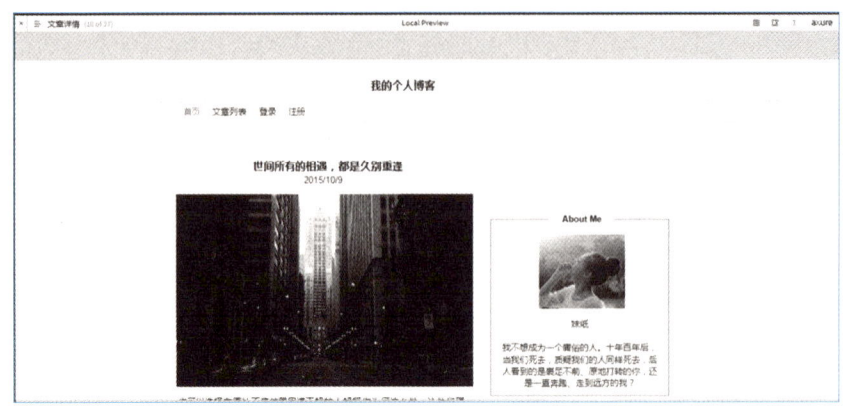

（a）

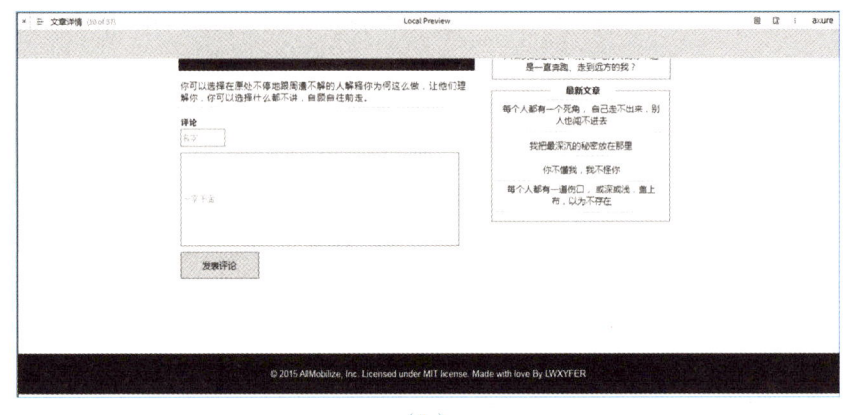

（b）

图 2-210　预览"文章详情"页面

2.3.4　思政点滴——计算机行业职业道德规范

计算机行业的特点决定了计算机专业人员应遵守严格的职业道德规范。

（1）利用大量的信息。利用现代的电子计算机系统收集、加工、整理、储存信息，为各行各业提供各种各样的信息服务，如计算机中心、信息中心和咨询公司等。这使得从业人员应当严格尊重客户的隐私。

（2）软件开发与制造。从事电子计算机的研究和生产（包括相关机器的硬件制造）及计算机的软件开发等活动，这要求从业人员能够尊重包括版权和专利在内的财产权。

（3）信息及时、准确、完整地传到目的地点。这要求从业人员能够重视合同、协议和指定的责任。

单元2 界面设计的快速原型设计工具

习 题 2

一、填空题

1. 根据经验,以往许多项目的失败,归结起来,多数无外乎以下几个原因:
（1）没有或者很少让客户_____。
（2）在尚未获得_____需求时就盲目推进。
（3）客户频繁_____需求和规格。

2. 在软件项目中,真正做到充分沟通并不容易,这源于以下三个原因:
（1）客户往往不懂_____,与开发人员缺乏沟通的_____。
（2）客户提出的需求往往很_____,可能只给出了一些基本任务,却没有_____的功能和特性描述。
（3）对于复杂的项目来说,语言文字的能力_____,很难完整准确_____需求,即使能够表达,对方也很难充分_____所表达的全部意思。

3. 快速原型设计是在产品实施之前对产品的一个简单_____设计,将想法和方案用线条和图形_____出来。

4. 人对于图像的理解能力远远_____对于语言文字的理解能力,因此在需求分析和界面设计阶段可以使用低保真线框图非常_____地与客户讨论产品需求和设计方案,并且可以快速_____方案,将讨论结果直接在低保真线框图上反映出来,最大限度地消除双方理解上的_____。

5. 快速原型设计是一种高效_____方式,它以_____为中心,尽量_____文档工作,用客户容易_____的方式,吸引客户积极参与项目,在项目_____阶段充分与客户交流,避免需求_____与遗漏,可以将项目的需求_____降至最低。

6. Axure RP的功能非常强大,从制作___保真线框图,到制作带复杂交互的___保真原型图,Axure RP都是非常理想的实现工具。

7. Axure RP提供了非常丰富的_____资源,如常用的控件、丰富的图标、完备的_____系统、便捷的_____设计流程等。

8. Axure RP的自带元件库分为_____元件、_____元件、菜单表格和_____元件。

9. 矩形元件就是一个矩形区域,使用时用鼠标在元件面板选中矩形元件,然后按住鼠标_____直接拖曳到元件编辑区域即可。

10. 在元件上加注字符串,方法是先双击_____,然后输入字符,输入完毕后,可以在_____面板中设置字符串的规格,如字体、字号等。

11. 元件在画布中是分层的,最先拖入的在_____层,最后拖入的在_____层,上层元件覆盖下层元件,遮挡住了下层元件。要想看到下层元件,必须要_____元件的图层。

12. 加入的矩形3覆盖了矩形2,如果现在想要看到矩形2,可以先选中矩形3,然后右击,选择"＿＿＿"，再选择下级菜单中的"＿＿＿"，即可将矩形3与矩形2的图层互换。

13. 界面中需要显示＿＿＿时，可以将图片元件直接拖曳到目标位置，然后通过样式面板对图片元件进行美化。

14. 如果需要图片元件显示某一个图像，可以用鼠标＿＿＿该图片元件，弹出"打开"对话框，选择要显示的图像文件即可＿＿＿图片元件。

15. 如果希望图像按照图片元件的尺寸进行显示，可以先用鼠标选中图像元件，此时图像元件边框上有被选中的标记，即8个环绕图像元件的小方块，小方块的填充色默认是＿＿＿色的，表示按照＿＿＿尺寸显示，现在可以双击其中某一个小方块，即可将其变为＿＿＿填充，表示图像按图片元件尺寸显示。

16. 热区元件在画布上以＿＿＿色矩形区域呈现出来，样式面板只能改变热区的＿＿＿和角度。

17. 通过＿＿＿面板可以查找页面、添加页面、删除页面、重命名页面、移动页面、添加文件夹对页面进行分组管理等。

18. ＿＿＿面板的功能就是管理页面或元件与使用者之间的互动，可以为页面或元件添加或删除各种交互＿＿＿。

19. 所谓"事件驱动"，就是为某些事件配置了相应的＿＿＿，这些服务平时并不执行，只是到了某一个事件发生时，才会触发该事件对应的服务执行。

20. 设置完页面切换，可以点击工具栏中的"＿＿＿"按钮，预览页面效果。

21. 动态面板可以有＿＿＿种状态，而显示动态面板时，只能显示它的＿＿＿种状态，而每一种状态都对应一个＿＿＿区域，可以将各种元件拖入空白区域，构成该状态下的内容。

22. 双击动态面板，进入动态面板"＿＿＿"模式。

23. 选中一个按钮后，可以通过右侧＿＿＿面板设置互动。互动设置过程与热区互动设置类似。

24. 内联框架元件的作用类似于网页中的iframe标签，在内联框架中可以嵌入＿＿＿页面的内容。

25. 表单是网页提供的一种＿＿＿手段，主要作用是＿＿＿数据。

26. 通常的注册、搜索、登录等操作都是借助于＿＿＿实现的。

27. 文本框用于收集＿＿＿文本信息，收集的信息可以是文本、密码、邮箱、数字、电话、URL等各种类型。具体的输入格式在＿＿＿面板中设置。

28. 文本域用于收集＿＿＿文本信息，当文本内容较多时，还会出现＿＿＿方便内容上下滚动。

29. 文本域的使用方式与文本框类似，首先拖入一个文本域，然后在＿＿＿面板中输入提示文本。

30. 下拉列表可以包含＿＿＿个选项，并可以设置默认选中项。在使用时列表以下拉的方式显示，每次只能选择＿＿＿个选项，在确定选项后，又将弹出的列表收回。

31. 从元件面板拖一个下拉列表到画布，双击下拉列表，弹出"编辑下拉列表"对话框。

点击"＿＿＿"按钮为下拉列表添加选项。＿＿＿一个选项作为默认值，这样下拉列表默认就会＿＿＿它。

32. 列表框可以包含＿＿＿个选项，与下拉列表相似，但外观又与＿＿＿相似。

33. 列表框的特点是一次可以选择＿＿＿个选项，如在选择个人爱好时，可以同时选择"足球"、"篮球"、"羽毛球"等。

34. 复选框可以收集＿＿＿个选项值，这一点与列表框一致。但是复选框与列表框的展现＿＿＿不同。

35. 单选按钮有＿＿＿个选项，但是任意时刻只能选择＿＿＿个选项值。

36. 只有在同一个＿＿＿中的几个单选按钮，才能实现＿＿＿功能。

37. 原型图用于表达产品＿＿＿思路，任何文字描述都不及图形表达更＿＿＿高效。

38. 原型图可以模拟真实的软件使用＿＿＿、用户与界面之间的＿＿＿行为以及产品最终的＿＿＿方式。

39. 从低保真原型图到高保真原型图，实际上是经历了一个设计的＿＿＿过程，高保真原型图完成之后，就可以进入＿＿＿阶段了。

40. 软件界面的设计往往是从＿＿＿保真原型图开始的。

41. 制作低保真原型图的目的仅仅在于表达软件产品的＿＿＿和基本需求，而产品的基本需求表达出来后，还需要各相关方的＿＿＿，因此要求低保真原型图＿＿＿出图。

42. 虽然低保真原型图不要求十分精致，但是对于界面设计师来说，在做低保真原型图时，界面元素的＿＿＿结构还要力求＿＿＿高保真原型图的标准，这样会使得后续工作轻松一些。

43. 制作低保真原型图时，图标、组件等元素可以示意，但文字内容与比例大小应该与实际＿＿＿，这样可以减轻后续工作量。

44. 各个页面之间的＿＿＿关系和＿＿＿是低保真原型图设计的重点。

45. 在低保真原型图得到用户及相关方充分＿＿＿后，就需要将低保真原型图＿＿＿为高保真原型图，这也是界面设计师的主要工作之一。

46. 所谓高保真原型图，就是用户可以在屏幕上看到的真真实实的页面。这些页面不再是灰度图，而应该是＿＿＿图，真实地反映出页面开发＿＿＿后的样子。

47. 高保真强调的是"＿＿＿"，也就是设计稿要与真实实现的效果一样。

二、问答题

1. 导致项目失败的几个常见的原因是什么？
2. 什么是快速原型设计？
3. 在Axure中，什么是图层？如何调整元件的图层？
4. Axure中的页面面板有什么功能？
5. 什么是"事件"？什么是"事件驱动"？
6. 练习：任意创建两个iPhone6的页面，实现两个页面之间的跳转。
7. 动态面板的功能是什么？

8. 练习：用动态面板实现两个iPhone6页面之间的跳转。
9. 什么是内联框架？请举例说明内联框架的用法。
10. 什么是表单？表单的主要用途是什么？
11. 下拉列表与列表框有何异同？
12. 原型图的作用是什么？

单元 3 响应式设计的概念

【学习目标】
- 掌握响应式设计的基本概念。
- 掌握测试响应式网页的基本技能。
- 掌握viewpoint元标签和媒体查询的使用方法。
- 掌握响应式设计的常用方法。
- 培养观察问题、发现问题、解决问题的能力。
- 培养认真、严谨、细致的科学素养。

3.1 响应式设计的概念

什么是响应式设计？这门课到底是讲什么的？

现在人们的上网方式跟十几年前已经完全不同了，2010年左右，那个时候智能手机刚刚被研发出来，也就刚刚产生了人们使用手机上网的需求。再往前手机基本上是不能上网的。智能手机问世以来，越来越多的人使用手机上网，也就是说越来越多的人使用小屏幕上网，而不仅仅满足于使用PC来上网了。

3.1.1 普通网页

使用PC上网的时候没有响应式设计这个概念，因为那时网页只有一种规格。随着越来越多的人使用手机这种小屏幕上网，就对网页设计提出了新的要求，如图3-1所示，这个是PC上的搜狐网页。这个网页做得还是不错的，布局、美工都挺好。这是网页在PC上的显示效果。而如果在手机上来显示则是个什么效果？这一个iPhone5手机屏幕，这个搜狐网页在手机屏幕上显示出来就是如图3-2所示的样子。

图 3-1 普通网页 PC 版效果

界面设计

图 3-2　普通网页手机版效果

这个网页有什么问题没有？其实这个网页也可以看，就是字小了一些，但可以通过手势放大以后再看，如果没有对比的话，也不觉得这种网页有什么不好。

3.1.2　响应式网页

现在来看另外一个网页。比较一下这个网页跟搜狐网页有什么不同？如图3-3所示。

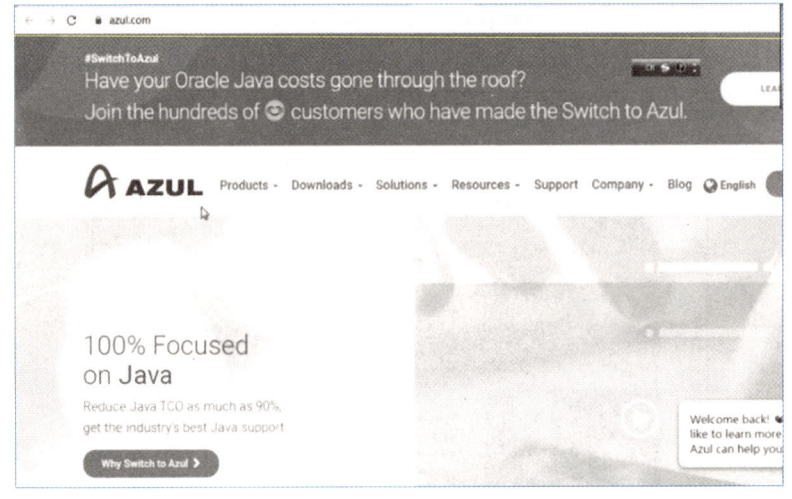

图 3-3　响应式网页 PC 版效果

这个网页在PC上显示也不错，现在让它在iPhone手机上显示，效果如图3-4所示。

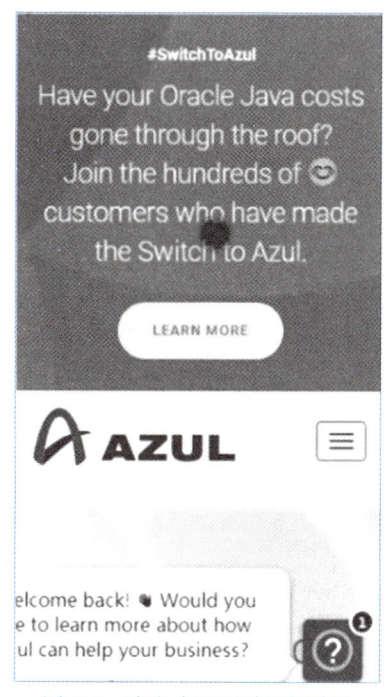

图 3-4 响应式网页手机版效果

可以发现这个网页在手机上看起来一点不费劲，再对比一下前面手机上的搜狐网页，是不是在手机上看这个网页要舒服得多？那么这个网页有什么特点呢？

仔细观察一下这个网页在PC上显示和在手机上显示时的效果，可以看出这个网页在PC上显示时和在手机上显示时布局是不同的。为了简单分析，就观察这一排数，如图3-5所示。

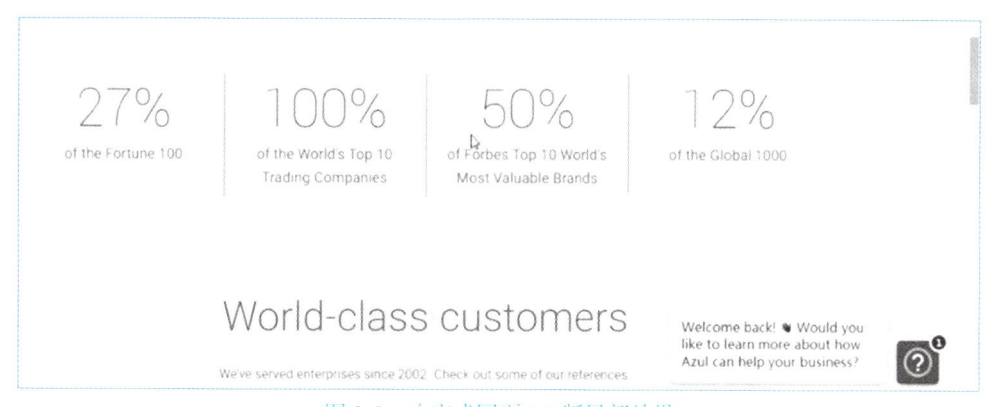

图 3-5 响应式网页 PC 版局部效果

在PC端上，这4个数字27%、100%、50%、12%被横向排成一行，而在手机上，如图3-6所示，这4个数字变成了竖向的排列。这说明网页由PC上显示转到手机上显示时所使用的布局做了调整。

界面设计

图 3-6 响应式网页手机版局部效果

什么是响应式设计

为什么要做调整？显然PC的屏幕宽度比较宽，可以把这4个数字显示在一行，而手机的屏幕比较窄，把4个数字由横向显示变为竖向显示，这样是不是更合理一些？

而搜狐网页就不一样了，看看这么多图片，在PC上显示时图片被排成一行，如图3-7所示。而在手机上显示时，效果如图3-8所示。这么窄的屏幕，它们依然显示成一行。也就是说，网页由PC上显示转到手机上显示时，网页的布局没有任何调整。

图 3-7 普通网页 PC 版局部效果

图 3-8 普通网页手机版局部效果

网页就不是响应式网页，因为它的网页的宽与窄同网页的布局无关。而另外一个网页就是响应式网页，因为它根据屏幕的宽度可以自动地调整自己的布局。

能够制作这种响应式网页的技术是由Ethan Marcotte在2010年提出的，他将媒体查询、栅格布局和弹性图片合并称为响应式Web设计。

响应式网页设计（Responsive Web Design），是2010年5月，由Ethan Marcotte专为改进移动互联网浏览体验而提出的概念。它是一种页面的设计方式，其理念是：集中创建页面的结构，智能地根据用户行为以及使用的设备环境进行相对应的布局。

更简单地理解，响应式网页，即一个网页，可以根据浏览设备的不同（Phone、Pad、PC）和特性而呈现出不同的布局方式，无须编写多个不同的版本。这里的重点是"无须编写多个不同的版本"。在以往的技术中，针对不同的手机屏幕规格进行软件开发的成本是非常高的，同一个软件，必须开发出适合不同屏幕大小的版本，这个过程叫作屏幕适配。以网页制作为例，为了让网页适合不同的屏幕尺寸，至少需要开发出PC版本、平板版本和手机版本，而手机屏幕的规格更是多种多样，所以仅针对手机的版本可能就需要若干。

采用了响应式技术设计网页之后，我们就只需要编写一个版本，这个版本针对不同规格的浏览设备，呈现出不同的布局方式。响应式设计的目标是：在不同的设备上，同一个网页都有不错的用户浏览体验。

从下面的示意图可以更容易地理解响应式网页的概念，如图3-9所示。从图3-9所示示意图可以看到，在PC、平板和手机上显示的网页，其内容是相同的，都包含1、2、3、4、5这5块内容，但是这5块内容在几种设备上显示的布局是不同的，而且这种不同是自适应的，并不是在手机上通过设置去将布局调整为手机版，而在PC上通过设置去将布局调整为PC版，在不同设备上的布局调整完全是自动的，也就是自适应的。这样的网页就是响应式网页。

图3-9　响应式网页示意图

响应式网页的测试

3.2　响应式网页的测试

网页制作中必不可少的一个步骤就是网页测试。作为响应式网页测试来说，不同于普通网页测试之处就是网页自适应性的测试。一般说来，对于响应式网页的测试有以下三种方式。

界面设计

3.2.1 使用真实的物理设备来测试

这里的物理设备就是指PC、平板电脑、各种品牌型号的手机（iPhone、华为、三星等），将我们的响应式网页放在每一台设备上分别进行测试。

优势：测试结果真实可靠。

不足：需要购置大量的设备，成本太高，测试工作量太大。

3.2.2 使用第三方的虚拟软件来测试

可以使用应用开发工具（Android ADT 或 iOS Xcode）附带的设备模拟器，或第三方在线测试工具测试（如www.browserstack.com）。设备模拟器及在线测试工具如图3-10所示。

优势：无须添置设备。

不足：运行速度慢，部分功能不易测试（比如与传感器或GPS等硬件相关的功能），测试结果有待进一步的验证。

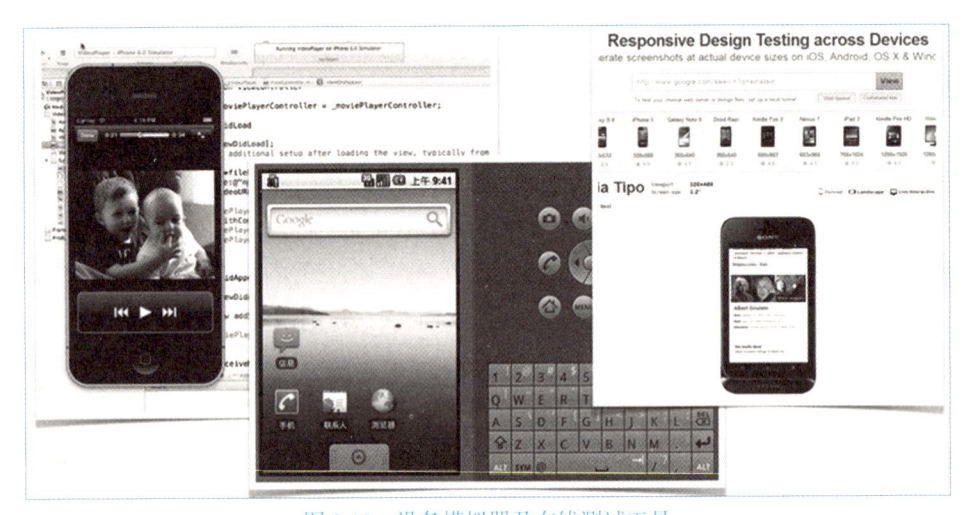

图 3-10 设备模拟器及在线测试工具

3.2.3 使用浏览器自带的设备模拟器来测试

最新版本的Chrome、Firefox等浏览器都提供了设备模拟器的功能，可以模拟当前常见的各种浏览设备。浏览器自带模拟器如图3-11所示。

优势：无须添置设备，使用简单，运行方便轻快，无须安装庞大复杂的系统，基本效果与真实物理设备差异较小。

不足：部分功能不易测试（比如与传感器或GPS等硬件相关的功能），测试结果有待进一步的验证。

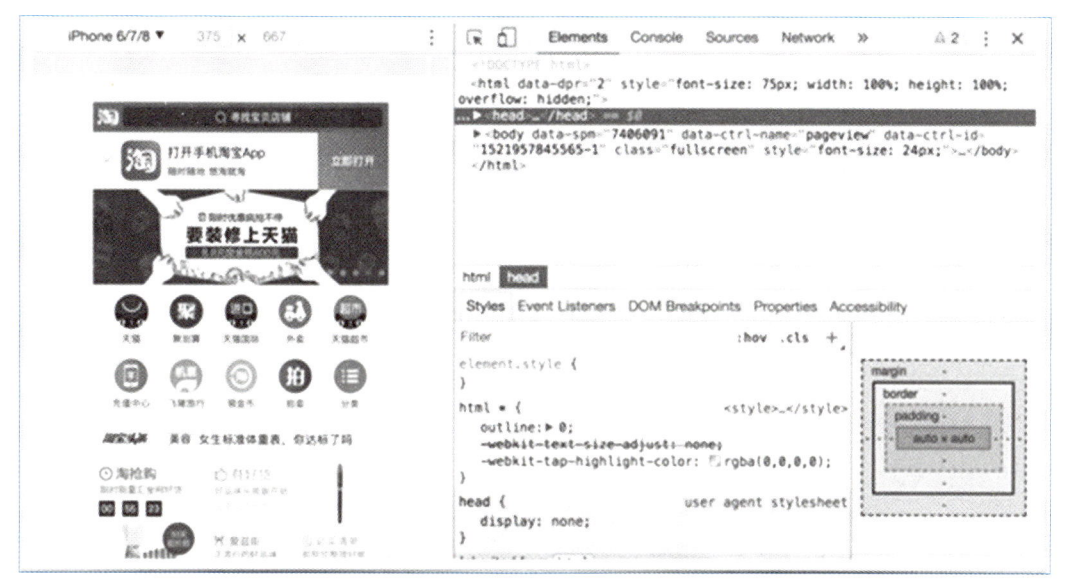

图 3-11 浏览器自带模拟器

对于Chrome浏览器，按F12键可以调出开发者模式窗口，在开发者模式窗口中，点击菜单栏中的第二项（一个方形图标），可以打开或关闭设备模拟器。在模拟器的上方，有一个下拉菜单，可以通过这个下拉菜单选择不同品牌型号的设备，如图3-12所示。

图 3-12 Chrome 浏览器自带模拟器

图中的网页如果选择iPad来显示，结果如图3-13所示，如果选择iPad Pro来显示，结果如图3-14所示。

可以看到，由于iPad Pro的屏幕比iPad宽，所以同一个网页在这两种设备上的布局是不一样的。

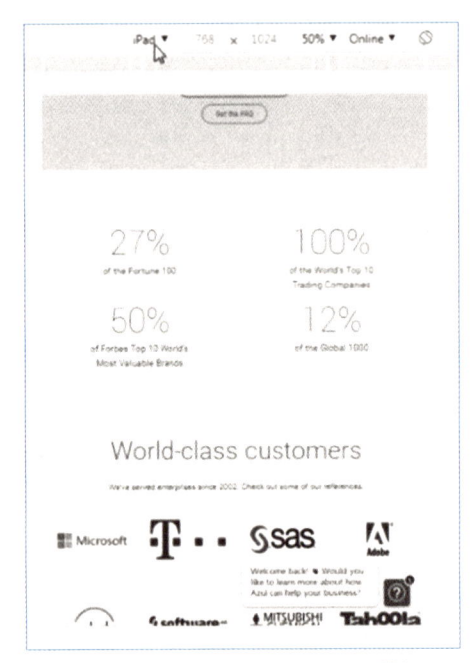

界面设计

图 3-13　Chrome 浏览器自带 iPad 模拟器 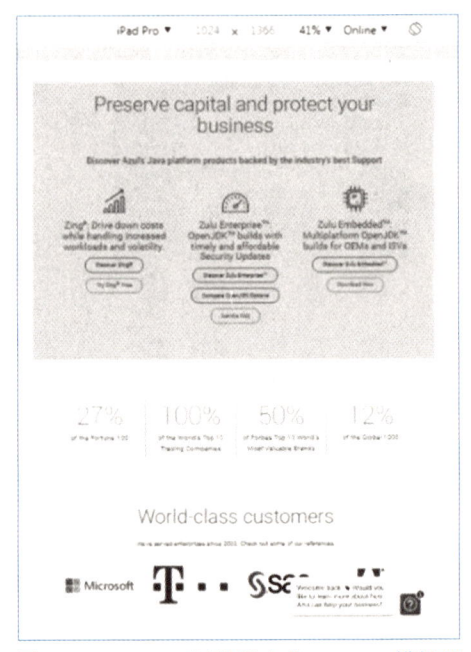　　　　图 3-14　Chrome 浏览器自带 iPad Pro 模拟器

3.3　响应式设计的技术基础

响应式Web设计是和HTML5+CSS3互相配合与支持的，相关技术点包括HTML5 + CSS3、HTML5中的viewport等。

1. HTML5 + CSS3

HTML5+CSS3的基本网页设计是响应式设计的技术基础。HTML5不仅仅是HTML规范的最新版本，它也代表了一系列Web相关技术的总称，其中最重要的三项技术就是HTML5核心规范、CSS3（Cascading StyleSheet，层叠样式表的最新版本）和JavaScript（一种脚本语言，用于增强网页的动态功能）。响应式设计技术就是基于HTML5的新特性而产生的。

响应式设计的技术基础

2. HTML5中的viewport

viewport又称为视口，是用于配置浏览器窗口内容区域的属性，viewport可以说是一切响应式网页效果的前提，没有viewport属性的支持，一切响应式效果都是出不来的。

3. CSS3媒体查询

这是CSS3的新特性，可以识别媒体类型、特征，如屏幕宽度、像素比等。响应式网页必须首先感知自己是在什么规格的设备（PC、平板还是手机）上显示，然后才能决定调用哪种布局。正是有了媒体查询技术，才有可能在不同的浏览设备上自动选择适当的布局方式。这里的媒体就是指各种各样的屏幕。

4. 流式布局

可以根据浏览器的宽度和屏幕的大小自动调整效果，让布局具有弹性。这是实现响应式效果的重要手段。

5. 栅格布局

依赖于媒体查询，根据不同的屏幕大小调整布局。栅格系统将浏览器的内容区域划分为格子，有点类似于表格，有行有列，但不是表格。网页中的元素的位置可以通过行和列来确定，元素宽度可以通过占用格子列数来精确设定，而且通过媒体查询，能够识别当前浏览设备的宽度，所以可以此为依据，设置网页中各元素占用的格子数量。

6. 流式图片

流式图片可以随流式布局进行相应缩放，与流式布局一道，实现具有弹性的布局方式。

3.4　viewport元标签与媒体查询技术

通过前面的学习，对响应式网页的基本概念有了初步的了解，响应式设计的目标是在不同的设备上，同一个网页都有不错的用户浏览体验。

那么如何来制作响应式网页呢？响应式网页的制作需要依赖于哪些技术呢？

首先，最基础的技术就是用HTML5和CSS3进行基本网页设计，还有就是viewport、媒体查询、流式布局、栅格布局及流式图片等。随着学习的深入，会逐渐接触到这些技术点。本节就开始学习HTML5中的viewport和CSS3中的媒体查询。

3.4.1　viewport 元标签

在制作响应式网页时，首先需要在head中设置viewport元标签，如图3-15所示。

```
<meta name="viewport" content="
                width=device-width,
                initial-scale=1.0,
                user-scalable=no" />
```

图 3-15　viewport 元标签

viewport在这里被翻译成视口，最早由苹果公司在iOS系统中提出此概念，后来Android系统也引入了该概念。这是一个移动设备浏览器中专有的概念，PC浏览器不支持，会忽略此概念。

视口是手机中用于显示网页内容的虚拟窗口，所以也称其为虚拟视口。既然叫虚拟视口，说明这是一个由软件实现的视口，软件可以给这个虚拟视口赋予各种各样强大的功能。网页首先是在物理屏幕上显示的，然而如果仅有物理屏幕，那么网页的显示必然非常受局限，效果单一。当视口与物理屏幕结合起来之后，可以实现在较小的物理屏幕下，浏览较大的网页内容，网页在视口显示时可以被缩放。视口的宽和高都可以任意指定。有了视口，网页就可以呈现出非常不同的效果和特性。下面来看一看viewport标签的使用。

viewport元标签不同于常见的网页标签，如div标签、p标签、a标签等，这些标签都是用于显示的标签，而元标签是网页初始的说明性标签，不用于显示，只是用于做一些最初始的设定。下面来看一下这个标签的内容。

meta是标签名，说明这是一个元标签。元标签具有以下属性。

第一个是name属性，这个属性的值必须是"viewport"。第二个属性是content，content属性又包括一组属性。

● width：视口的宽度，可以取任意数值，或device-width，device-width表示物理屏幕的宽度。在制作响应式网页时，通常把宽度设置为device-width，也就是让视口与物理屏幕同宽。

● height：视口的高度，一般不指定，由系统来计算。

● initial-scale：初始时的缩放倍率。在初始时需要设置视口的放大倍数，在制作响应式网页时通常将这个放大倍数设为1.0，也就是既不放大也不缩小，这样网页在任何设备上看到的文字大小都是一样。我们并不希望网页在某种设备上放大或缩小显示。

● minimum-scale：允许的最小缩放倍率，最小的有效值是0.0。

● maximum-scale：允许的最大缩放倍率，最大的有效值是10.0。

● user-scalable：是否允许用户手动缩放，可取值1/0/yes/no，其中1和yes效果等同，允许用户在移动设备上用手势对网页进行缩放；0和no效果等同，不允许用户用手势缩放网页。

[例3-1] viewport的作用。

下面来看一个例子，如图3-16所示，观察一下viewport到底能起到什么样的作用。

图3-16 不带 viewport 元标签的代码

单元3 响应式设计的概念

这是一个很普通的网页的例子，标准的HTML5页面，内容是一段比较长的文字，只是要注意，这个页面没有使用viewport元标签，其PC端显示效果，如图3-17所示，手机端显示效果如图3-18所示。

图3-17 PC端显示效果

图3-18 手机端显示效果

可以看到，这个网页在PC上显示正常，但是如果放到手机上来显示，如果没有viewport设置，手机浏览器就会自动缩小网页的字体，然后将网页全部显示在手机上。这样网页看起来很不舒服，用户体验并不好。

将以上代码做如下改动，如图3-19所示，加入viewport设置。

```
1  <!DOCTYPE html>
2  <html>
3    <head>
4      <meta charset="utf-8">
5      <meta name="viewport" content="width=device-width,initial-scale=1.0,user-scalable=no">
6      <title></title>
7      <style media="screen">
8        body {margin: 0;}
9        div {width: 1200px;}
10     </style>
11   </head>
12   <body>
13     <div>一位好的Web前端开发工程师在知识体系上既要有广度，又要有深度，所以很多大公司即使出高薪也很难招聘到理想的前端开发工程师。现在说的重点不在于讲解技术，而是更侧重于对技巧的讲解。技术非黑即白，只有对和错，而技巧则见仁见智。以前会Photoshop和Dreamweaver就可以制作网页，现在只掌握这些已经远远不够了。无论是开发难度上，还是开发方式上，现在的网页制作都更接近传统的网站后台开发，所以现在不再叫网页制作，而是叫Web前端开发。</div>
14   </body>
15 </html>
```

图3-19 带 viewport 元标签的代码

这个HTML5文档与前面的文档几乎完全相同，只是在第5行增加了一个viewport元标签，并设置了相应的属性值。再来看其显示效果。PC端显示效果如图3-20所示，手机端显示效果如图3-21所示。

图3-20 PC端显示效果

— 147 —

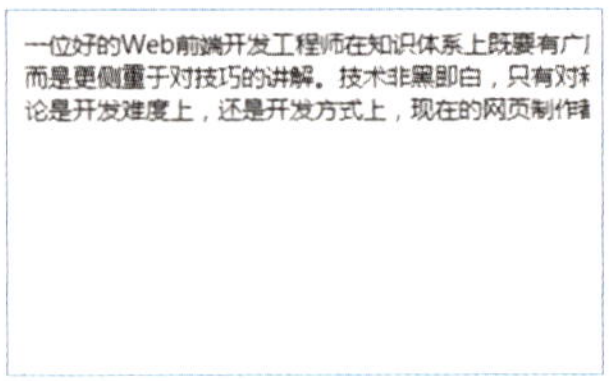

图 3-21 手机端显示效果

可以看到，加入viewport设置后，由于viewport标签中initial-scale设置为1.0，网页显示时不再自动缩放，完全按照viewport的设置执行。网页上的文字大小跟PC上是一样的。由于viewport与物理屏幕同宽，而网页宽度为1200像素（见第9行中的div宽度设置），超出了viewport设置的宽度，所以还需要滚动才能看到全部网页文字。

由此可见，viewport标签是非常重要的。在响应式网页制作中，viewport标签是必不可少的，如果没有viewport标签，则任何响应式效果都无法实现。

3.4.2　Media Query（媒体查询）技术

Media：媒体，指浏览网页的设备，如screen（包括PC/Pad/Phone）、print（打印机）、projection（投影仪）、tv（电视）、tty（字符终端——针式打印机、命令行）、braille（盲文设备）……

Query：查询，查询出当前浏览设备的物理特性，如width、height、resolution（分辨率-解析精度）、orientation（方向，portait竖、landscape横）。

Media Query技术也就是我们前面提到的媒体查询技术。尽管媒体的种类很多，但是在响应式设计中，主要关注的媒体仅仅是屏幕（screen）。对于媒体的物理特性来说，在制作响应式网页时，关注最多的还是物理屏幕的宽度。

通过媒体查询技术，可以检测到正在显示网页的设备的物理特性，并根据当前浏览设备类型及物理特性方面的不同，而执行不同的CSS代码。在这里CSS代码的作用就是设定样式，决定网页布局，不同的CSS代码对应不同的网页布局。在不同设备上看到同一个网页的不同布局就是由这些CSS代码实现的。

由此可见，在响应式网页的代码中一定存在一系列的逻辑判断，如果检测到当前的上网设备是手机，就会调用手机相关的CSS代码，按照适合手机屏幕的方式进行网页布局，如果当前的上网设备是平板电脑，就会去调用平板电脑相关的CSS代码，按照适合平板电脑屏幕的方式进行网页布局，等等。

这就是为什么响应式网页能够在不同规格的设备上自动切换网页布局的原因。当网页显示时，会首先检测设备类型，然后直接调用与设备对应的CSS代码进行网页布局。

CSS3媒体查询具体有两种用法。

1. 根据媒体特性执行不同的外部CSS文件

```
<link rel="stylesheet" type="text/css" media="only screen and (max-width:720px)" href="pad.css" />
```

link标签我们都很熟悉，其作用是将外链式CSS代码链接到HTML5页面中。这里的link标签的写法与习惯的写法略有不同，增加了一个media="only screen and (max-width:720px)"，这是为了使用媒体查询技术而增加的一句话。这句话实际上是一个条件判断，意思是“仅针对屏幕，并且屏幕的最大宽度为720px”。只有当这个条件判断为真时，指定的外部样式文件才会被执行！也就是说，通过这个链接标签能够把样式文件链接进来，但是这个样式文件是否能被执行则由媒体查询语句决定。只有媒体查询结果为真时，该样式文件才会被执行。

此方法有个缺陷：即使媒体查询失败的外部样式文件，也会被浏览器加载。

[例3-2] 根据媒体特性执行不同的外部CSS文件。

下面看一下例子代码，如图3-22所示。在这个代码中，连续使用了3个link标签，加载进来3个样式文件，一个是针对PC、平板电脑和手机的common.css（链接这个样式文件的link标签不带媒体查询语句，所以这个样式文件对所有设备有效），一个是针对平板电脑的pad.css，一个是针对手机的phone.css。哪一个样式文件能够被执行，决定于由什么设备来显示这个网页。如果设备屏幕的宽度落在500px到800px这个范围内，则common.css和pad.css文件将被执行；如果设备屏幕的宽度在500px以内，则common.css和phone.css文件将被执行。如果设备屏幕的宽度在800px以上，则仅有common.css被执行。

我们来看一下各个样式文件的内容。common.css（公共样式文件）如图3-23所示。pad.css（平板样式文件）如图3-24所示。phone.css（手机样式文件）如图3-25所示。

```html
<!DOCTYPE html>
<html>
  <head>
    <meta charset="utf-8">
    <meta name="viewport" content="width=device-width,initial-scale=1.0,user-scalable=no">
    <title></title>
    <link rel="stylesheet" href="css/common.css">
    <!-- 当屏幕宽度介于500~800像素时 -->
    <link rel="stylesheet" media="only screen and (min-width:500px) and (max-width:800px)"
    href="css/pad.css">
    <!-- 当屏幕宽度小于500像素时 -->
    <link rel="stylesheet" media="only screen and  (max-width:500px)" href="css/phone.css">
  </head>
  <body>
    <div>一位好的Web前端开发工程师在知识体系上既要有广度，又要有深度，所以很多大公司即使出高薪也很难招聘到理想的前端
    开发工程师。现在说的重点不在于讲解技术，而是更侧重于对技巧的讲解。技术非黑即白，只有对和错，而技巧则见仁见智。以
    前会Photoshop和Dreamweaver就可以制作网页，现在只掌握这些已经远远不够了。无论是开发难度上，还是开发方式上，现在
    的网页制作都更接近传统的网站后台开发，所以现在不再叫网页制作，而是叫Web前端开发。</div>
  </body>
</html>
```

图 3-22　根据媒体特性执行不同的外部 CSS 文件

```css
body {
  margin: 0;
}
div {
  width: 800px;
  margin: 0 auto;
}

```

图 3-23　公共样式文件

界面设计

```css
1  div {
2      width:600px;
3  }
4
```

图 3-24 平板样式文件

```css
1  div {
2      width:300px;
3  }
```

图 3-25 手机样式文件

从以上样式文件的内容可以看出，common.css设置了PC用的网页样式，将网页宽度设置为800px；pad.css设置了平板电脑屏幕的网页样式，将网页宽度改为600px，虽然common.css和pad.css都会被执行，但是common.css加载在先，pad.css加载在后，根据CSS文件的层叠性原则，pad.css对width属性的设置有效；phone.css设置了手机屏幕的网页样式，将网页宽度改为300px，虽然common.css和phone.css都会被执行，但是common.css加载在先，phone.css加载在后，根据CSS文件的层叠性原则，phone.css对width属性的设置有效。

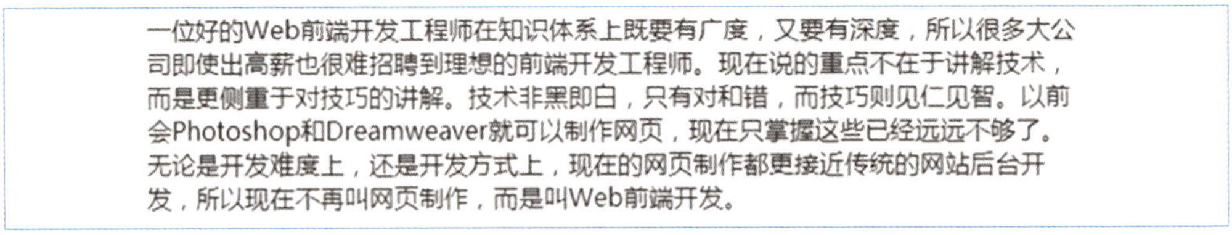

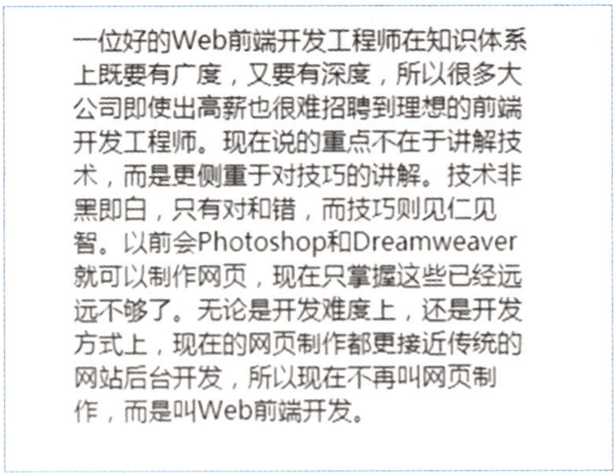

显示效果如图3-26所示。

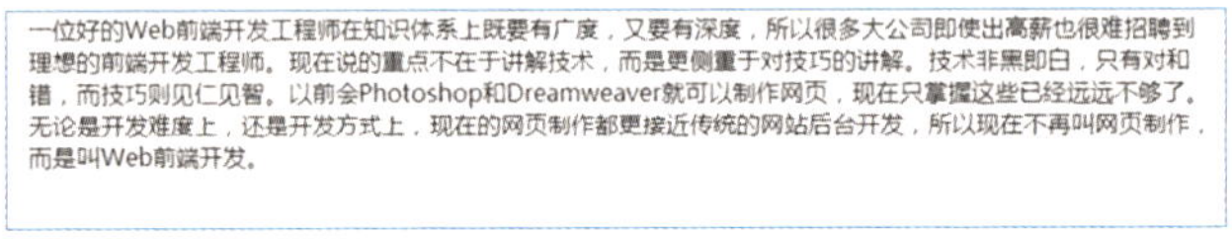

（a） PC 显示效果

（b） Pad 显示效果

（c） 手机端显示效果

图 3-26 PC、Pad 和手机端的显示效果

2. 在某段CSS样式中，只针对部分样式使用媒体查询

上面的方法有个缺陷：即使媒体查询失败的外部样式文件，也会被浏览器加载。假如当前上网设备是平板电脑，那么phone.css文件是不会被执行的，但即使如此，phone.css仍然会被浏览器加载，这实际上是一种浪费。为了解决这个问题，可以采用另外一种写法，即在某段CSS样式中，只针对部分样式使用媒体查询，如图3-27所示。

```
@media screen and (min-width:768px)
and (max-width:992px) {
    选择器 {
        样式声明。。。
    }
}
```

图3-27 媒体查询的另一种写法

这种写法的媒体查询语句由@media引导，@media之后的内容其实与上一种写法类似。由@media引导的媒体查询语句从功能上来说就类似于编程中的条件语句，如果媒体查询条件为真，则执行随后的样式设置，否则跳过这部分样式设置执行后面的语句。

[例3-3] 在某段CSS样式中，只针对部分样式使用媒体查询。

下面来看一个例子，如图3-28所示。

```
1   <!DOCTYPE html>
2   <html>
3     <head>
4       <meta charset="utf-8">
5       <meta name="viewport" content="width=device-width,initial-scale=1.0,user-scalable=no">
6       <title></title>
7       <style>
8       body {
9         margin: 0;
10      }
11      div {
12        /* width: 800px; */
13        width: 80%;
14        margin: 0 auto;
15        color: #00f;
16        font-size: 16px;
17      }
18      /* 当屏幕宽度介于500~800像素时 */
19      @media screen and (min-width:500px) and (max-width:800px){
20        div {
21          /* width: 480px; */
22          color: #66f;
23          font-size: 14px;
24        }
25      }
```

（a）

```
26      /* 当屏幕宽度小于500像素时 */
27      @media screen and (max-width:500px) {
28        div {
29          /* width: 300px; */
30          color: #f00;
31          font-size: 12px;
32        }
33      }
34      </style>
35    </head>
36    <body>
37      <div>一位好的Web前端开发工程师在知识体系上既要有广度，又要有深度，所以很多大公司即使出高薪也很难招聘到理想的前端开发工程师。现在说的重点不在于讲解技术，而是更侧重于对技巧的讲解。技术非黑即白，只有对和错，而技巧则见仁见智。以前会Photoshop和Dreamweaver就可以制作网页，现在只掌握这些已经远远不够了。无论是开发难度上，还是开发方式上，现在的网页制作都更接近传统的网站后台开发，所以现在不再叫网页制作，而是叫Web前端开发。</div>
38    </body>
39  </html>
```

（b）

图3-28 代码实例

运行效果如图3-29所示。

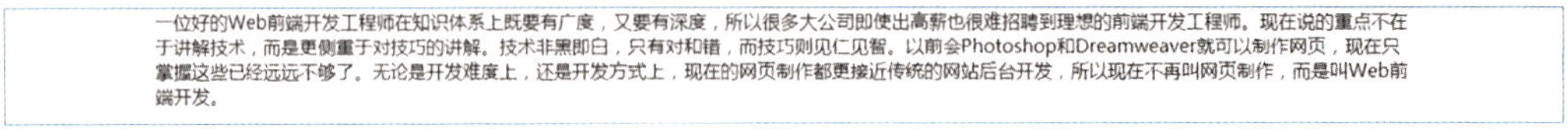

> 一位好的Web前端开发工程师在知识体系上既要有广度，又要有深度，所以很多大公司即使出高薪也很难招聘到理想的前端开发工程师。现在说的重点不在于讲解技术，而是更侧重于对技巧的讲解。技术非黑即白，只有对和错，而技巧则见仁见智。以前会Photoshop和Dreamweaver就可以制作网页，现在只掌握这些已经远远不够了。无论是开发难度上，还是开发方式上，现在的网页制作都更接近传统的网站后台开发，所以现在不再叫网页制作，而是叫Web前端开发。

（a） PC运行效果

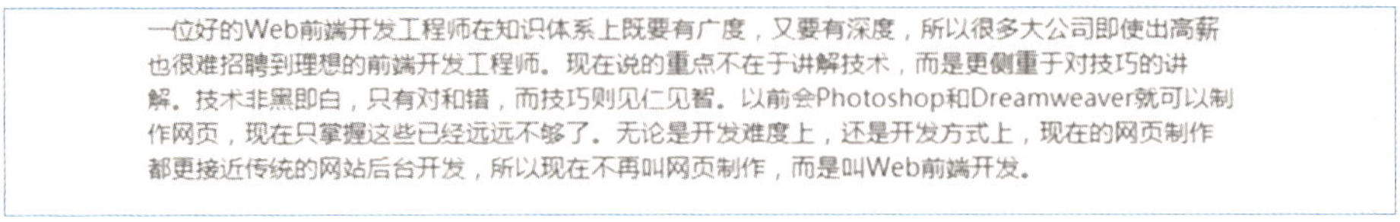

> 一位好的Web前端开发工程师在知识体系上既要有广度，又要有深度，所以很多大公司即使出高薪也很难招聘到理想的前端开发工程师。现在说的重点不在于讲解技术，而是更侧重于对技巧的讲解。技术非黑即白，只有对和错，而技巧则见仁见智。以前会Photoshop和Dreamweaver就可以制作网页，现在只掌握这些已经远远不够了。无论是开发难度上，还是开发方式上，现在的网页制作都更接近传统的网站后台开发，所以现在不再叫网页制作，而是叫Web前端开发。

（b） Pad运行效果

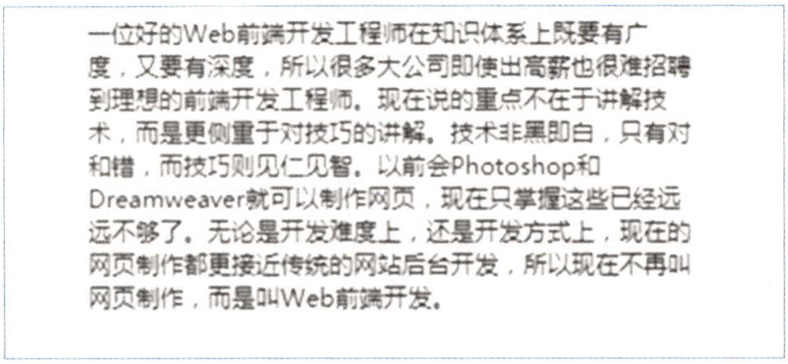

> 一位好的Web前端开发工程师在知识体系上既要有广度，又要有深度，所以很多大公司即使出高薪也很难招聘到理想的前端开发工程师。现在说的重点不在于讲解技术，而是更侧重于对技巧的讲解。技术非黑即白，只有对和错，而技巧则见仁见智。以前会Photoshop和Dreamweaver就可以制作网页，现在只掌握这些已经远远不够了。无论是开发难度上，还是开发方式上，现在的网页制作都更接近传统的网站后台开发，所以现在不再叫网页制作，而是叫Web前端开发。

（c） 手机端运行效果

图3-29 运行效果

3.5 响应式设计的常用方法

前面已经接触到了响应式设计的一些初步的技术，并且亲手做出了一些带有响应式的效果的网页，尽管很简单，但是已经体现出响应式网页的特征：当改变屏幕宽度时，网页的布局确实自动产生了变化，这就是最典型的响应式网页的特征。

这里来讲一讲在响应式网页的开发过程中应注意的一些事项，或者说是一般性的原则。

3.5.1 百分比布局

元素的宽度不要固定，尽量使用百分比。

在前面的例子中曾经使用过百分比布局，就是元素宽度不要用像素数来设定，而是用百分数来设置。用像素数来设定元素宽度的方法叫作固定布局，用百分数来设定元素宽度的方法叫作百分比布局。

由于媒体查询只能针对某几个特定阶段的视口（如小于600px、介于600px和800px之间、大于800px等），它对于视口宽度的捕捉是一个一个的区间值。在捕捉到下一个宽度区间的视口前，页面的布局不会变化。比如设置屏幕宽度在介于600到800像素之间时使用一种布局，那么屏幕宽度在600到800px之间变化时，布局始终不变，只有当屏幕宽度变化到另外一个设定的宽度区间时，布局才会有变化。这其实也不太合理，因为在宽度区间中的某些宽度值上，

单元 3　响应式设计的概念

也许布局效果有些勉强，这样会影响页面的显示，同时也无法兼容日益增多的各种设备。所以，想要做出真正灵活的页面，还需要用百分比布局代替固定布局，并且使用媒体查询限制范围。

固定布局（以像素为单位）可以换算为百分比宽度，来实现百分比布局，换算公式为：

$$百分比宽度 = 目标元素宽度 / 父盒子宽度$$

假如父盒子宽度为500px，那么aside{width:250px}可以换算为aside{width:50%}。

[例3-4]　百分比布局。

下面来看一个例子，如图3-30所示。该页面就是用百分比布局制作的网页，这是PC屏幕上显示的效果。下面来看看在另外几种屏幕上的显示效果，在iPad上的效果，如图3-31所示，在iPad Pro上的效果，如图3-32所示，在iPhone6 Plus上的效果，如图3-33所示。

图 3-30　百分比布局制作的网页

图 3-31　在 iPad 上的效果

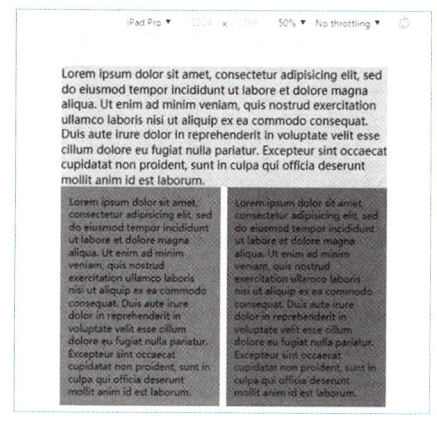

图 3-32　在 iPad Pro 上的效果

图 3-33　在 iPhone6 Plus 上的效果

从上面的效果好像看不出在不同的屏幕宽度上，页面布局有什么不一样，其实页面布局肯定是有变化的，因为随着屏幕宽度的变化，页面宽度也随之发生了变化，只不过这种变化不容易被察觉罢了，这正是百分比布局的优点，页面在各种屏幕宽度上的宽度变化非常平滑。

回头看一看固定布局的情况。

（1）屏幕宽度在某个区间范围内的页面布局，如图3-34所示。

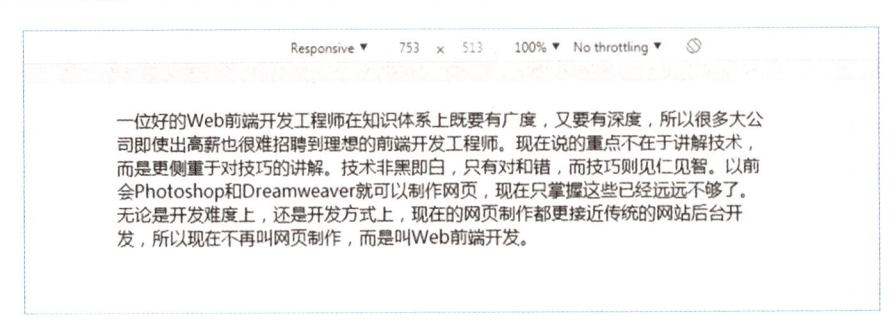

图 3-34　屏幕宽度在某个区间范围内的页面布局

（2）屏幕宽度变小（没有超出布局对应的宽度区间），布局宽度不变，如图3-35所示。

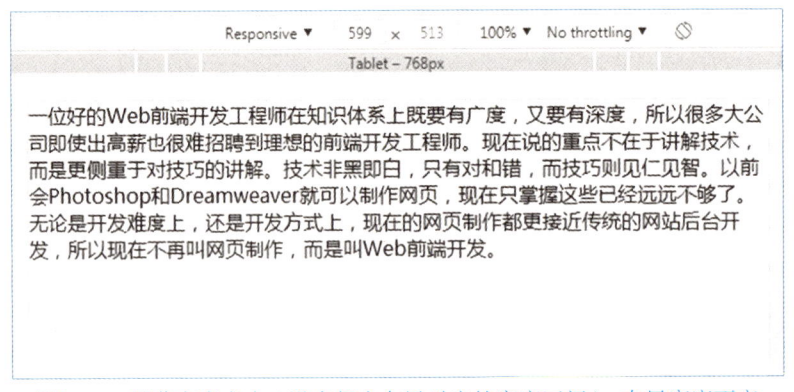

图 3-35　屏幕宽度变小（没有超出布局对应的宽度区间），布局宽度不变

（3）屏幕宽度继续变小（没有超出布局对应的宽度区间），页面布局宽度仍未变，此时已经出现了滚动条，如图3-36所示。

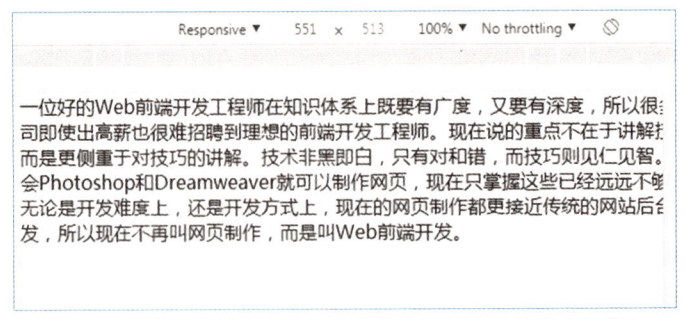

图 3-36　屏幕宽度继续变小（没有超出布局对应的宽度区间），
页面布局宽度仍未变，此时已经出现了滚动条

（4）屏幕宽度继续变小，到达另一个宽度区间，页面布局宽度发生跳变，如图3-37所示。

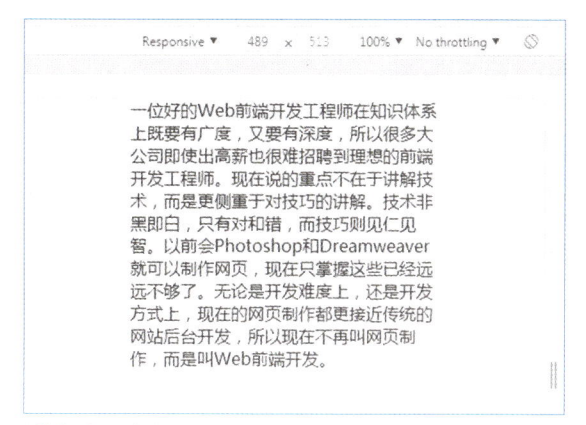

图3-37　屏幕宽度继续变小，到达另一个宽度区间，页面布局宽度发生跳变

以上是固定布局的效果，网页宽度在三种屏幕宽度（属于同一个宽度区间）下保持不变，直到屏幕宽度变化到另一个设置的宽度区间，网页宽度才发生一个跳变。

通过比较，可以明显看出百分比布局的优点，使用百分比布局，用户体验会好很多。下面来看一下图3-38所示百分比布局网页对应的代码。先看HTML代码，如图3-39所示。HTML代码很简单，页面由两部分构成，一部分是div，另一部分是一个ul列表，在ul列表中有两个列表项。

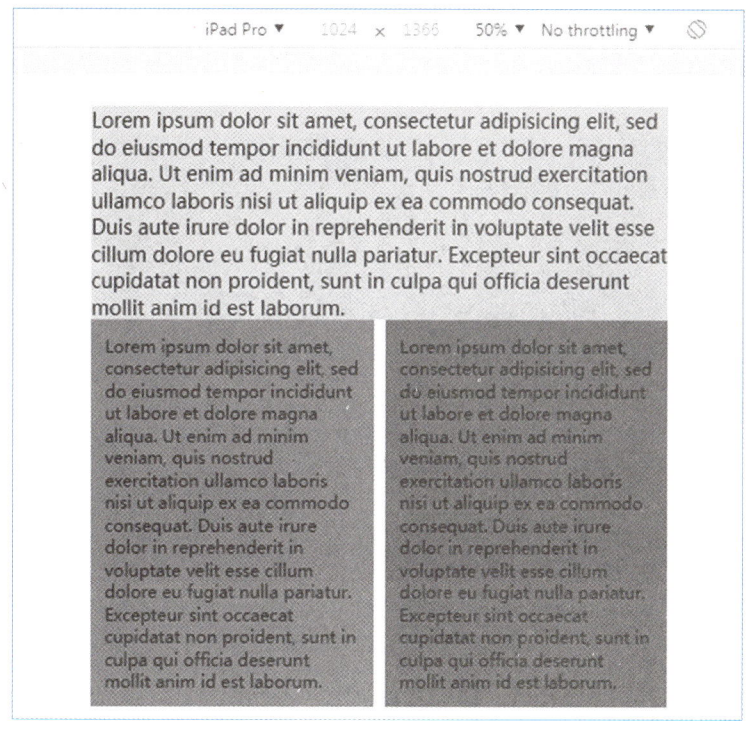

图3-38　百分比布局网页

```
<body>
    <div id="d1">Lorem ipsum dolor sit amet, consectetur adipisicing elit, sed do eiusmod tempor incididunt ut labore
    et dolore magna aliqua. Ut enim ad minim veniam, quis nostrud exercitation ullamco laboris nisi ut aliquip ex ea
    commodo consequat. Duis aute irure dolor in reprehenderit in voluptate velit esse cillum dolore eu fugiat nulla
    pariatur. Excepteur sint occaecat cupidatat non proident, sunt in culpa qui officia deserunt mollit anim id est
    laborum.</div>
    <ul>
        <li>Lorem ipsum dolor sit amet, consectetur adipisicing elit, sed do eiusmod tempor incididunt ut labore et
        dolore magna aliqua. Ut enim ad minim veniam, quis nostrud exercitation ullamco laboris nisi ut aliquip ex ea
        commodo consequat. Duis aute irure dolor in reprehenderit in voluptate velit esse cillum dolore eu fugiat nulla
        pariatur. Excepteur sint occaecat cupidatat non proident, sunt in culpa qui officia deserunt mollit anim id est
        laborum.</li>
        <li>Lorem ipsum dolor sit amet, consectetur adipisicing elit, sed do eiusmod tempor incididunt ut labore et
        dolore magna aliqua. Ut enim ad minim veniam, quis nostrud exercitation ullamco laboris nisi ut aliquip ex ea
        commodo consequat. Duis aute irure dolor in reprehenderit in voluptate velit esse cillum dolore eu fugiat nulla
        pariatur. Excepteur sint occaecat cupidatat non proident, sunt in culpa qui officia deserunt mollit anim id est
        laborum.</li>
    </ul>
</body>
```

图 3-39　HTML 代码

下面来看一下CSS代码，如图3-40所示。从CSS代码可以看出，所有width属性的设定值均采用了百分比。另外，在ul列表中的列表项，采用了浮动设置，并且将宽度均设为49%，这样原本纵向排列的块级元素列表项就变成了横向排列。列表项的宽度没有设置为50%是因为两个列表项之间还需要留出2%的空白宽度。

```css
<style>
html {
    font-size: 32px;
}
body {
    margin: 0;
}
div {
    width: 80%;
    margin: 0 auto;
    background: #ccc;
    font-size: 0.875rem;
}
```

（a）

```css
ul {
    list-style: none;
    padding: 0;
    width: 80%;
    margin: 0 auto;
    font-size: 0.875rem;
}
ul li {
    float: left;
    width: 49%;
    padding:20px 20px;
    box-sizing:border-box;
    font-size: 0.75rem;
}
ul li:nth-child(1){
    background: #f66;
}
ul li:nth-child(2){
    background: #66f;
    margin-left:2%;
}
</style>
```

（b）

图 3-40　CSS 代码

3.5.2 正确使用元素的 box-sizing 属性

为了便于计算，可设置元素的box-sizing:border-box属性。

box-sizing：用来指定元素的width所表示的范围，默认为content-box，表示实际内容区；若为border-box，则表示box-sizing为border+padding+内容区宽度之和。

[例3-5] 正确使用元素的box-sizing属性。

以如图3-41所示网页为例，现在来看ul列表相关的CSS代码，如图3-42所示。

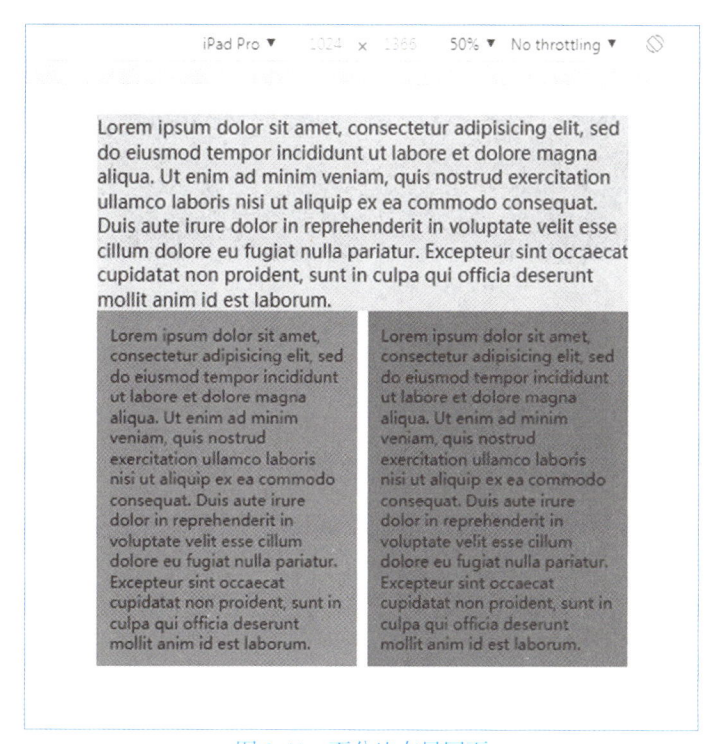

图 3-41　百分比布局网页

图 3-42　CSS 代码

从以上代码可以看出，ul的宽度是网页宽度的80%，ul的两个列表项的宽度是ul宽度的

49%，而且对两个列表项都设置了左浮动，这样两个列表项就并排显示了。

现在来做个实验，把列表的左右内边距加宽，原来左右内边距是20px，现在改为50px，修改后的代码如图3-43所示。

图 3-43　修改后的 CSS 代码

同时应注意到，在设置内边距的语句下方还有一条语句：

```
box-sizing:border-box;
```

这条语句将会起到至关重要的作用。现在来看修改后的网页效果，如图3-44所示。

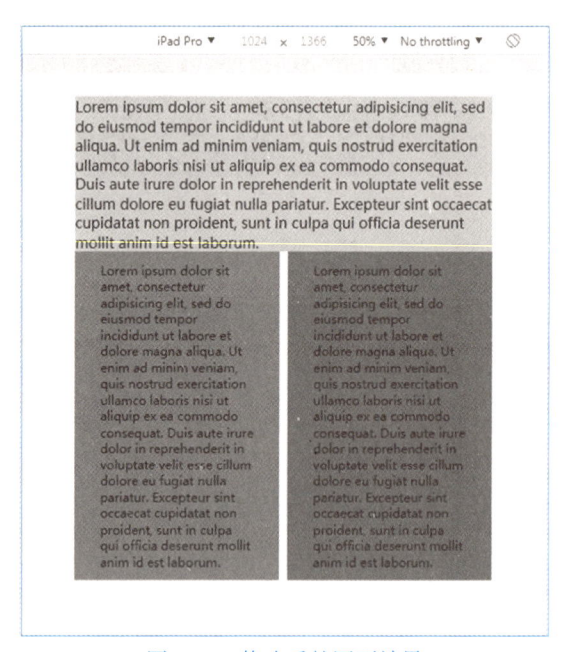

图 3-44　修改后的网页效果

可以看到，一切正常，只不过列表项的内边距确实增加了。现在再修改一下代码，把设置内边距的语句下方的语句box-sizing:border-box去掉。修改后的代码如图3-45所示。

```
20  ul {
21      list-style: none;
22      padding: 0;
23      width: 80%;
24      margin: 0 auto;
25      font-size: 0.875rem;
26  }
27  ul li {
28      float: left;
29      width: 49%;
30      padding:20px 50px;
31      font-size: 0.75rem;
32  }
33  ul li:nth-child(1){
34      background: #ff66;
35  }
36  ul li:nth-child(2){
37      background: #66f;
38      margin-left:2%;
39  }
40  </style>
41  </head>
```

图 3-45 修改后的 CSS 代码

再来看修改后的网页效果，如图3-46所示。

图 3-46 修改后的网页效果

可以看到，网页显示发生变化，原来并排显示的列表项，现在换行显示了，原因只有一个，两个列表项的宽度之和超出了父元素ul的宽度。

但是奇怪的是，我们明明在代码中设置了列表项的宽度为ul宽度的49%，为什么两个列表项加起来宽度还会超出ul的宽度呢？而且从图中可以看出，单个列表项的宽度确实已经超过了ul宽度的一半。这是什么原因呢？

其实上面第一次修改代码并没有出问题，只是在第二次修改代码时删除了box-sizing:border-box语句之后才出了问题。那么可以肯定，问题就出在被删除的语句上。

我们知道，元素宽度相关的属性是width，在CSS代码中是这样来设置元素宽度的：width：49%，那么这个设置到底设定的是什么宽度？

也许有人会说，设置的当然是元素显示的宽度。这样的回答并不完全正确。事实上，我们所说的宽度其实有可能是两种宽度，一种宽度是盒子模型内容部分的宽度，另一种是盒子模型左右边框之间的宽度。很显然，这两种宽度不是一码事。

那么我们在用width属性设置宽度的时候，到底设置的是什么宽度呢？这就要看元素的box-sizing属性的设置情况了。如果没有设置box-sizing属性，那么box-sizing属性值为默认的content-box，此时width属性值代表的是盒子模型内容区的宽度；如果box-sizing属性值设定为border-box，则width属性值代表的就是盒子模型左右边框之间的宽度。

回到刚才的问题，当box-sizing:border-box语句存在的时候，"width：49%"设置的是盒子模型左右边框的宽度，也就是列表项左右边框的宽度，这个宽度一旦设置，在任何情况下都不会改变，即使增加内边距的宽度。列表项会保持左右边框之间的宽度，而去调整内容的宽度，即减小内容区的宽度，增加内边距的宽度，而左右边框之间的宽度保持不变。

当box-sizing:border-box语句被删除后，box-sizing的属性值就变为默认值content-box，那么"width：49%"设置的就是盒子模型中内容区的宽度，也就是列表项中内容区的宽度。这个宽度一旦设置，在任何情况下都不会改变。此时如果增加内边距的宽度，那么列表项就会保持内容区宽度，扩展左右边框之间的宽度以容纳增加的内边距，所以实际显示的列表项宽度就变大了。

因此，为了便于计算，在网页制作中，可设置元素的box-sizing:border-box。

3.5.3　使用文字大小的相对单位

文字大小不使用绝对像素值，而使用相对单位rem和em。

rem：是相对于页面根元素html的字体大小，设置比例。

em：是相对于父元素的字体大小，设置比例。

[例3-6]　文字大小的单位。

文大小的单位如图3-47所示。

在这个例子中，一个html元素包含3个div子元素，每个div子元素又包含一个ul子元素。在所有子元素中，有5个子元素使用了相对单位来设置字体大小，现在具体算一下每个div元素中的字体大小。

对于div{font-size:30px}，这里用了绝对单位px，所以字体大小为30px，与父元素无关。

单元3 响应式设计的概念

```
html{font-size:50px}
  ├── div{font-size:30px}
  │     └── ul{font-size:0.5em} (15px)
  ├── div{font-size:0.8em} (40px)
  │     └── ul{font-size:0.5em} (20px)
  └── div{font-size:0.8rem} (40px)
        └── ul{font-size:0.4rem} (20px)
```

图 3-47　文字大小的单位

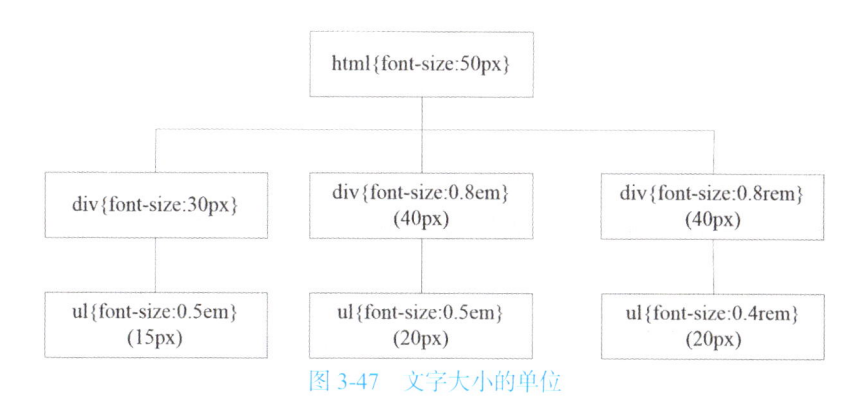

对于div{font-size:0.8em}，这里用了相对单位em，根据定义，em是相对于父元素的字体大小，设置比例，这里父元素html中设置了字体大小为50px，所以0.8em表示的字体大小是50px × 0.8 = 40px。

对于div{font-size:0.8rem}，这里用了相对单位rem，根据定义，rem是相对于页面根元素html的字体大小，设置比例，这里根元素html中设置了字体大小为50px，所以0.8rem表示的字体大小是50px × 0.8 = 40px。

对于ul{font-size:0.5em}，这里用了相对单位em，根据定义，em是相对于父元素的字体大小，设置比例，这里父元素div中设置了字体大小为30px，所以0.5em表示的字体大小是30px × 0.5 = 15px。

对于另一个ul{font-size:0.5em}，这里用了相对单位em，根据定义，em是相对于父元素的字体大小，设置比例，这里父元素div中设置了字体大小为0.8em，经计算实际为40px，所以0.5em表示的字体大小是40px × 0.5 = 20px。

对于ul{font-size:0.4rem}，这里用了相对单位rem，根据定义，rem是相对于页面根元素html的字体大小，设置比例，这里根元素html中设置了字体大小为50px，所以0.4rem表示的字体大小是50px × 0.4 = 20px。

3.5.4　图片自适应

在制作响应式网页时，图片的宽度一般也应使用百分比，而不要用固定的像素数，与图片宽度相关的属性有两个。

"width:100%"，表示图片宽度始终为父元素的100%。父元素的宽度放大或缩小，图片的宽度也随之放大或缩小，图片高度随宽度按比例自动调整。

"max-width:100%"，表示图片为父元素的100%，但最大不超过图片本身大小。当父元素的宽度小于图片的宽度时，图片宽度会调整到与父元素同宽，也就是说图片会缩小；而当父元素宽度逐渐扩展并超过图片的宽度时，一开始图片宽度会跟着父元素一起变宽，当父元素的宽度超过图片的实际宽度时，图片的宽度就不再变化，维持在图片的最大宽度。

[例3-7] "width:100%;"属性应用。

代码如图3-48所示。

```html
<!DOCTYPE html>
<html>
    <head>
        <meta charset="utf-8">
        <meta name="viewport" content="width=device-width,initial-scale=1.0,user-scalable=no">
        <title></title>
        <style>
            #d1 {
                width: 80%;
                background: #ccc;
                margin: 0 auto;
            }
            #d1 img {
                width: 100%;
                /* max-width: 100%; */
            }
            #banner {
                width: 100%;
                height: 300px;
                background: #ccc url(images/01.jpg) no-repeat center center;
                background-size:contain;
                /* background-size: cover; */
            }
        </style>
    </head>
    <body>
        <div id="d1"><img src="images/01.jpg" alt=""></div>
        <!-- <div id="banner"></div> -->
    </body>
</html>
```

图 3-48　例 3-7 代码

显示效果如下：

（1）屏幕宽度1332px显示效果，如图3-49所示。

图 3-49　例 3-7 显示效果，屏幕宽度 1332px

（2）屏幕宽度708px显示效果，如图3-50所示。

图 3-50　例 3-7 显示效果，屏幕宽度 708px

（3）屏幕宽度356px显示效果，如图3-51所示。

图 3-51　例 3-7 显示效果，屏幕宽度 356px

（4）图片实际宽度：800px，如图3-52所示。

由以上显示效果可以看出，如果设置了属性图片"width：100%"，那么一张宽度为800像素的图片可以随父元素的宽度变化任意缩放宽度。

[例3-8]　"max-width:100%;"属性应用。

代码如图3-53所示。

界面设计

图 3-52　例 3-7 显示效果，图片实际宽度：800px

```
1   <!DOCTYPE html>
2   <html>
3     <head>
4       <meta charset="utf-8">
5       <meta name="viewport" content="width=device-width,initial-scale=1.0,user-scalable=no">
6       <title></title>
7       <style>
8         #d1 {
9           width: 80%;
10          background: #ccc;
11          margin: 0 auto;
12        }
13        #d1 img {
14          /* width: 100%; */
15          max-width: 100%;
16        }
17        #banner {
18          width: 100%;
19          height: 300px;
20          background: #ccc url(images/01.jpg) no-repeat center center;
21          background-size:contain;
22          /* background-size: cover; */
23        }
24      </style>
25    </head>
26    <body>
27      <div id="d1"><img src="images/01.jpg" alt=""></div>
28      <!-- <div id="banner"></div> -->
29    </body>
30  </html>
```

图 3-53　例 3-8 代码

显示效果如下：

（1）屏幕宽度1332px显示效果，如图3-54所示。

单元3　响应式设计的概念

图3-54　例3-8显示效果，屏幕宽度1332px

（2）屏幕宽度708px显示效果，如图3-55所示。

图3-55　例3-8显示效果，屏幕宽度708px

（3）屏幕宽度356px显示效果，如图3-56所示。

图3-56　例3-8显示效果，屏幕宽度356px

由以上显示效果可以看出，如果设置了属性图片"max-width: 100%;"，那么一张宽度为800px的图片可以随父元素的宽度变化而有限度地变化宽度。

当屏幕宽度为1332px时，由于图片的父元素的宽度为屏幕宽度的80%，即1066px，说明图片的父元素宽度已经超过图片本身的宽度，由于设置了"max-width: 100%;"，所以图片宽度维持在自己的最大宽度800px，不再跟随父元素扩展。

当屏幕宽度为703px时，显然图片的父元素宽度小于图片本身的宽度，由于设置了"max-width: 100%;"，此时图片宽度跟随父元素调整为与父元素同宽。

当屏幕宽度为356px时，显然图片的父元素宽度小于图片本身的宽度，由于设置了"max-width: 100%;"，此时图片宽度跟随父元素调整为与父元素同宽。

3.5.5 背景图片自适应

网页中很多元素都可以带背景图片，但是背景图片本身是有宽高比例的，背景图片的宽高比例与元素本身的宽高比例不见得一致，这时可以通过background-size属性设置元素的背景图片缩放规则，有两种选择：一种是包含（contain），另一种是覆盖（cover）。

包含："background-size: contain;"，成比例地缩放背景图片，使图片完整显示到背景容器中。

覆盖："background-size: cover;"，成比例地缩放背景图片，使图片完全覆盖整个背景容器。

我们来看一看包含与覆盖的区别？

1. 包含

实现包含效果的代码如图3-57所示。

图3-57 实现包含效果的代码

效果如图3-58所示，这种效果叫作包含，成比例地缩放背景图片，使图片完整显示到背景容器中。因为图片的宽高比例与背景容器的宽高比例不一致，所以有一部分背景容器就不能被覆盖到。于是背景容器中就出现了如图3-58所示的一些空白。

图 3-58　包含效果

2. 覆盖

实现覆盖效果的代码如图3-59所示。

```html
<!DOCTYPE html>
<html>
<head>
    <meta charset="utf-8">
    <meta name="viewport" content="width=device-width,initial-scale=1.0,user-scalable=no">
    <title></title>
    <style>
        #d1 {
            width: 80%;
            background: #ccc;
            margin: 0 auto;
        }
        #d1 img {
            /* width: 100%; */
            max-width: 100%;
        }
        #banner {
            width: 100%;
            height: 300px;
            background: #ccc url(images/01.jpg) no-repeat center center;
            /* background-size:contain; */
            background-size: cover;
        }
    </style>
</head>
<body>
    <!-- <div id="d1"><img src="images/01.jpg" alt=""></div> -->
    <div id="banner"></div>
</body>
</html>
```

图 3-59　实现覆盖效果的代码

效果如图3-60所示。这种效果叫作覆盖，成比例地缩放背景图片，使图片完全覆盖整个背景容器。当图片的宽高小于背景容器的宽高时，图片将被放大，直到能够覆盖整个背景容器为止，如图3-60所示。但是这样有个问题，因为图片的宽高比例与背景容器的宽高比例不一致，以图3-60为例，当图片的宽度放大到与背景容器的宽度一致时，由于是按比例放大的，

界面设计

图片的高度超出了背景容器的高度范围，超出部分就显示不出来了，所以现在看到的图片实际上只是原图的一部分。

图 3-60　覆盖效果

3.5.6　弹性盒布局

前面学习了两种响应式网页设计的布局方法，一种是通过媒体查询技术来测试当前显示网页的设备，根据不同的设备去执行不同的样式代码，这是最基本的一种响应式网页的布局方法。另一种是百分比布局，从视觉效果来看，百分比布局比前面那种最基本的响应式网页布局方式要舒适一些，其实在百分比布局中也会用到媒体查询技术，通常是百分比布局与媒体查询技术相结合，这样制作的响应式网页用户体验更加平滑自然。

前面两种布局方式都是通过CSS3新特性来实现的。说到CSS3新特性，还必须提到另外一种布局方式，叫作弹性盒布局。弹性盒布局也用于制作响应式网页，这种布局方式最大的特点是为盒子模型增加了很大的灵活性。弹性盒子的示意图如图3-61所示。在弹性盒布局中，有几个非常重要的术语，一起来熟悉一下。

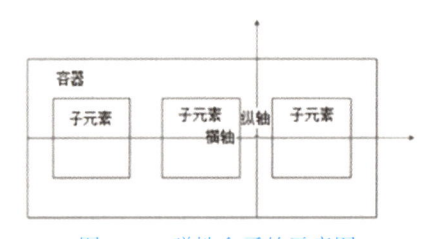

图 3-61　弹性盒子的示意图

整个弹性盒布局由以下几个部分构成：

① 容器，也叫弹性容器，弹性容器内部可以容纳一些网页元素，并且这些网页元素被称为弹性元素。也就是说，弹性容器中的元素都要参与弹性盒布局。

② 子元素，也就是网页中负责显示的那些元素，如div元素、image元素、p元素等，这些元素放到弹性容器中参与弹性盒布局，被称为子元素。弹性盒布局要解决的问题就是如何排列这些子元素，在弹性容器中，这些子元素的排列方式基本上有两种，一种是横向排列，

另一种是纵向排列。

③ 轴，每个容器中都会有两条轴，一条是横轴，另一条是纵轴。子元素横向排列，就是这些子元素将沿着容器的横轴排列；子元素纵向排列，就是这些子元素将沿纵轴排列。在任何时候，横轴和纵轴中只有一个轴被设置为主轴，如果子元素横向排列，则横轴称为主轴，此时纵轴称为侧轴；如果子元素纵向排列，则纵轴称为主轴，此时横轴称为侧轴。

在弹性盒布局中，有一个关键词flex，flex是弹性的意思，如果要将一个普通容器设置为弹性容器，可以通过设置display属性来做到。CSS代码中某个容器的display属性的属性值被设置为flex，则说明这个容器是一个弹性容器，将采用弹性盒布局。

在弹性盒布局中，子元素的显示位置是系统自动计算的。如图3-62所示，这个网页并不复杂，网页结构是3个div元素横向排列，并且放在父元素的中心位置。但是这个看似不复杂的网页，如果用常规的方法来实现，则还是有点烦琐的。至少这里需要用到浮动，并且还要让3个div浮动到父元素的正中央，而且对于所有宽度的屏幕，这个效果必须一致。而如果采用弹性盒布局方式，实现这样的网页效果非常容易，只不过就是设置几个属性而已。

图3-62 弹性盒子自动计算子元素显示位置

在弹性盒布局中，子元素的显示位置是系统自动计算的，而系统计算的依据，就是我们在CSS代码中的各种设置。

首先要把父容器设置为弹性容器，弹性容器是通过把父容器的display属性设置为flex实现的。假设父容器的class名称是box，则设置如下：

```
.box{
    display: flex;
}
```

这样父容器box就被设置为弹性容器，然后还需要设置一些该弹性容器的其他属性。

1. flex-flow属性

flex-flow属性实际上是flex-direction属性和flex-wrap属性的简写，这两个属性都用于排列弹性子元素。

（1）flex-direction属性：决定主轴的方向，也就是子元素的排列方向。这个属性的可选值有row、row-reverse、column、column-reverse四种，各自含义如下。

- row（默认）：按行排列，起点在左端，效果如图3-63所示。

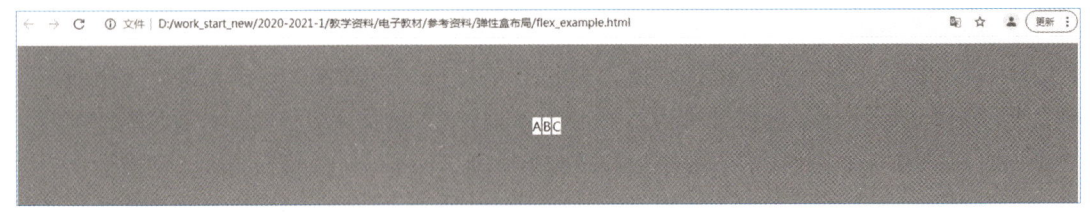

图 3-63　属性值 row 显示效果

- row-reverse：与row相同，但是以相反的顺序，效果如图3-64所示。

图 3-64　属性值 row-reverse 显示效果

- column：元素垂直显示，效果如图3-65所示。

图 3-65　属性值 column 显示效果

- column-reverse：与 column 相同，但是以相反的顺序，如图3-66所示。

图 3-66　属性值 column-reverse 显示效果

（2）flex-wrap属性：规定flex容器是单行或者多行的，同时横轴的方向决定了新行堆叠的方向、多行时是否换行和换行的格式。这个属性的可选值有nowrap、wrap和wrap-reverse三种，各自含义如下。

- nowrap（默认值）：规定元素不拆行或不拆列，效果如图3-67所示。可以看到，尽管增加了很多div元素，但这些div全部横向排列，即使超出了容器的横向范围，也没有换行。

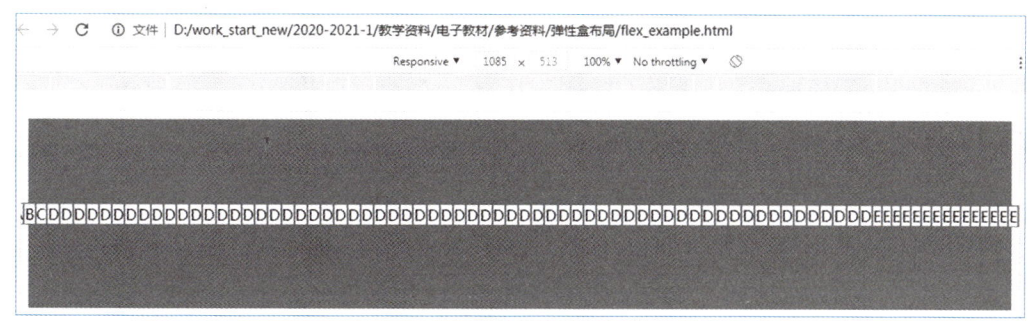

图 3-67　属性值 nowrap 显示效果

- wrap：换行，第一行在上方，效果如图3-68所示。这个网页中的div子元素数量与上一个网页相同，但是flex-wrap属性使用了wrap值，所以div子元素出现了换行。

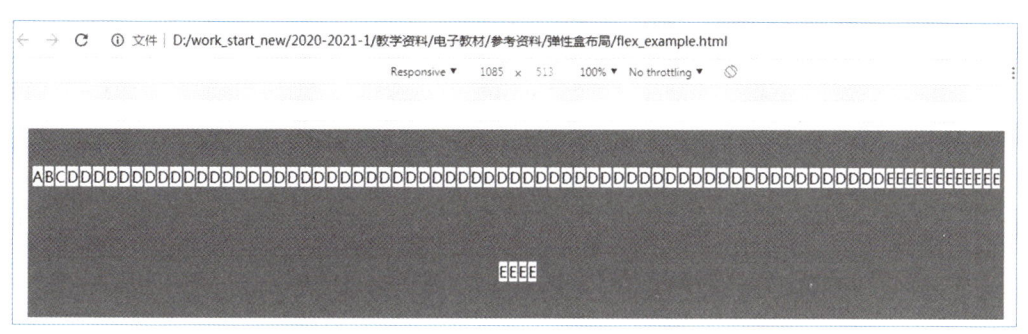

图 3-68　属性值 wrap 显示效果

- wrap-reverse：换行，第一行在下方，效果如图3-69所示。这个网页中的div子元素数量与上一个网页相同，但是flex-wrap属性使用了wrap-reverse值，所以div子元素出现了换行，并且换行的方向与上一个网页相反。

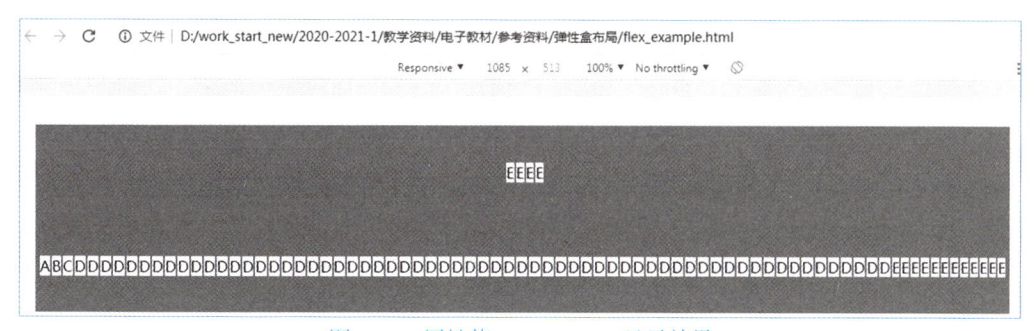

图 3-69　属性值 wrap-reverse 显示效果

前面说过，flex-flow属性实际上是flex-direction属性和flex-wrap属性的简写，flex-flow属性的默认值是row nowrap。

2. justify-content属性

justify-content属性用于设置弹性盒子元素在主轴方向上的对齐方式。该属性的可选值有

flex-start、flex-end、center、space-between、space-around五种，各自的含义介绍如下。

● flex-start：默认值。子元素位于容器的开头，效果如图3-70所示。本容器设置为横向排列，可以看到，子元素全部靠左（开头）横向排列。

图 3-70　属性值 flex-start 显示效果

● flex-end：子元素位于容器的结尾，效果如图3-71所示。本容器设置为横向排列，可以看到，子元素全部靠右（尾部）横向排列。

图 3-71　属性值 flex-end 显示效果

● center：子元素位于容器的中心，效果如图3-72所示。本容器设置为横向排列，可以看到，子元素全部靠中间位置横向排列。

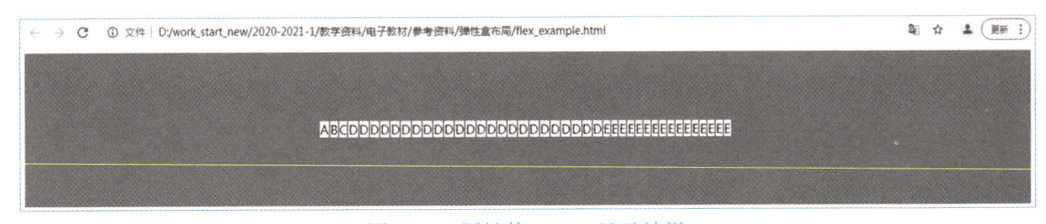

图 3-72　属性值 center 显示效果

● space-between：子元素在主轴方向平均分布，且开始子元素和结尾子元素与容器边缘之间无空白，效果如图3-73所示。本容器设置为横向排列，可以看到，子元素在主轴方向平均分布，且第一个元素和最后元素与容器边缘靠紧，无空白。

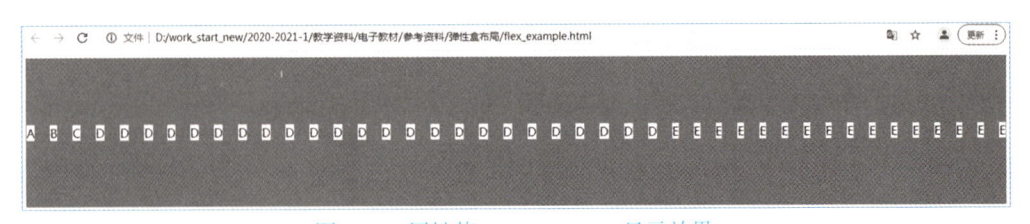

图 3-73　属性值 space-between 显示效果

● space-around：子元素在主轴方向平均分布，开始子元素和结尾子元素与容器边缘之间留有空白，且空白宽度是其他元素间空白宽度的一半，效果如图3-74所示。本容器设置为横向排列，可以看到，子元素在主轴方向上平均分布，且第一个元素和最后元素与容器边缘之间留有空白。

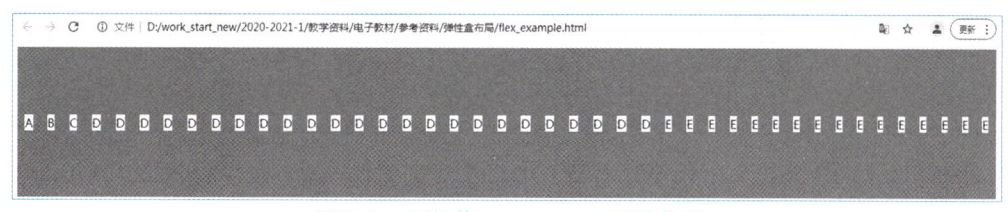

图 3-74　属性值 space-around 显示效果

3. align-items属性

align-items属性设置弹性盒子元素在侧轴方向上的对齐方式，该属性的可选值有flex-start、flex-end、center、baseline和stretch五个，各自含义介绍如下。

● flex-start：子元素向侧轴方向的起始位置对齐，效果如图3-75所示。本容器设置为横向排列，那么侧轴就是纵轴，由示意图可知，纵轴的方向是自底向上，这也就是侧轴的方向。可以看到，子元素在侧轴方向上向侧轴的起始位置对齐。

图 3-75　属性值 flex-start 显示效果

● flex-end：子元素向侧轴方向的结束位置对齐，效果如图3-76所示。可以看到，子元素在侧轴方向上向侧轴的结束位置对齐。

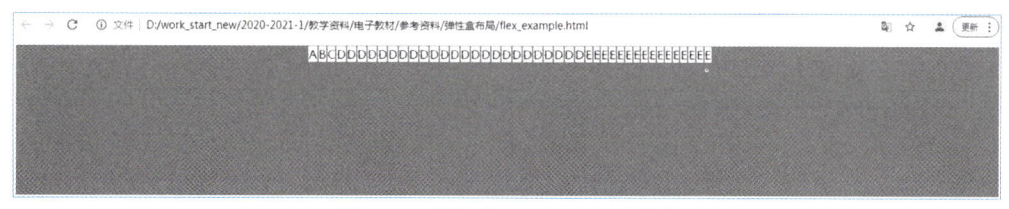

图 3-76　属性值 flex-end 显示效果

● center：子元素向侧轴方向的中间位置对齐，效果如图3-77所示。可以看到，子元素在侧轴方向上向侧轴的中间位置对齐。

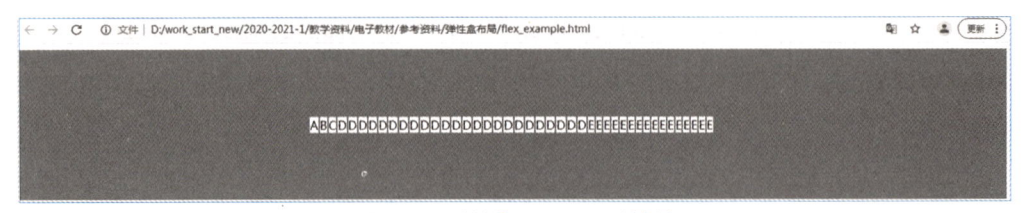

图 3-77　属性值 center 显示效果

- baseline：所有子元素的第一行文字的基线对齐。效果如图3-78所示。可以看到，子元素在侧轴方向上向第一行文字的基线对齐。此处可以看一个反例，如果此处align-items属性没有设置为baseline，而是设置为center，则效果如图3-79所示。从以上两个例子中可以明显地体会出baseline属性值的作用。

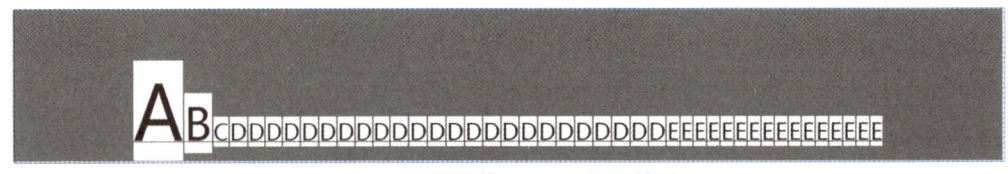

图 3-78　属性值 baseline 显示效果

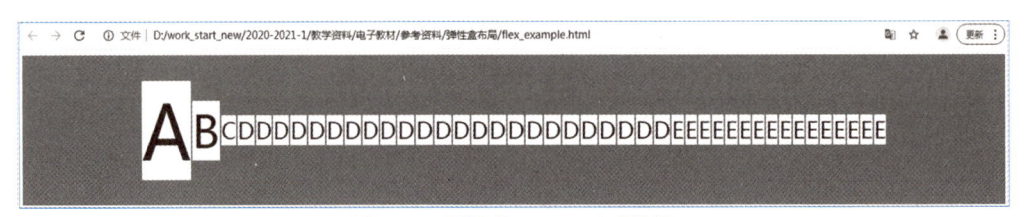

图 3-79　属性值 center 显示效果

- stretch（默认值）：如果项目未设置高度或设为auto，则将占满整个容器的高度，效果如图3-80所示。stretch是伸展的意思。可以看到，子元素在侧轴方向上完全伸展开，占满了整个容器的高度。

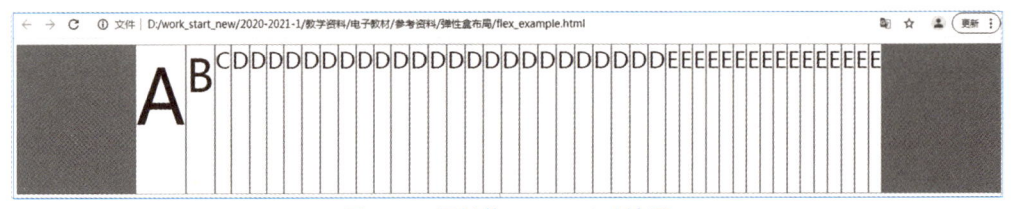

图 3-80　属性值 stretch 显示效果

以上这些属性都是应用在弹性父容器上的属性，还有一些应用在子元素自身的属性。

4. order属性

order属性用于设置弹性盒子的子元素排列顺序，如图3-81所示。这个例子中三个子元素的出现顺序就是HTML文档中三个div元素的书写顺序，如图3-82所示。

图 3-81　子元素排列顺序

图 3-82　div 书写顺序

现在如果想改变三个子元素的出现顺序，比如想以CAB的顺序出现，那么只要将三个div元素的order属性做如下设置即可：

```
div.A{
order: 2;
}
div.B{
order: 3;
}
div.C{
order: 1;
}
```

通过以上设置，改变了子元素的出现顺序，效果如图3-83所示。可以看出，子元素的出现顺序与自身order属性的设置值相符。

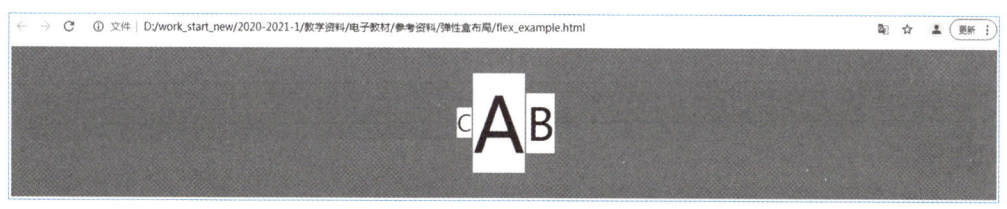

图 3-83　改变了子元素排列顺序的效果

5. flex属性

flex属性是flex-grow属性、flex-shrink属性 和 flex-basis属性的缩写，用于设置子元素的伸缩性。

（1）flex-grow属性。flex-grow属性是扩展比率，定义子元素的放大比例，默认为0，即使存在剩余空间，也不放大。

flex-grow属性其实就是当有剩余空间时，用于设置子元素以多大比例去分得剩余空间。

界面设计

flex-grow属性的设置就像入股一样，假如A、B、C三人合伙做生意，A出资2股，B出资1股，C出资2股，则总股数为2+1+2 = 5，那么生意赚钱后利润分成比例是A分得2/5，B分得1/5，C分得1/5。

现在来看子元素A、B、C，如果三个子元素的flex-grow属性值分别设置为1，即：

```
div. A{
flex-grow: 1;
}
div. B{
flex-grow: 1;
}
div. C{
flex-grow: 1;
}
```

则子元素的排列方向上如果出现剩余空间，三个子元素将通过放大自身宽度各自分得剩余空间的1/3，如图3-84所示。

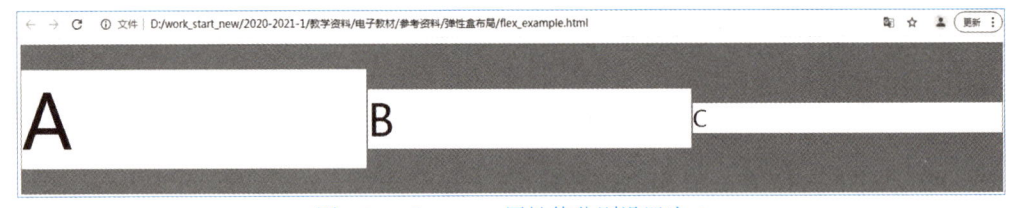

图3-84　flex-grow 属性值分别设置为 1

如果将子元素A的flex-grow属性设置为0，则子元素A不参与瓜分剩余空间，A自身的宽度也不会放大，此时剩余空间由B和C各瓜分1/2，如图3-85所示。

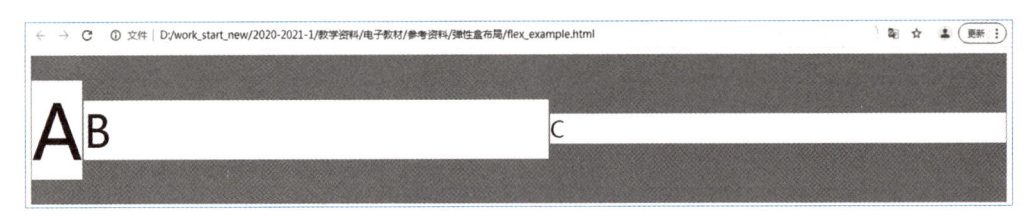

图3-85　子元素 A 的 flex-grow 属性值设置为 0

如果三个元素的flex-grow属性值都设为0，则没有子元素被放大去瓜分剩余空间，这就是最原始状态，如图3-86所示。

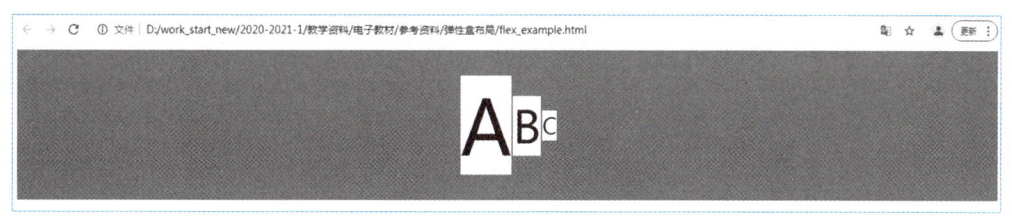

图 3-86　三个子元素 flex-grow 属性值都设置为 0

（2）flex-shrink属性。flex-shrink属性定义了子元素的缩小比例，默认为1，即如果空间不足，则该项目将被缩小，负值对该属性无效。

flex-shrink属性的属性值与flex-grow属性的属性值作用相反，但是类比后更容易理解。flex-grow属性的属性值设置后，一旦有了剩余空间，现有的子元素就会去瓜分剩余空间；而flex-shrink属性的属性值设置后一旦空间不足，现有的子元素应缩小自己的尺寸使得子元素能够被容器容纳。缩小尺寸的原则就是根据flex-shrink的属性值按比例缩小。flex-shrink的属性值默认为1，如果按默认值计算，则空间不足时每个子元素缩小相同比例即可，如果每个子元素的flex-shrink属性值不同，则属性值大的子元素缩小的比例更大。

（3）flex-basis属性。flex-basis属性定义了在分配多余空间之前，子元素占据的主轴空间（main size）。浏览器根据这个属性，计算主轴是否有多余空间。它的默认值为auto，即子元素的本来大小。也就是说flex-basis属性设置了当子元素的flex-grow属性值为0时，子元素在主轴方向上的大小，依据所有子元素的这个值，可以计算出主轴方向是否有多余空间。

例如将上面的C元素做如下设置：

```
div.C{
flex-basis: 100px;
}
```

同时将所有子元素的flex-grow属性值设为0，则效果如图3-87所示。前面说过，flex属性是flex-grow属性、flex-shrink属性和flex-basis属性的缩写，flex属性的默认值为0 1 auto。

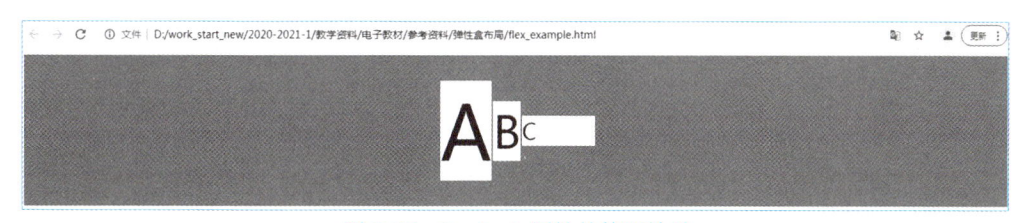

图 3-87　flex-basis 属性的使用效果

此时实际主轴上的剩余空间就根据现在的子元素占用空间情况进行计算。如果不设置具体的像素值，只是想使用子元素原始的大小，则设置flex-basis属性值为auto即可。

6. align-self属性

align-self属性允许单个子元素有与其他子元素不一样的对齐方式，可覆盖align-items属性，默认值为auto，表示继承父元素的align-items属性，如果没有父元素，则等同于stretch。属性可取6个值：auto、flex-start、flex-end、center、baseline和stretch，除了auto，其他都与align-items属性完全一致。

例如，如果子元素A、B、C的父元素中设置了align-items属性值为center，但是C元素的align-self的属性值设为flex-start，则C元素的align-self属性值将覆盖父元素的align-items属性值，最后的结果就是C元素按flex-start对齐，而A元素和B元素按父容器的属性值center对齐，效果如图3-88所示。

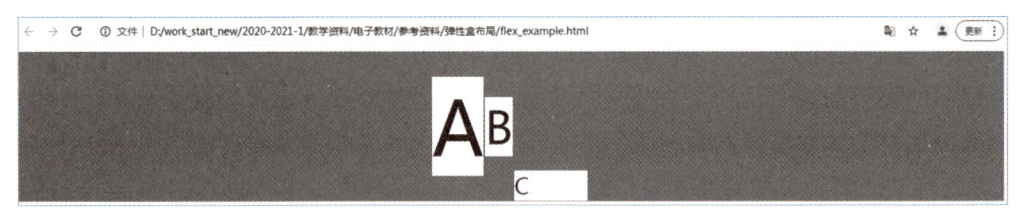

图3-88　align-self属性的使用效果

3.5.7　思政点滴——网络安全空间国家战略

伴随着现代科技的迅猛发展，网络正以非同寻常的速度在全球范围内扩张，成为影响国家安全、经济发展及文化传播的无形力量，成为承载政治、军事、经济、文化的全新空间。作为信息技术发展所催生的人类活动之第五维空间，网络空间是"信息环境中的一个全球域，由相互关联的信息技术基础设施网络构成，这些网络包括国际互联网、电信网、计算机系统以及嵌入式处理器和控制器"。

对于网络空间安全的重要性，我们"要适应国家发展战略和安全战略新要求，着眼全面履行新世纪新阶段军队历史使命，贯彻新时期积极防御军事战略方针，与时俱进加强军事战略指导，高度关注海洋、太空、网络空间安全，积极运筹和平时期军事力量运用，不断拓展和深化军事斗争准备，提高以打赢信息化条件下局部战争能力为核心的完成多样化军事任务能力。"这是对加快推进国防和军队现代化的新部署。

习 题 3

一、选择题

1. 以下描述中错误的是（　　）。
   A. 响应式网页设计是专门为改进互联网浏览体验提出的概念
   B. 响应式网页设计的目标是在不同的设备上，不同的网页都有不错的用户浏览体验
   C. 响应式网页即一个网页，可以根据浏览设备的不同而呈现出不同的布局方式，无须编写多个布局

D. 响应式网页设计是页面的一种设计方式

2. 下面哪种不是测试响应式网页的方法（　　）。
   A. 真实的物理设备　　　　　　B. 第三方的虚拟软件
   C. 目测　　　　　　　　　　　D. 浏览器自带设备模拟器

3. 要让一个THML页面实现响应式，必须在head标记中加入以下哪个标记？（　　）
   A. <meta charset="utf-8">
   B. <meta http-equiv="X-UA-Compatible" content="IE=edge">
   C. <meta name="viewport" content="width=device-width，initial-scale=1">
   D. <meta>

4. 关于viewport的属性描述中错误的是（　　）。
   A. width：控制 viewport 的大小，可以指定一个值，如 600，或者特殊的值，如 device-width 为设备的宽度（单位为缩放100%时的 CSS 的像素值）
   B. initial-scale：初始缩放比例，也即是当页面第一次 load 时的缩放比例
   C. user-scalable：用户是否可以手动缩放
   D. minimum-scale：允许用户缩放到的最大比例

5. 以下表述中错误的是（　　）。
   A. 响应式网页可以实现在不同的设备上呈现不同的样式和布局
   B. 响应式网页是通过媒体查询（media query）技术来为不同设备设置不同样式的
   C. 媒体查询技术可以检测出设备的方向（横屏、竖屏）
   D. 媒体查询技术只能检测出屏幕的宽度

6. 已知一个class="main"的div默认宽度为1000px，希望此容器在当屏幕小于1000px时，div宽度为800px，当屏幕小于800px时，div的宽度为100%，以下正确的是（　　）。
   A. @media screen and (min-width: 800px) and (max-width: 1000px){
   　　　　　　.main { width: 800px;}
   　　}
   　　@media screen and (max-width: 800px){
   　　　　　　.main { width: 100%;}
   　　}
   B. @media screen and (min-width: 800px){
   　　　　　　.main { width: 800px;}
   　　}
   　　@media screen and (max-width: 800px){
   　　　　　　.main { width: 100%;}
   　　　　}
   C. @media screen and (max-width: 800px){

.main { width: 100%;}
}
@media screen and (max-width: 1000px){
.main { width: 800px;}
}

D. @media screen and (min-width: 800px) and (max-width: 1000px){
.main { width: 800px;}
}
@media screen and (min-width: 800px){
.main { width: 100%;}
}

7. 已知一个class="main"的div

@media screen and (max-width: 800px){
.main { width: 100%;}
}

当屏幕小于800px时，div的宽度是（　　）。

A. 1000px　　　B. 100%;　　　C. 800px;　　　D. 以上都不对

8. 已知一个class="main"的div 样式为div.main{width:600px; }

@media screen and (max-width: 800px){
.main { width: 100%;}
}

当屏幕小于800px时，div的宽度是（　　）。

A. 1000px　B. 100%;　C. 600px;　D. 以上都不对

9. 有一个div，样式如下：

div{
　　width:200px;
　　border:1px solid;
　　padding:10px;
　　margin:10px;
　　}

则内容区的宽度是（　　）。

A. 200px　　　B. 242px　　　C. 158px　　　D. 221px

10. 有一个div，样式如下：

div{
　　box-sizing:border-box;

width:200px;

border:1px solid;

padding:10px;

margin:10px;

}

则内容区的宽度是（　　）。

A. 200px　　　　B. 242px　　　　C. 178px　　　　D. 221px

11. 一个div里面有一个p标签，样式如下

div{

font-size:20px;

}

p{

font-size:1em

};

则p标签的字体大小是（　　）px。

A. 20　　　　　B. 18　　　　　C. 16　　　　　D. 14

12. 以下表述中错误的是（　　）。

A. 在为响应式网页布局时，尽量使用百分比布局

B. 响应式网页中的布局容器尽量浮动

C. 在编写响应式网页时，字体的大小应尽量使用相对单位 rem 或 em

D. 为图片设置 max-width:100%，意思是图片的宽度永远为父容器的 100%

13. 给div设置背景图，要求始终能占满整个div，下列代码正确的是（　　）。

A. background-size:auto;

B. background-size:cover;

C. background-size:default;

D. background-size:contain;

14. 已知一个class="main"的div 样式如下

@media screen and (max-width: 800px){

.main { background:red;}

}

.main{background:green;}

当屏幕小于800px时，div的背景色是（　　）。

A. 红色　　　B. 绿色　　　C. 白色（默认）　　　D. 以上都不对

15. 下列代码中,( )是错误的媒体查询的写法。

   A. @media all and (min-width:1024px) { };

   B. @media all and (min-width:640px) and (max-width:1023px) { };

   C. @media all and (min-width:320px) or (max-width:639px) { };

   D. @media screen and (min-width:320px) and (max-width:639px) { };

二、问答题

1. 简述响应式网页的三种测试方法。
2. 什么是viewport？viewport有什么作用？
3. 什么是媒体查询？媒体查询有什么作用？
4. 简述CSS3媒体查询的两种用法。
5. 什么是百分比布局？为什么要尽量使用百分比布局？
6. 如何正确使用元素的box-sizing属性？
7. 图片宽度相关的两个属性width和max-width用法与效果上有什么区别？
8. 如何设置网页中元素背景图片的缩放规则？

单元 4　Bootstrap 框架及应用

【学习目标】
- 掌握Bootstrap框架的基本概念。
- 掌握Bootstrap全局CSS样式的使用方法。
- 掌握Bootstrap常用组件的使用方法。
- 掌握Bootstrap常用插件的使用方法。
- 培养观察问题、发现问题、解决问题的能力。
- 培养认真、严谨、细致的科学素养。

4.1　Bootstrap框架简介

到目前为止，我们已经对响应式设计的概念有了比较清晰的了解，也学习了一些制作响应式网页的基本技术，如媒体查询、固定布局、百分比布局、弹性盒布局等。通过练习我们发现，尽管我们所做的网页并不复杂，但是要使其具备响应式特性，要做的工作还是比较麻烦的。

为了把人们从烦琐的工作中解脱出来，很多技术高手开始探索，将响应式网页制作中的共同工作（如样式设计、交互特效等）抽取出来，由专业人员精心设计实现，构建响应式网页制作框架，形成了响应式网页的开发平台。在所有框架中，Bootstrap是比较著名的一个。

4.1.1　Bootstrap框架的内容

Bootstrap是一个HTML+CSS+JS的功能框架，最初是由Twitter的两位工程师合作开发的。Bootstrap 极大地简化了响应式网页的开发。

Bootstrap中文官网如图4-1所示。Bootstrap提供了丰富的CSS样式、页面组件以及功能插件，只需要按照Bootstrap的规则合理使用它提供的这些CSS，就可以编写出想要的页面，并且实现基本的JS交互特效。

Bootstrap的内容分为5部分：起步（Startup）、全局CSS样式（Global CSS）、组件（Component）、JS插件（Plugin）、定制（Customize）。下面简要介绍前4个部分。

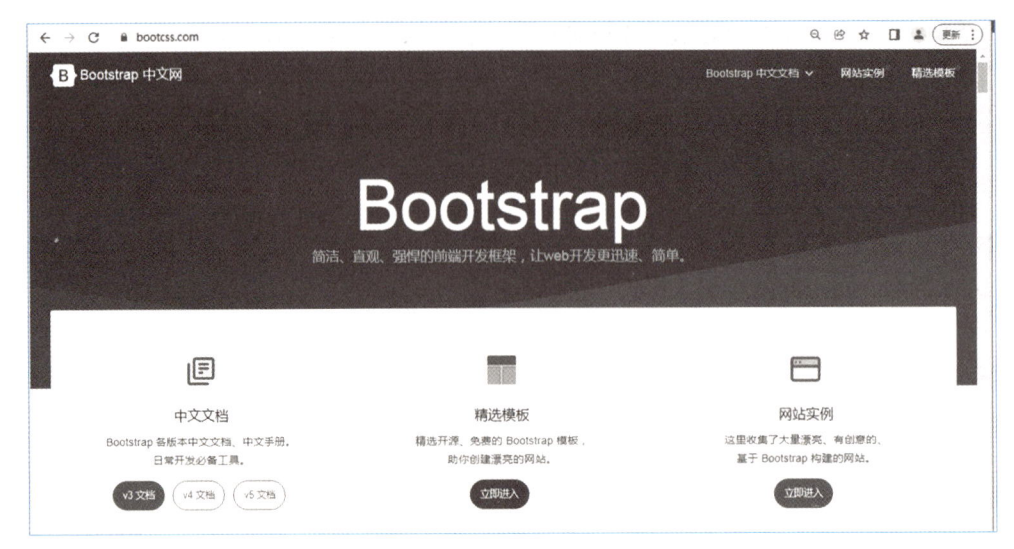

图4-1　Bootstrap中文官网

1. 起步（Startup）

起步阶段所涉及的内容主要是Bootstrap环境的搭建，包括下载与安装。

（1）Bootstrap的下载

根据不同的需求可以从官网下载Bootstrap的最新版文件包，操作步骤如下。

① 访问Bootstrap的中文官网如图4-2所示。

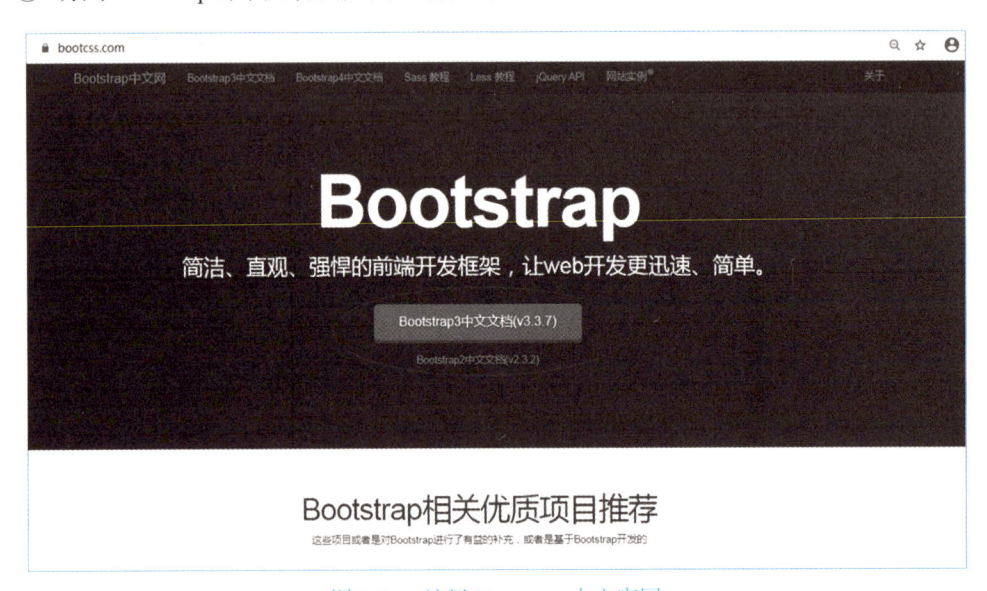

图4-2　访问Bootstrap中文官网

② 点击图4-2中的"Bootstrap3中文文档（v3.3.7）"按钮，打开如图4-3所示页面。

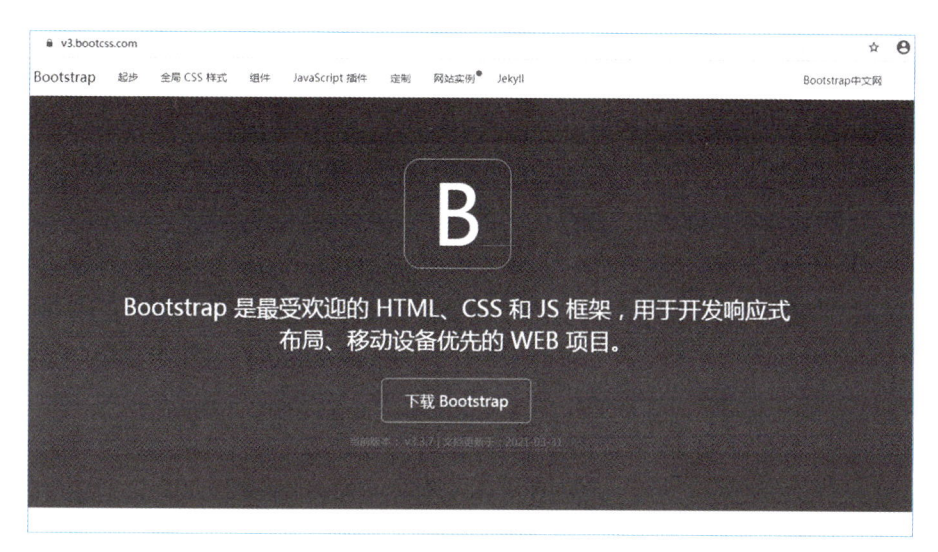

图 4-3　访问 Bootstrap 中文文档

③ 点击图4-3中的"下载Bootstrap"按钮，打开Bootstrap下载页面如图4-4所示。

图 4-4　Bootstrap 下载页面

图4-4中有三种下载按钮，它们各自的作用介绍如下：

- 下载Bootstrap。下载编译并压缩后的CSS、JavaScript和字体文件，不包含文档和源码文件，在发布项目时应该使用这个版本。
- 下载源码。下载Less、JavaScript和字体文件的源码，并且带有文档。点击该按钮下载的内容完全包含了点击"下载Bootstrap"按钮下载的内容，并且还包含了相关源码和文档，如果有兴趣深入钻研Bootstrap技术，则可以通过这种方式下载详细技术资料。
- 下载Sass项目。下载Bootstrap从Less到Sass源码移植的项目，用于快速导入Rails、Compass或Sass项目。

④ 点击图4-4的"下载Bootstrap"按钮即可下载得到Bootstrap文件包。

2. 全局CSS样式（Global CSS）

有过网页制作经验的人都知道，网页是由HTML文档加上CSS代码和JS代码构成的，其中JS代码负责页面与用户的交互，HTML文档决定了网页的基本结构，也就是说网页是由哪些元素构成的，这些元素之间的关系是什么等，而CSS代码则决定了网页元素显示在屏幕上是什么样子的、网页如何布局，等等。对于前端工程师来说，CSS样式代码是非常重要的。但是如果CSS样式代码由前端工程师自己来设计，实事求是地讲，这并不容易，因为这里不单单涉及技术问题，还涉及美工问题，比如网页的配色、组件的外观以及各种要素之间的搭配协调等，这些都是软件工程师所不擅长的。每到此时，软件工程师不得不求助于他人，比如美工，来帮助设计。一般来说，网页界面外观都由美工来设计，工程师只是用代码来实现美工的设计。离开了美工，工程师写出来的网页一定不是很美观的，除非工程师自己已经具备了美工的功底。

Bootstrap为我们解决了这个问题。Bootstrap提供了非常丰富的CSS样式，这样工程师在大多数情况下就不用自己去设计CSS样式了，只要正确合理地用好Bootstrap提供的CSS样式即可，而Bootstrap提供的CSS样式经过了团队的精心设计，我们使用这样的CSS样式做出的网页一定是很专业的。

3. 组件（Component）

Bootstrap除提供大量的CSS样式外，还提供大量的UI组件，如按钮、下拉菜单、按钮组、输入框组、导航、导航条、标签、进度条等，这些组件在网页制作过程中肯定够用了。这些组件也是经过专业人员精心设计的，在制作网页时只要通过简单HTML代码加载这些组件就可以生成一个专业、优雅、美观的网页。

4. JS插件（Plugin）

CSS和组件都负责网页的呈现方式，但有时还需要和网页进行互动，前面的组件有些也需要JS脚本的支持，这个时候就需要JS插件了。

Bootstrap提供的插件有过渡动画、对话框、滚动监听、选项卡、弹出框、警告框、折叠、轮播图等。

4.1.2 Bootstrap系统的安装

安装Bootstrap系统非常简单，无须任何自动安装工具，只要手动把Bootstrap文件包内的各种文件复制到指定的项目文件夹中即可。用于生产环境的Bootstrap的文件结构如图4-5所示。

```
bootstrap/
├── css/
│   ├── bootstrap.css
│   ├── bootstrap.css.map
│   ├── bootstrap.min.css
│   ├── bootstrap.min.css.map
│   ├── bootstrap-theme.css
│   ├── bootstrap-theme.css.map
│   ├── bootstrap-theme.min.css
│   └── bootstrap-theme.min.css.map
├── js/
│   ├── bootstrap.js
│   └── bootstrap.min.js
└── fonts/
    ├── glyphicons-halflings-regular.eot
    ├── glyphicons-halflings-regular.svg
    ├── glyphicons-halflings-regular.ttf
    ├── glyphicons-halflings-regular.woff
    └── glyphicons-halflings-regular.woff2
```

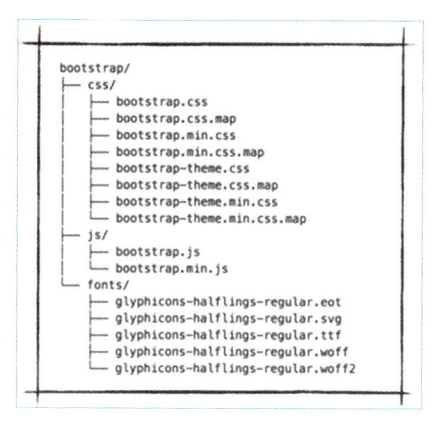

图 4-5　Bootstrap 的文件结构

其中，

（1）css目录。用于存放Bootstrap框架使用的样式文件，两个最主要的文件是

● bootstrap.css：Bootstrap框架的核心CSS文件。

● bootstrap-theme.css：Bootstrap框架的一套主题包。

仔细观察上面的文件结构图可以发现，实际上bootstrap.css和bootstrap-theme.css文件都有两种版本，一种是不带min后缀的，如bootstrap.css和bootstrap-theme.css，一种是带min后缀的，如bootstrap.min.css和bootstrap-theme.min.css。带min后缀的版本是一种压缩格式版本，这个版本的特点是体积很小，所有的注释及空格、回车、缩进等格式化方面的内容全部被去掉了，非常紧凑。在发布项目时应该使用这个版本。相反，不带min后缀的版本中包含了详细的代码注释，代码格式也非常工整清晰，在开发时应该引入这个版本的文件，调试跟踪代码时使用这个版本非常方便。

（2）js目录。用于存放Bootstrap框架使用的核心JavaScript文件，最主要的文件是bootstrap.js文件。这个文件实际上就是Bootstrap框架的函数库，今后做网页交互特效时经常要调用这个库中的函数。这个文件同样也分为带min后缀和不带min后缀两个版本。

（3）fonts目录。用于存放Bootstrap框架使用的字体文件。

Bootstrap提供了非常丰富的字体文件，这使得我们即使没有在PC上安装相应字库，也能够显示出特殊字体和特殊图标。

其他所需的JS文件有以下几个。

① jquery-x.xx.x.js：jQuery是一个轻型的前端框架，能够简化JavaScript网页编程的工作量，它的理念是"写最少的代码，干最多的事"。Bootstrap框架中的JS特效是基于jQuery开发的，所以使用Bootstrap框架，必须要先引入jQuery类库。要注意的是，引入顺序不能错，一定是先引入jQuery类库，然后引入Bootstrap库。

② html5shiv.min.js：让低版本IE浏览器支持HTML5的新元素。

③ respond.min.js：让低版本IE浏览器支持CSS Media Query。

④ bootlint.min.js：检测HTML和CSS的使用是否符合Bootstrap的规则。

在安装Bootstrap时，只要把所有的CSS文件复制到项目的css文件夹下，将所有的JS文件复制到项目的js文件夹下，fonts目录直接与项目的fonts文件夹合并即可。

4.1.3 Bootstrap基本模板

基于Bootstrap框架编写响应式网页代码有一些基本规则，无论所编写的网页是复杂的还是简单的，都必须遵守这些基本规则。如图4-6所示给出了使用Bootstrap制作网页的基本模板。

```html
1  <!DOCTYPE html>
2  <html lang="zh-CN">
3  <head>
4      <meta charset="utf-8">
5      <meta http-equiv="X-UA-Compatible" content="IE=edge">
6      <meta name="viewport" content="width=device-width, initial-scale=1">
7      <title>Bootstrap Template</title>
8      <link href="css/bootstrap.css" rel="stylesheet">
9      <!--[if lt IE 9]>
10     <script src="js/html5shiv.min.js"></script>
11     <script src="js/respond.min.js"></script>
12     <![endif]-->
13 </head>
14 <body>
15     <h1>你好，世界！</h1>
16
17
18     <script src="js/jquery-1.11.3.js"></script>
19     <script src="js/bootstrap.js"></script>
20 </body>
21 </html>
```

Bootstrap 基本模板

图 4-6　使用 Bootstrap 制作网页的基本模板

以上模板其实就是一个标准的HTML5文档，只是为了满足Bootstrap的使用要求，添加了如下几个相关的标签。

（1）<meta name="viewport" content="width=device-width, initial-scale=1">。

对于制作响应式网页来说了，viewport标签必不可少。viewport标签是响应式设计的起点，没有viewport标签，后面任何响应式设计都是无效的。

（2）<link href="css/bootstrap.css" rel="stylesheet">。

bootstrap.css是Bootstrap框架的核心CSS文件，后面经常要用到的全局CSS样式都定义在这个文件中，因此基于Bootstrap框架制作响应式网页时，必须引入这个文件。

（3）<script src="js/jquery-1.11.3.js"></script>。

前面说过，Bootstrap框架中的JS特效是基于jQuery开发的，所以使用Bootstrap框架，必须要先引入jQuery类库。

（4）<script src="js/bootstrap.js"></script>。

bootstrap.js是Bootstrap框架的核心JavaScript文件，用于实现JS特效，所以要使用Bootstrap框架，就必须引入这个文件。

特别要注意的是（3）和（4）的顺序绝对不能颠倒。

从上面的代码可以看到，Bootstrap的基本模板既要引入CSS文件，又要引入JS文件，CSS文件负责网页的呈现，JS代码负责网页的互动功能。

以上模板被称为基本模板,是因为注释掉了以下两个标签:
- \<script src="js/html5shiv.min.js"\>\</script\>。
- \<script src="js/ respond.min.js "\>\</script\>。

从而忽略了对低版本IE浏览器的兼容性。

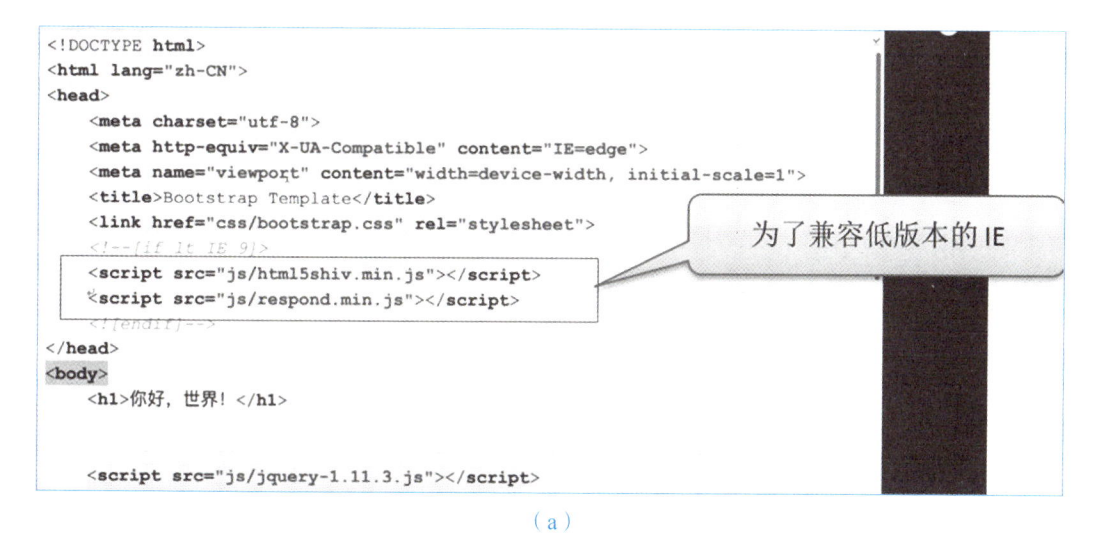

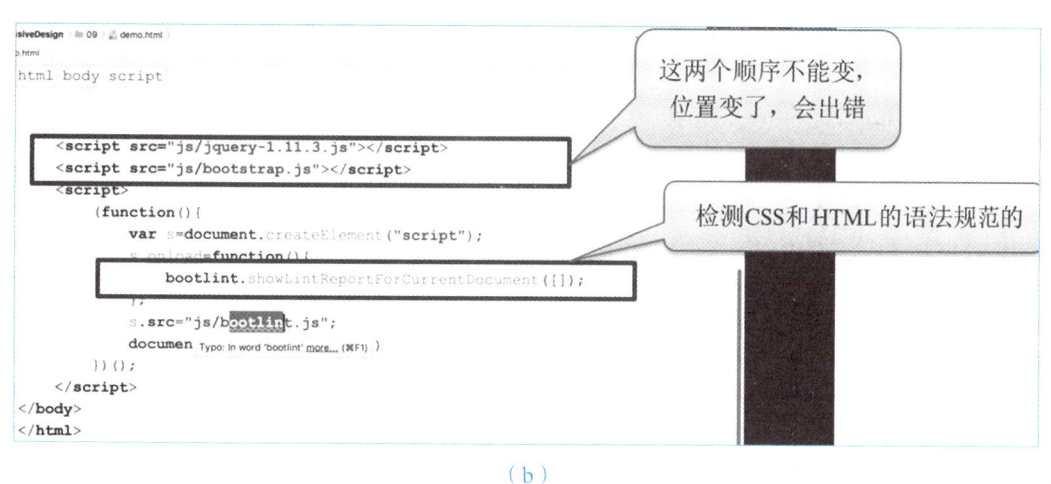

4.1.4　Bootstrap完整模板

如果在基本模板的基础上,加入对低版本IE浏览器兼容的考虑,并且引入检测HTML和CSS是否符合规范的代码,就得到了完整模板,如图4-7所示。

```html
<!DOCTYPE html>
<html lang="zh-CN">
<head>
    <meta charset="utf-8">
    <meta http-equiv="X-UA-Compatible" content="IE=edge">
    <meta name="viewport" content="width=device-width, initial-scale=1">
    <title>Bootstrap Template</title>
    <link href="css/bootstrap.css" rel="stylesheet">
    <!--[if lt IE 9]>
    <script src="js/html5shiv.min.js"></script>
    <script src="js/respond.min.js"></script>
    <![endif]-->
</head>
<body>
    <h1>你好,世界! </h1>

    <script src="js/jquery-1.11.3.js"></script>
```

（为了兼容低版本的IE）

（a）

```
<script src="js/jquery-1.11.3.js"></script>
<script src="js/bootstrap.js"></script>
<script>
    (function(){
        var s=document.createElement("script");
        s.onload=function(){
            bootlint.showLintReportForCurrentDocument([]);
        };
        s.src="js/bootlint.js";
        document.
    })();
</script>
</body>
</html>
```

（这两个顺序不能变,位置变了,会出错）

（检测CSS和HTML的语法规范的）

（b）

图4-7　Bootstrap 完整模板

从上面的代码可以看到,这里的完整模板不仅增加了在基本模板中被注释掉的标签,而且还在最后增加了如图4-8所示代码。

```
<script>
    (function(){
        var s=document.createElement("script");
        s.onload=function(){
            bootlint.showLintReportForCurrentDocument([]);
        };
        s.src="js/bootlint.min.js";
        document.body.appendChild(s)
    })();
</script>
```

图 4-8　Bootstrap 完整模板增加的代码

这就是为了使用bootlint工具检测HTML和CSS是否符合规范，需要添加的代码。

从上面的代码可以看出，在网页代码加载时，bootlint会在onload函数中执行对网页代码的检查并输出当前网页文件的一个代码检查报告。onload函数是网页加载事件的回调函数，网页一旦加载，就会产生网页加载事件，onload函数就会被执行。所以bootlint代码检查是在网页渲染之前完成的工作，如果检测到CSS代码和HTML代码语法不规范，则加载后就会立刻给出相应的警告提示，并指出具体的不规范代码行。

4.2　Bootstrap全局CSS样式

4.2.1　全局CSS样式——文本

Bootstrap为我们提供了一套很完备的CSS样式，我们的任务就是要充分理解这些CSS样式的含义，把全局CSS样式用对用好。

1. CSS Reset

Bootstrap为HTML标记重置了默认样式，如body、h1~h6、p、ul、ol、dl、a、button、input、img等。为了便于计算，为所有的标记设置了 box-sizing:border-box，还修改了默认字体和文本颜色。所以如果使用Bootstrap框架，则不用任何设置，做出来的网页就已经跟原来不一样了。

例如，如图4-9所示是一段标准的HTML5代码，这段代码没有引入Bootstrap框架，从运行效果（见图4-10）中可以看到多个元素的HTML默认样式。

```html
<!DOCTYPE html>
<html lang="en">
<head>
    <meta charset="UTF-8">
    <title>Title</title>
</head>
<body>
    我是body下的文本
    <div>我是div下的文本</div>
    <h1>我是h1标记</h1>
    <h2>我是h2标记</h2>
    <h3>我是h3标记</h3>
    <h4>我是h4标记</h4>
    <h5>我是h5标记</h5>
    <h6>我是h6标记</h6>
    <p>我是P标记</p>
    <ul>
        <li>我是ul列表</li>
        <li>我是ul列表</li>
    </ul>
    <ol>
        <li>我是ul列表</li>
        <li>我是ul列表</li>
    </ol>
    <dl>
        <dt>我是dl下的dt</dt>
        <dd>我是dl下的dd</dd>
    </dl>
    <a href="">我是链接</a>
    <input type="text">
    <input type="button" value="我是input按钮">
    <button type="button">我是button按钮</button>
</body>
</html>
```

图 4-9 标准的 HTML5 代码

图 4-10 运行效果

界面设计

现在把上面的代码改动一下，引入Bootstrap框架，如图4-11所示。再来运行代码，这时可以看到上面那些元素经过Bootstrap重置后的默认样式，如图4-12所示。

```html
1  <!DOCTYPE html>
2  <html lang="zh-CN">
3  <head>
4      <meta charset="utf-8">
5      <meta http-equiv="X-UA-Compatible" content="IE=edge">
6      <meta name="viewport" content="width=device-width, initial-scale=1">
7      <title>Bootstrap Template</title>
8      <link href="css/bootstrap.css" rel="stylesheet">
9  </head>
10 <body>
11     我是body下的文本
12     <div>我是div下的文本</div>
13     <h1>我是h1标记</h1>
14     <h2>我是h2标记</h2>
15     <h3>我是h3标记</h3>
16     <h4>我是h4标记</h4>
17     <h5>我是h5标记</h5>
18     <h6>我是h6标记</h6>
19     <p>我是P标记</p>
20     <ul>
21         <li>我是ul列表</li>
22         <li>我是ul列表</li>
23     </ul>
24     <ol>
25         <li>我是ul列表</li>
26         <li>我是ul列表</li>
27     </ol>
28     <dl>
29         <dt>我是dl下的dt</dt>
30         <dd>我是dl下的dd</dd>
31     </dl>
32     <a href="">我是链接</a>
33     <input type="text">
34     <input type="button" value="我是input按钮">
35     <button type="button">我是button按钮</button>
36
37     <script src="js/jquery-1.11.3.js"></script>
38     <script src="js/bootstrap.js"></script>
39 </body>
40 </html>
```

图4-11 引入Bootstrap的HTML5代码

单元 4　Bootstrap 框架及应用

图 4-12　运行效果

2. Bootstrap页面布局容器

如果使用Bootstrap框架来写网页代码，则代码必须放在Bootstrap提供的布局容器里面。Bootstrap默认提供了两种容器：.container 和 .container-fluid。

.container：拥有固定宽度的容器，其实就是固定布局容器，在不同屏幕宽度范围内，宽度为固定值（xs除外）。

.container-fluid：流式布局容器，宽度随着父容器的改变而改变。

在Bootstrap中为.container容器定义了一组屏幕规格，并制订了相应的媒体查询方案。如果使用Bootstrap，那么就使用该媒体查询方案即可，无须调整参数，如图4-13所示。

- **Bootstrap中.container布局容器的媒体查询适配方案**
  - ✓ <768px　　　容器宽：auto；　超小屏xs，　多用于phone端
  - ✓ >=768px　　容器宽：750px；　小屏sm，　多用于pad端
  - ✓ >=992px　　容器宽：970px；　普通屏md，多用于普通pc端
  - ✓ >=1200px　 容器宽：1170px；超大屏lg，　多用于超大pc端

图 4-13　媒体查询适配方案

当使用.container容器时，如果实际屏幕宽度为768px以下，则Bootstrap认为这是一个超小屏幕，用xs来表示，该宽度范围多为手机屏幕的。若将.container容器宽度设置为auto，则当实际屏幕宽度为768px以下时，容器宽度会随着屏幕宽度的变化而变化，类似于流式布局的效果。

如果实际屏幕的宽度在768px到992px之间，Bootstrap认为这是一个小屏幕，用sm来表示，该宽度范围多为平板电脑屏幕的。若将.container容器宽度设置为750px，则当屏幕宽度在768px到992px之间变化时，.container容器的宽度将始终不变，这就是固定布局的特点。

界面设计

如果实际屏幕的宽度在992px到1200px之间，则Bootstrap认为这是一个普通屏幕，或称中等屏幕，用md来表示，该宽度范围多为普通PC屏幕的。若.container容器宽度设置为970px，那么当屏幕宽度在992px到1200px之间变化时，.container容器的宽度将始终不变。

如果实际屏幕的宽度为1200px以上，则Bootstrap认为这是一个超大屏幕，用lg来表示，该宽度范围多为超大PC屏幕的。若将.container容器宽度设置为1170px，则当实际屏幕宽度为1200px以上时，.container容器宽度将始终不变。

上面提到的xs、sm、md和lg不仅仅指屏幕的大小，实际上，这是一组Bootstrap定义的通用型号，还可以用在按钮等其他组件的不同样式中，如图4-14所示。

- Bootstrap提供了四种大小型号，用在不同的样式中：
- ✓ xs：Extra Small，超小的
- ✓ sm：Small，小号的
- ✓ md：Medium，中等的
- ✓ lg：Large，大号的

图4-14　4种尺寸型号

3. Bootstrap配色方案

前面已经提到，Bootstrap为我们提供了非常丰富的样式，使用Bootstrap制作网页基本上无须求助于美工，除非制作非常个性化并带有公司特别风格的网页。

比如，配色方案是在制作网页时要考虑的重要问题，它决定了网页的风格。Bootstrap为我们提供了如图4-15所示的五种配色方案，用在不同的样式中。应该说，如果没有专业美工人员的帮助，软件工程师是很难配出如此优雅漂亮的颜色方案的。

Bootstrap为我们准备了这些配色方案，在使用时就可以以class的方式调用这些颜色。这些颜色都有相应的class名称，如第一个表示首选项的蓝色的class名称叫Primary，表示成功的绿色的class名称是Success，表示危险的红色的class名称叫Danger，等等。

图4-15　配色方案

4. Bootstrap背景颜色

除了以上5种通用的配色方案意外，Bootstrap还提供了常用的5种背景颜色如图4-16所示。这5种背景颜色的class名称分别为bg-primary、bg-success、bg-info、bg-warning和bg-danger。

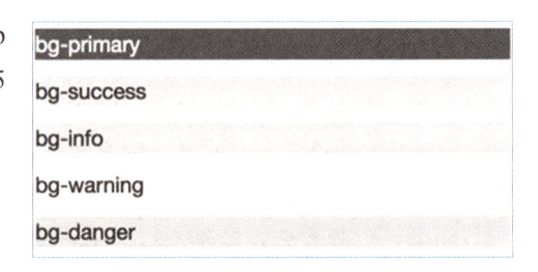

图4-16　5种背景颜色

5. Bootstrap文本颜色

Bootstrap还提供了常用的6种文本颜色如图4-17所示。这6种颜色的class名称分别为text-primary、text-success、text-info、text-warning、text-danger和text-muted。其中最后一个text-muted是前面的配色方案中没有的颜色，这种颜色是一种灰色，表示"禁用"或"失效"的意思。

图4-17　6种文本颜色

图4-17

6. Bootstrap文本对齐方式

Bootstrap提供了常用的文本对齐方式，在使用时可以通过class名称来调用对应的文本对齐方式。这些文本对齐方式包括文本左对齐（class名称：text-left）、文本右对齐（class名称：text-right）、文本中心对齐（class名称：text-center）、文本两端对齐（class名称：.text-justify）。

7. 其他Bootstrap文本样式

其他相关文本样式及其class名称为文本不换行（class名称：text-nowrap）、全部大写（class名称：text-uppercase）、全部小写（class名称：text-lowercase）、首字母大写（class名称：text-capitalize）。

8. 实例

[例4-1] Bootstrap的背景颜色、文本颜色以及文本对齐方式的设置方法。

以下的代码实例演示了Bootstrap的背景颜色、文本颜色以及文本对齐方式的设置方法。可以看到，只要在相应的元素中设置一个类，并且使用Bootstrap提供的与颜色或对齐方式相关的类名，相应的效果就可以呈现出来，代码非常简洁明了。比如要为一个p元素设置红色背景，只需为该p元素加上一个名为"bg-danger"的class即可，即<p class="bg-danger">；要为一个p元素设置文本左对齐，只要为该p元素加上一个名为"text-left"的class即可。详细请看如图4-18所示代码。

界面设计

```html
<!DOCTYPE html>
<html lang="zh-CN">
<head>
    <meta charset="utf-8">
    <meta http-equiv="X-UA-Compatible" content="IE=edge">
    <meta name="viewport" content="width=device-width, initial-scale=1">
    <title>Bootstrap Template</title>
    <link href="css/bootstrap.css" rel="stylesheet">
    <!--[if lt IE 9]>
    <script src="js/html5shiv.min.js"></script>
    <script src="js/respond.min.js"></script>
    <![endif]-->
</head>
<body>
    <div class="container">
        <h2>五种常用的背景颜色</h2>
        <p class="bg-danger">bg-danger</p>
        <p class="bg-warning">bg-warning</p>
        <p class="bg-info">bg-info</p>
        <p class="bg-success">bg-success</p>
        <p class="bg-primary">bg-primary</p>

        <h2>六种常用的文本颜色</h2>
        <p class="text-danger">Lorem ipsum dolor sit amet, consectetur adipisicing elit. Corporis debitis eum illo iusto laborum nisi nobis nostrum, quis rerum similique sit veritatis vero! Aliquid dolor facere fugit nostrum placeat similique.</p>
        <p class="text-warning">Lorem ipsum dolor sit amet, consectetur adipisicing elit. Atque aut cupiditate deleniti doloremque exercpturi, fuga enim nisi non officiis, possimus quidem quis veritatis. Architecto dignissimos, distinctio dolorum praesentium quae reiciendis!</p>
        <p class="text-info">Lorem ipsum dolor sit amet, consectetur adipisicing elit. Ad aperiam at, commodi, doloremque est ex exercitationem natus nihil odit omnis placeat praesentium quaerat quas, sapiente totam ut velit veritatis vitae!</p>
        <p class="text-success">Lorem ipsum dolor sit amet, consectetur adipisicing elit. Animi asperiores at blanditiis commodi cupiditate, ex excepturi facilis iure maiores nam odio qui quidem quis tempore unde veritatis vero vitae voluptas?</p>
        <p class="text-primary">Lorem ipsum dolor sit amet, consectetur adipisicing elit. Consectetur debitis eligendi exercitationem ipsa laudantium minus officia placeat repellat repudiandae, sapiente. Consequatur consequuntur deleniti, doloremque eaque magnam nesciunt quibusdam repellendus voluptates?</p>
        <p class="text-muted">Lorem ipsum dolor sit amet, consectetur adipisicing elit. At autem est expedita ipsum iure libero perspiciatis quam repellat sequi sit! Ad aliquid ipsam iusto, magnam quidem repellendus sequi tempore ullam.</p>

        <h2>文本的对齐方式</h2>
        <p class="text-left">Lorem ipsum dolor sit amet, consectetur adipisicing elit. Corporis debitis eum illo iusto laborum nisi nobis nostrum, quis rerum similique sit veritatis vero! Aliquid dolor facere fugit nostrum, placeat similique.</p>
        <p class="text-right">Lorem ipsum dolor sit amet, consectetur adipisicing elit. Atque aut cupiditate deleniti doloremque excepturi, fuga enim nisi non officiis, possimus quidem quis veritatis. Architecto dignissimos, distinctio dolorum praesentium quae reiciendis!</p>
        <p class="text-center">Lorem ipsum dolor sit amet, consectetur adipisicing elit. Ad aperiam at, commodi, doloremque est ex exercitationem natus nihil odit omnis placeat praesentium quaerat quas, sapiente totam ut velit veritatis vitae!</p>
        <p class="text-justify">Lorem ipsum dolor sit amet, consectetur adipisicing elit. Animi asperiores at blanditiis commodi cupiditate, ex excepturi facilis iure maiores nam odio qui quidem quis tempore unde veritatis vero vitae voluptas?</p>

        <h2>其他</h2>
        <p class="text-nowrap">Lorem ipsum dolor sit amet, consectetur adipisicing elit. Adipisci consectetur corporis deleniti, dolorum eaque enim eum facilis fugiat minima nam natus neque nihil nisi omnis quas quod, tempore. Amet, eum!</p>
        <p class="text-uppercase">Lorem ipsum doloR siT aMet</p>
        <p class="text-lowercase">Lorem ipsum doloR siT aMet</p>
        <p class="text-capitalize">Lorem ipsum doloR siT aMet</p>
    </div>
    <script src="js/jquery-1.11.3.js"></script>
    <script src="js/bootstrap.js"></script>
    <script>
        (function(){
            var s=document.createElement("script");
            s.onload=function(){
                bootlint.showLintReportForCurrentDocument([]);
            };
            s.src="js/bootlint.js";
            document.body.appendChild(s);
        })();
    </script>
</body>
</html>
```

图 4-18　例子代码

这段代码设置了五种背景颜色、六种文本颜色、四种文本对齐方式以及四种文本的其他样式，设置方法完全相同，所不同的只是使用了不同的类名，如bg-danger、bg-info、text-success、 text-primary、text-left、text-capitalize等。代码的运行效果如图4-19所示。

图4-19 运行效果

4.2.2 全局CSS样式——按钮、图片、列表与表格

这一节我们继续学习Bootstrap的全局CSS样式。

Bootstrap全局CSS
样式-按钮

1. 按钮

Bootstrap专门为按钮设计了样式，以下是与按钮相关的class。

（1）btn样式

.btn可放在button/input/a标签中，且需要结合一种配色方案一起使用。btn前面有一个"."，说明btn是一个类名（Class Name）。基于Bootstrap制作响应式网页时，只要在button/input/a标签中加入名为btn的class，再加上相应的配色方案，按钮就立刻呈现出非常专业的外观。

Bootstrap为按钮设计了六种颜色方案，如图4-20所示。

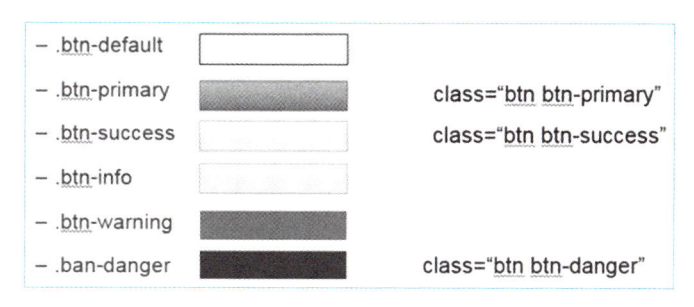

图4-20 按钮的颜色方案

这六种颜色的名称也是以class name（类名）的方式给出的。因此当我们需要红色按钮时，只要在相应的按钮标签中添加class ="btn btn-danger"这样的设置就可以了。这里可以看到，

class的设置有两个，一个是btn，这是Bootstrap的按钮通用样式名称，另一个是btn-danger，这是按钮的配色名称。

刚才说到，btn样式可用在button/input/a标签中，对于button标签，这就是一个按钮元素的标签，input标签也很常用，通过type属性的设置，可以创建文本框、多选框，也可以创建按钮，因此btn样式用在button标签和input标签中是很自然的，使用时应稍加注意的是button标签是双标签，input标签是单标签。

与我们之前的经验有所不同的是，btn样式还可以用在a标签中。a标签是用来创建链接的标签，我们已经习惯了链接的样式，通常就是一个带下画线和颜色的字符串，当光标悬停在链接名称上时，光标会变成小手的样子。然而当基于Bootstrap制作网页时，我们可以在a标签中加入btn样式和配色，此时创建的链接就完全是一个按钮的样子了。

图4-21所示代码片段用三种不同标签创建了三个按钮。创建的三个按钮的效果如图4-22所示。

```
<h2>三种按钮</h2>
<button type="button" class="btn btn-danger">我是button按钮</button>
<input type="button" class="btn btn-danger" value="我是input按钮">
<a href="" class="btn btn-danger">我是a标记</a>
```

图 4-21　创建按钮的三种标签

图 4-22　显示效果（1）

可以看到，虽然使用了不同的标签，但是使用了相同的按钮样式，结果创建出来的按钮的外观完全相同。

图4-23所示代码片段用a标签创建了6个不同颜色的按钮，效果如图4-24所示。

```
<h2>六种颜色</h2>
<a href="" class="btn btn-default">我是a标记</a>
<a href="" class="btn btn-danger">我是a标记</a>
<a href="" class="btn btn-success">我是a标记</a>
<a href="" class="btn btn-warning">我是a标记</a>
<a href="" class="btn btn-info">我是a标记</a>
<a href="" class="btn btn-primary">我是a标记</a>
```

图 4-23　创建 6 个不同颜色的按钮

图 4-24　显示效果（2）

（2）按钮的大小型号

按钮在创建时可以设定4种大小型号，默认为中等大小按钮。以下为设定按钮大小型号的样式：

.btn-xs　　　（超小）　　　　.btn-sm　　（小）　　　　.btn-lg　　（超大）

如果在按钮中不设置按钮大小型号，其实就是默认设为.btn-md。

如图4-25所示代码片段创建了4种不同型号的按钮，效果如图4-26所示。

```
<h2>四种型号</h2>
<button type="button" class="btn btn-success btn-xs">我是超小按钮</button>
<button type="button" class="btn btn-success btn-sm">我是小按钮</button>
<button type="button" class="btn btn-success">我是中等按钮</button>
<button type="button" class="btn btn-success btn-lg">我是超大按钮</button>
```

图4-25　4种不同型号的按钮

图4-26　显示效果（3）

（3）.btn-link 样式

btn-link将按钮设置为普通链接样式。前面提到，在Bootstrap中，普通链接通过btn加配色可以被设置为按钮的外观，相反地，按钮通过btn-link也可以设置为普通链接的外观。

如图4-27所示代码片段将一个按钮设置为普通链接的样式，效果如图4-28所示。

```
<input type="button" class="btn btn-link" value="将按钮作为普通链接">
```

图4-27　按钮的普通链接样式

图4-28　显示效果（4）

（4）.btn-block样式

.btn-block可将普通按钮设置为块级按钮。块级元素的特点是独占一行。普通按钮原本是行内元素，不是块级元素，所以经常看到各种按钮被排成一行使用，比如媒体播放按钮。当希望按钮作为块级元素来显示时，可以在按钮中加入.btn-block样式，那么该按钮就变成了块级元素，需要独占一行。

如图4-29所示代码片段将一个按钮设置为块级元素，效果如图4-30所示。

```
<input type="button" class="btn btn-info btn-block" value="我是块级按钮">
```

图4-29　按钮设置为块级元素

图4-30　显示效果（5）

（5）.active样式

.active样式将按钮设置为活动按钮。在一个页面中通常会显示多个元素，但是在所有元素中只能有一个元素获得焦点。获得焦点的按钮就称为活动按钮。设置活动按钮时将"active"放入标签的class中即可。如图4-31所示两个代码片段分别设置了两组不同颜色的按钮，每组按钮中都有一个活动按钮。可以看出，虽然每组按钮的颜色相同，但是活动按钮的颜色略深。

图4-31　两组按钮及显示效果

从以上的外观设置过程可以看到，Bootstrap为我们准备好了非常完备的样式，给出了相应的样式名称，设置样式时只要简单地将这些样式名称放入class属性中即可。我们要做的就是了解和正确使用这些样式名称。Bootstrap框架为网页制作提供了极大的便利。

Bootstrap全局CSS样式-图片

2. 图片

Bootstrap提供了4种图片相关的样式（class），如图4-32所示。

图4-32　图片相关样式

（1）img-rounded样式

img-rounded样式用于设置圆角图。过去我们显示的图片通常都是矩形图，图片的4个角都是直角。通过img-rounded样式，可以将矩形图变为圆角图，圆角半径为6px，如图4-33所示。

（2）img-circle样式

img-circle样式用于设置圆形/椭圆形图。其实圆形/椭圆形图与圆角图有相似之处，都是通过设置圆角半径实现的，只是圆角图的圆角半径是6px，而圆形/椭圆形图的圆角半径设置为50%。如果原图是正方形图片，那么用img-circle样式可设为圆形图；如果原图是矩形图片，则用img-circle样式可设为椭圆图，如图4-34所示。

（3）img-thumbnail样式

img-thumbnail样式用于设置缩略图。缩略图是对Bootstrap栅格系统的扩展，将图片、视频、文本等加入到缩略图中，就可以很容易地以网格形式展示图片、视频、商品列表等。Bootstrap会给图片加上内边距和一个灰色边框，如图4-35所示。

图 4-33　圆角图　　　　　图 4-34　椭圆形图　　　　　图 4-35　缩略图

4）img-responsive样式

img-responsive样式用于设置响应式图片。在img-responsive样式的内部有一个设置max-width：100%，这个设置的意思是图片大小随父元素大小的变化而变化，但是当图片宽度达到自身宽度的100%时，图片不再随父元素的尺寸变大而继续变大，如图4-36所示。

图 4-36　响应式图片

如图4-37所示的代码片段设置了4种类型的图片，图片的设置效果如图4-38所示。

如果将原图和经过样式设置的图放在一起，并通过改变屏幕宽度来观察图片，可以看到，圆角图和圆形/椭圆图没有明显变化，而缩略图和响应式图片能够很明显地体现出响应式特征，如图4-39所示。

```html
<h2>图片</h2>
<img class="img-rounded" src="images/1.jpg" alt="">
<img class="img-circle" src="images/2.jpg" alt="">
<img class="img-thumbnail" src="images/3.jpg" alt="">
<img class="img-responsive" src="images/4.jpg" alt="">
```

图 4-37　4 种类型图片

图4-38 显示效果(6)　　　　　　　　图4-39 图片样式对比

3. 列表

Bootstrap为列表提供了相关的样式。

（1）与ul、ol相关的class

① list-unstyled样式。list-unstyled样式用于清除列表默认样式。ul列表和ol列表是有默认样式的，ul列表的默认样式是每个列表项前有一个黑色项目符号，ol列表的默认样式是每个列表项前有一个数字序号。当ul列表和ol列表使用了list-unstyled样式，也就是在ul标签和ol标签中添加了"class = list-unstyled"之后，这些列表的默认样式就被清除掉了。如图4-40所示代码片段定义了普通的ul列表和ol列表，并展示了运行结果。

如图4-41所示代码片段分别为ul标签和ol标签添加了list-unstyled样式，展示了对应的运行结果。

Bootstrap全局CSS样式-列表

图4-40 普通列表及运行结果　　　　　　　　图4-41 Bootstrap列表及运行结果

可以看到，ul列表项的黑色项目符号和ol列表项的数字序号都被清除掉了。

如果不是基于Bootstrap制作网页，那么要想清除列表项的默认样式，需要在CSS样式代码中将list-style属性设置为none，而现在仅仅在列表标签中增加一个指定名称list-unstyled的class就可以了，简便了许多。

② list-inlinc样式。list-inline样式使得列表项水平排列，同时也包含了list-unstyled清除列表默认样式的功能。

列表项水平排列的功能其实是很有用的。水平导航条常常是通过列表项水平排列来实现的。但是列表项默认样式为纵向排列，以前要实现列表项的水平排列，通常要设置浮动，使列表项浮动起来，水平排成一行。但是设置浮动后有可能影响网页后续元素的显示位置，所以在使用浮动以后还需要消除浮动带来的副作用，所以以前制作水平导航条还是很麻烦的。

现在有了Bootstrap提供的list-inline样式就非常方便了，只要在ul标签和ol标签中添加"class = list-inline"之后，就可以得到列表项水平排列的列表了。代码片段和运行结果如图4-42所示。

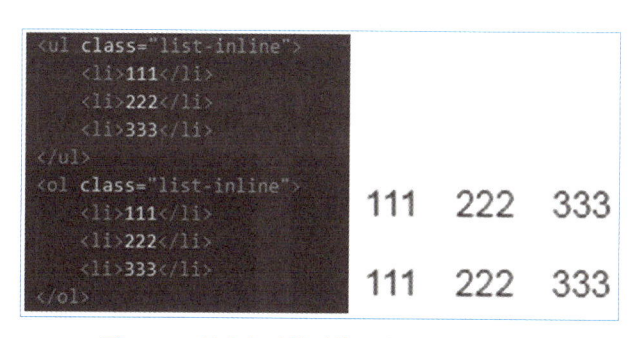

图 4-42　列表水平排列代码片段和运行结果

可以看到，使用了list-inline样式后，列表项实现了水平排列，而且list-inline样式还包含了list-unstyled样式的功能，所以每个列表项前默认的黑色项目符号或序号也被消除了。

（2）与dl相关的class

dl列表被称为定义列表，是带有项目和描述的描述列表。dl列表内部包含dt和dd两个标签，dt标签定义项目，dd标签定义对项目的描述。dl列表的代码片段和运行结果的例子如图4-43所示。

图 4-43　定义列表的代码片段和运行结果

由上面的例子可以看出，dl列表的默认样式是dt和dd分行显示，Bootstrap提供了dl-horizontal 样式，使dt和dd在同一行显示，dt和dd之间有一个空格，且dt是右对齐的。

代码片段和运行结果如图4-44所示。

图 4-44 水平定义列表代码片段和运行结果

4. 表格

表格是网页制作中常用的元素，使用HTML5和CSS3制作表格也是一件很烦琐的事，表格的边框的样式、颜色、单元格的底色等设置起来比较麻烦。Bootstrap为我们提供了关于表格的一系列完备的样式，把我们从烦琐的工作中解脱出来。

Bootstrap 全局 CSS 样式-表格

（1）table标签相关的样式

table标签相关的样式都是给table标签添加的class。

① table样式。table 用于<table>标签，使得表格宽度为100%，行与行之间设置border。如图4-45所示代码片段为table标签增加了table样式，效果如图4-46所示。

（a） （b）

图 4-45 table 样式

班级	姓名	性别	分数
一班	张三	男	98
二班	李四	女	87
三班	王五	男	110
四班	赵六	女	120

图 4-46 显示效果（7）

以上代码中，仅仅在table标签中添加了一个class="table"，就得到了一个看起来很像样的表格。现在来看一下如果没有添加class="table"，则得到的表格是什么样的，代码如图4-47所示，效果如图4-48所示。

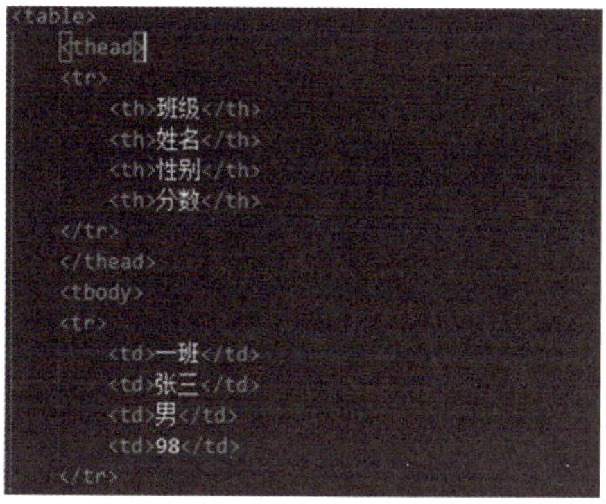

```
<table>
    <thead>
    <tr>
        <th>班级</th>
        <th>姓名</th>
        <th>性别</th>
        <th>分数</th>
    </tr>
    </thead>
    <tbody>
    <tr>
        <td>一班</td>
        <td>张三</td>
        <td>男</td>
        <td>98</td>
    </tr>
```

图 4-47　无 table 样式

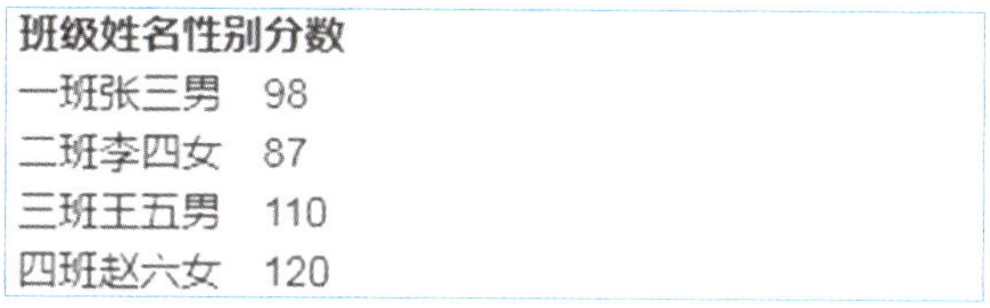

图 4-48　显示效果（8）

可以看到，仅仅相差一个class="table"，两个表格的外观有较大的差别。

② table-bordered样式。table-bordered样式用于<table>标签，为列与列之间设置border。

前面的table样式只是给表格的行与行之间设置了分割线，要想在列与列之间也设置分割线，就必须再添加一个table-bordered样式。

如图4-49所示代码片段在table标签中添加了class="table table-bordered"，效果如图4-50所示。

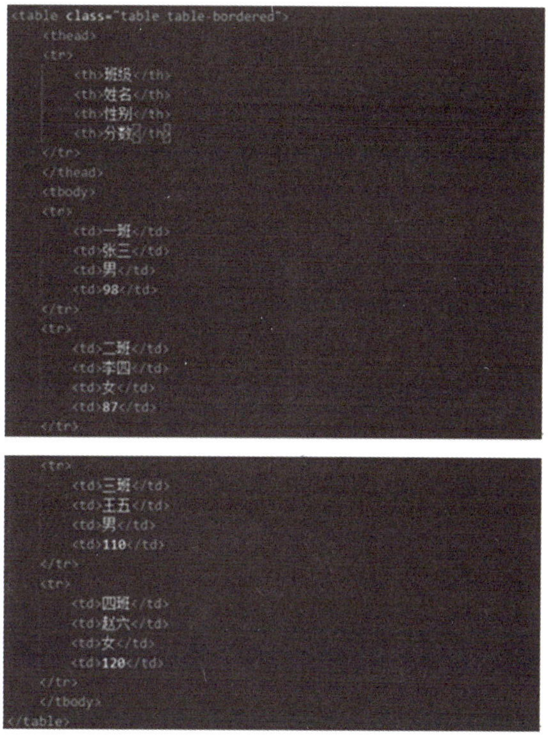

```
<table class="table table-bordered">
    <thead>
    <tr>
        <th>班级</th>
        <th>姓名</th>
        <th>性别</th>
        <th>分数</th>
    </tr>
    </thead>
    <tbody>
    <tr>
        <td>一班</td>
        <td>张三</td>
        <td>男</td>
        <td>98</td>
    </tr>
    <tr>
        <td>二班</td>
        <td>李四</td>
        <td>女</td>
        <td>87</td>
    </tr>
    <tr>
        <td>三班</td>
        <td>王五</td>
        <td>男</td>
        <td>110</td>
    </tr>
    <tr>
        <td>四班</td>
        <td>赵六</td>
        <td>女</td>
        <td>120</td>
    </tr>
    </tbody>
</table>
```

图 4-49　table table-bordered 样式代码片段

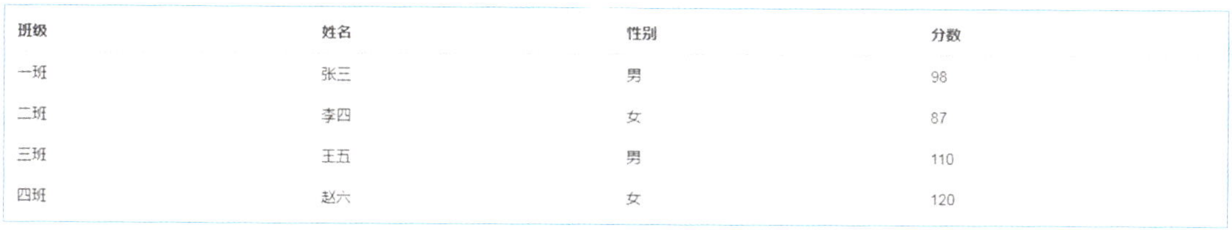

班级	姓名	性别	分数
一班	张三	男	98
二班	李四	女	87
三班	王五	男	110
四班	赵六	女	120

图 4-50　显示效果（9）

③ table-striped样式。table-striped样式用于<table>标签，使得表格隔行变色，默认为浅灰色。

如图4-51所示代码片段在table标签中添加了class="table table-bordered table-striped"，效果如图4-52所示。可以看到，表格加入了隔行变色效果。

```
<table class="table table-bordered table-striped">
    <thead>
        <tr>
            <th>班级</th>
            <th>姓名</th>
            <th>性别</th>
            <th>分数</th>
        </tr>
    </thead>
    <tbody>
        <tr>
            <td>一班</td>
            <td>张三</td>
            <td>男</td>
            <td>98</td>
        </tr>
        <tr>
            <td>二班</td>
            <td>李四</td>
            <td>女</td>
            <td>87</td>
        </tr>
        <tr>
            <td>三班</td>
            <td>王五</td>
            <td>男</td>
            <td>110</td>
        </tr>
        <tr>
            <td>四班</td>
            <td>赵六</td>
            <td>女</td>
            <td>120</td>
        </tr>
    </tbody>
</table>
```

图 4-51　table table-bordered table-striped 样式代码片段

班级	姓名	性别	分数
一班	张三	男	98
二班	李四	女	87
三班	王五	男	110
四班	赵六	女	120

图 4-52　显示效果（10）

④ table-hover样式。table-hover样式用于<table>标签，添加hover效果。hover效果，就是当光标悬停在表格上时，表格的外观会有所回应，比如光标悬停的表格行以颜色变化的方式回应。

如图4-53所示代码片段在table标签中添加了class="table table-bordered table-striped.table-hover"，无光标悬停，效果如图4-54所示。

```html
<table class="table table-bordered table-striped table-hover">
    <thead>
        <tr>
            <th>班级</th>
            <th>姓名</th>
            <th>性别</th>
            <th>分数</th>
        </tr>
    </thead>
    <tbody>
        <tr>
            <td>一班</td>
            <td>张三</td>
            <td>男</td>
            <td>98</td>
        </tr>
        <tr>
            <td>二班</td>
            <td>李四</td>
            <td>女</td>
            <td>87</td>
        </tr>
        <tr>
            <td>三班</td>
            <td>王五</td>
            <td>男</td>
            <td>110</td>
        </tr>
        <tr>
            <td>四班</td>
            <td>赵六</td>
            <td>女</td>
            <td>120</td>
        </tr>
    </tbody>
</table>
```

图 4-53　table table-bordered table-striped .table-hover 样式代码片段

班级	姓名	性别	分数
一班	张三	男	98
二班	李四	女	87
三班	王五	男	110
四班	赵六	女	120

图 4-54　无光标悬停运行效果

将光标悬停在第三行，效果如图4-55所示，将光标悬停在表格第三行（二班那一行），则第三行背景色由白色变为浅灰色，即该行通过背景色的改变进行回应，产生了hover效果。

班级	姓名	性别	分数
一班	张三	男	98
二班	李四	女	87
三班	王五	男	110
四班	赵六	女	120

图 4-55　将光标悬停在第三行运行效果

⑤ table-condensed样式。table-condensed样式用于<table>标签，产生紧缩表格，此时padding会减小。

如图 4-56 所示代码片段在 table 标签中添加了 class="table table-bordered table-striped .table-hover table-condensed"，效果如图4-57所示。

界面设计

```
<table class="table table-bordered table-striped table-hover table-condensed">
    <thead>
        <tr>
            <th>班级</th>
            <th>姓名</th>
            <th>性别</th>
            <th>分数</th>
        </tr>
    </thead>
    <tbody>
        <tr>
            <td>一班</td>
            <td>张三</td>
            <td>男</td>
            <td>98</td>
        </tr>
        <tr>
            <td>二班</td>
            <td>李四</td>
            <td>女</td>
            <td>87</td>
        </tr>
        <tr>
            <td>三班</td>
            <td>王五</td>
            <td>男</td>
            <td>110</td>
        </tr>
        <tr>
            <td>四班四班四班四班四班四班四班四班四班</td>
            <td>赵六</td>
            <td>女</td>
            <td>120</td>
        </tr>
    </tbody>
</table>
```

图 4-56　.table-hover table-condensed 样式代码片段

班级	姓名	性别	分数
一班	张三	男	98
二班	李四	女	87
三班	王五	男	110
四班	赵六	女	120

班级			姓名	性别	分数
一班			张三	男	98
二班			李四	女	87
三班			王五	男	110
四班四班四班四班四班四班四班四班四班			赵六	女	120

图 4-57　显示效果（以上第二个表格是紧缩表格）

在上面两个表格中，第二个表格使用了table-condensed样式，与第一个表格从外观上比较，紧缩效果非常明显。

⑥ table-responsive样式。前面的样式都是直接加在table标签上的，而table-responsive样式是加在table元素的父元素div上的，用于制作响应式表格。

Bootstrap中响应式表格效果表现为：当浏览器可视区域小于768px时，表格底部会出现水平滚动条。当浏览器可视区域大于768px时，表格底部水平滚动条就会消失。

如图4-58所示代码片段创建了一个响应式表格，PC显示效果如图4-59所示。手机显示效果如图4-60所示（在手机上需要使用滚动条才能浏览整个表格）。

```
<div class="table-responsive">
  <table class="table table-bordered table-striped table-hover">
    <thead>
      <tr>
        <th>班级</th>
        <th>姓名</th>
        <th>性别</th>
        <th>分数</th>
      </tr>
    </thead>
    <tbody>
      <tr class="success">
        <td>一班一班一班一班一班一班一班一班</td>
        <td>张三</td>
        <td>男</td>
        <td>98</td>
      </tr>
      <tr>
        <td class="active">二班</td>
        <td class="danger">李四</td>
        <td class="info">女</td>
        <td class="warning">87</td>
      </tr>
      <tr>
        <td class="bg-primary">三班</td>
        <td class="bg-danger">王五</td>
        <td>男</td>
        <td>110</td>
      </tr>
      <tr>
        <td>四班</td>
        <td>赵六</td>
        <td>女</td>
        <td>120</td>
      </tr>
    </tbody>
  </table>
</div>
```

图 4-58　创建响应式表格代码片段

图 4-59　PC 显示效果

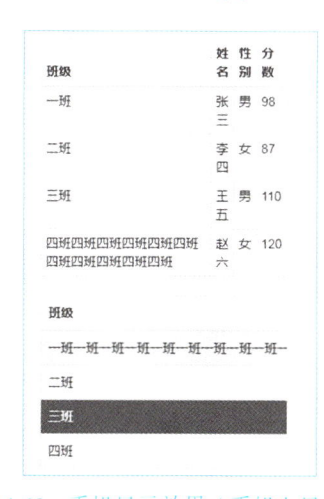

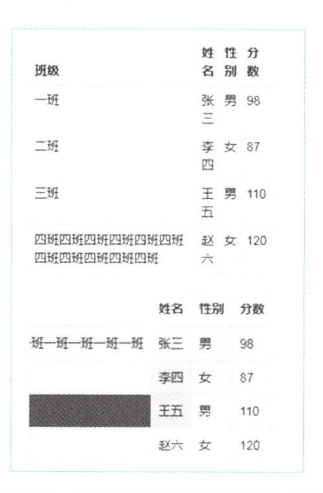

图 4-60　手机显示效果（手机上显示表格，下面的表格是响应式表格）

上面在PC浏览器和手机上都显示了两个表格，前面的是普通表格，后面的是响应式表格。

在PC浏览器上，两种表格没有区别，在手机上可以看出，普通表格将自己压缩后整体显示在手机屏幕上，出现了表格内容自动换行的现象，而响应式表格没有任何变动，只是由于表格宽度超出了屏幕范围，出现了滚动条。这恰恰是响应式表格的特征。

（2）为行或列设置背景色

表格的行和列都可以设置背景色，背景色可以指定以下几种Bootstrap定义的配色：.active、.success、.warning、.info、.danger。这些颜色样式可以用在tr或td标签上。

如图4-61所示代码片段在tr标签和td标签上使用了颜色样式，效果如图4-62所示。

图 4-61　使用颜色样式代码片段

图 4-62　显示效果（11）

上面的代码中，有给整行表格设置背景色的，也有给具体的单元格设置背景色的。如果给整行设置背景色，则将配色样式放在tr标签中即可，如果给单元格设置背景色，则将配色样式放在td标签中即可。

5. 一些辅助类

（1）clearfix样式

该样式用于清除浮动，可用于div、p、a、span等标签，以消除浮动对后续元素显示的影响。在使用浮动后，为了不影响后续元素的显示，必须消除浮动的副作用，称为消除浮动。消除浮动有多种方法，一般都是通过css代码实现的。Bootstrap提供了clearfix样式，只需在相应标签中增加一个class="clearfix"类即可实现清除浮动的功能，大大简化了工作。

Bootstrap全局CSS样式-辅助类

(2) pull-left和pull-right样式

Bootstrap提供了pull-left和pull-right样式，简化了实现浮动的代码。需要设置浮动时，只要在需要浮动的元素标签中加上class="pull-left"或class="pull-right"即可。

如图4-63所示代码片段实现了两个p元素的浮动效果，效果如图4-64所示。

图4-63　使用浮动样式代码片段

图4-64　显示效果（12）

以上两个块级p元素经过设置浮动，并排显示在一行中。

(3) show和hidden样式

show和hidden样式分别用于显示和隐藏元素。如果需要显示元素，则可以把class="show"放在元素标签中，当然也可不用这个样式，因为元素默认采用show样式。如果需要隐藏元素，可以把class="hidden"放在元素标签中，这样该元素就被隐藏起来，不再显示。

如图4-65所示代码片段实现了两个p元素的显示与隐藏效果，效果如图4-66所示。可以发现，只有一个链接显示出来。显示出来的链接是因为使用了show样式，没有显示出来的链接是因为使用了hidden样式。

图4-65　使用显示与隐藏样式代码片段

图4-66　显示效果（13）

(4) caret样式

caret样式的效果是显示一个向下的小三角，而且可以与文本配色方案（text-*）配合使用，呈现不同的颜色。

如图4-67所示代码片段的效果是显示几种不同颜色的小三角，如图4-68所示。

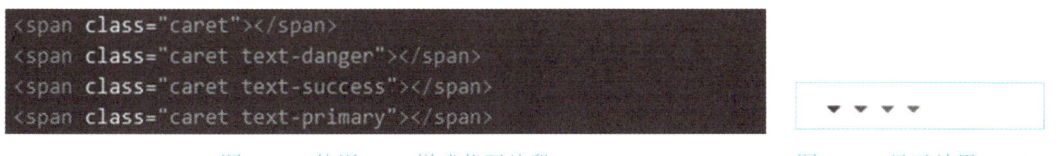

图4-67　使用caret样式代码片段　　　　图4-68　显示效果（14）

以上第一个小三角是无配色的小三角，显示为黑色，其他几个小三角依据配色方案显示出不同的颜色。

（5）center-block样式

center-block样式的作用是使一个块级元素居中，效果等价于css代码margin：0 auto。如图4-69所示代码片段展示了center-block样式的用法，效果如图4-70所示。

```
<div style="width: 50%;height: 100px;" class="bg-primary center-block"></div>
```

图 4-69　使用 center-block 样式代码片段

图 4-70　显示效果

以上代码使用div标签设置了一个蓝色方块，div是一个块级元素，在div标签中通过center-block样式将蓝色方块居中显示。

4.2.3　全局CSS样式——栅格布局系统

前面学习了Bootstrap提供的部分全局CSS样式，全局CSS样式为我们制作响应式网页提供了很多方便。原本可能需要写很多CSS代码，采用Bootstrap全局CSS样式，用一两句话就可以实现我们想要的效果。其实际上是Bootstrap替我们做了许多原本我们需要编写的样式代码，并且为这些样式代码提供了相应的class名称，我们只要使用这些class名称，就可以调用执行Bootstrap写好的样式代码。这些全局CSS代码都是经过专业人员精心设计的，因此使用Bootstrap全局CSS样式既能够提高网页制作的效率，也能够保证网页代码的质量。

Bootstrap 栅格布局系统

这一节，我们继续学习Bootstrap全局CSS样式的一个重要内容——栅格布局系统。

什么是栅格布局？栅格是一系列纵横交错的网格，有点像表格，有行也有列。但是栅格布局不是表格布局，栅格布局比表格布局更智能、更灵活。为了有一个直观的印象，下面看如图4-7所示这个例子。

图 4-71　栅格布局网页例子

这个网页就是一个栅格布局的网页，网页中一行分为左右两列，右边的一列又分为三行。在这个网页中，左边的列和右边的列各自占有一定的百分比，目测可以估计分别为70%和30%，具体比例并不重要，主要是为了说明问题。这个网页是一个响应式网页，当缩小屏幕宽度时，其效果如图4-72所示。

图 4-72　屏幕缩小后网页显示效果

可以发现，屏幕宽度缩小后，布局发生了改变，原来的两列变成了现在的一列，元素占屏幕宽度的百分比也发生了变化，由60%左右调整为80%左右。

上面这个响应式网页以我们目前掌握的技术是可以做出来的。可以用媒体查询技术测出屏幕的宽度，并为不同的屏幕宽度设计单列和双列两种不同的布局方式。

虽然可以凭现有的技术做出上面这个网页，但是可以想象，整个过程还是比较麻烦的。如果通过栅格布局系统来实现上面的网页效果就非常容易了。有了Bootstrap这个平台，很多看似复杂的事情，基于Bootstrap平台来做就非常简单了。

Bootstrap 提供了一套响应式、移动设备优先的栅格布局系统，通过一系列的行（row）与列（column）的组合来创建流式布局的网页。

移动设备优先是一种设计思想，按照移动设备优先的思想，所有默认样式都会应用到小尺寸的移动设备上，比如说手机上。也就是说，起初样式是为移动设备的屏幕写的，然后考虑大一些的屏幕。比如写到sm尺寸屏幕时需要改变样式，于是就加media screen max-width >=768，再写sm的样式。通过媒体查询用这样递进的方式完成所有屏幕的样式设计。由于不加媒体查询的默认样式是针对最小尺寸的移动设备写的，所以叫作移动设备优先。采用移动设备优先思想的主要原因是现在网站在移动端的流量远远超过了在PC端的流量，移动端早已成为互联网访问的主要设备，所以应把主要精力放在移动端的设计上以尽量延长移动端用户在网页上的停留时间。

在使用栅格布局时，有以下几个注意事项。

（1）行（row）需要放在.container或.container-fluid容器中。其实这不仅仅是对栅格布局的要求，前面曾经说过，只要使用Bootstrap，就一定要将代码放在一个.container

或.container-fluid容器中。

（2）行（row）中只能放置列（column），具体内容只能放置在列（column）中。

（3）列（column）中可以继续嵌套行（row），列里面嵌套的行也不能直接放内容，要想放置内容，被嵌套的行中必须再放置列，然后才可以在该列中放置内容。

（4）行（row）默认被均分为12份宽度，这个很重要，在行中放置列时各列之间的比例关系都是通过各列所跨越的份数来设置的。比如说一列跨越12份，实际上就是该列跨越一行的宽度，也就是该列的宽度为100%；如果我们让该列跨越6份，实际上就是该列跨越半行的宽度，也就是该列的宽度为50%。这样来计算宽度比例比使用像素值来计算宽度百分比要方便多了。

（5）行（row）必须声明class="row"，这个"row"是Bootstrap专门为栅格布局系统提供的一个class名称。

（6）列（column）必须声明 class="col-xs/sm/md/lg-*"，其中*为一个数字，范围在1～12之间，用于指定某个列在某种屏幕下所跨越的份数。这种写法的意思是可以针对xs、sm、md和lg屏幕分别设置列宽。比如要设置小型屏幕上列宽为行宽的100%，此时该列应跨越12份（整行宽度为12份），可以写成class="col-sm-12"；要设置中型屏幕上列宽为行宽的50%，此时该列应跨越6份（整行宽度为12份），可以写成class="col-md-6"；要设置大型屏幕上列宽为行宽的25%，此时该列应跨越3份（整行宽度为12份），可以写成class="col-lg-3"。在实际运行时xs、sm、md和lg四种屏幕规格的确定需要媒体查询，但我们不用去做媒体查询，Bootstrap替我们完成了媒体查询，从而确定了屏幕规格，然后根据我们前面的设置对号入座，实现在不同宽度屏幕上不同宽度列的显示。

（7）可以为同一个列指定在不同屏幕下的宽度值。比如一个列如果在中型屏幕上占行宽的50%，也就是跨越6份，那么在小型屏幕上，为了方便用户的查看，可能需要将列宽调整为行宽的100%，也就是跨越12份。也就是说原来在中型屏幕上一行显示2列，现在小型屏幕上一行只显示1列。

（8）若设置了某种型号屏幕下某一列的宽度值，对比当前型号大的屏幕都有效；而比当前型号小的屏幕，宽度为100%。

  .col-xs-* 对如下屏幕有效：xs/sm/md/lg

  .col-sm-* 对如下屏幕有效：sm/md/lg

  .col-md-* 对如下屏幕有效：md/lg

  .col-lg-* 对如下屏幕有效：lg

比如说针对中型（md）屏幕设置了class="col-md-6"，而没有针对大型（lg）屏幕做列宽的设置，此时针对md屏幕所做的设置对lg屏幕也有效（等同于设置了class="col-lg-6"），而针对小型屏幕和超小型屏幕，如果没有任何设置，则列宽按行宽的100%计算；同理，如果针对小型（sm）屏幕设置了class="col-sm-6"，而没有针对中型（md）和大型（lg）屏幕做列宽的设置，此时针对sm屏幕所做的设置对md和lg屏幕也有效（等同于设置了class="col-md-6"和class="col-lg-6"），而针对超小型屏幕，如果没有任何设置，则列宽按行宽的100%计算。当然，如果比当前型号大的屏幕和比当前型号小的屏幕都做了新的列宽设置，那么这些新的设置有效。

[例4-2] 栅格布局1。

下面来看一个例子，如图4-73所示。

```html
<!DOCTYPE html>
<html lang="zh-CN">
<head>
    <meta charset="utf-8">
    <meta http-equiv="X-UA-Compatible" content="IE=edge">
    <meta name="viewport" content="width=device-width, initial-scale=1">
    <title>Bootstrap Template</title>
    <link href="css/bootstrap.css" rel="stylesheet">
    <!--[if lt IE 9]>
    <script src="js/html5shiv.min.js"></script>
    <script src="js/respond.min.js"></script>
    <![endif]-->
    <style>
        .row {
            background: #ddd;
            margin-bottom: 8px;
        }
        .row>div {
            border:1px solid #00AA88;
        }
    </style>
</head>
<body>
<div class="container">
    <div class="row">
        <div class="col-xs-1">col-xs-1</div>
    </div>
    <div class="row">
        <div class="col-xs-2">col-xs-2</div>
    </div>
    <div class="row">
        <div class="col-xs-3">col-xs-3</div>
    </div>
    <div class="row">
        <div class="col-xs-4">col-xs-4</div>
    </div>
    <div class="row">
        <div class="col-xs-5">col-xs-5</div>
    </div>
    <div class="row">
        <div class="col-xs-6">col-xs-6</div>
    </div>
    <div class="row">
        <div class="col-xs-7">col-xs-7</div>
    </div>
    <div class="row">
        <div class="col-xs-8">col-xs-8</div>
    </div>
    <div class="row">
        <div class="col-xs-9">col-xs-9</div>
    </div>
    <div class="row">
        <div class="col-xs-10">col-xs-10</div>
    </div>
    <div class="row">
        <div class="col-xs-11">col-xs-11</div>
    </div>
    <div class="row">
        <div class="col-xs-12">col-xs-12</div>
    </div>
    <h2>一行中放置多个列</h2>
    <div class="row">
        <div class="col-xs-3">col-xs-3</div>
        <div class="col-xs-6">col-xs-6</div>
        <div class="col-xs-3">col-xs-3</div>
    </div>
    <div class="row">
        <div class="col-xs-4">col-xs-4</div>
        <div class="col-xs-8">col-xs-8</div>
    </div>
</div>
```

图 4-73　栅格布局例子代码

```
72          <div class="row">
73              <div class="col-xs-5">col-xs-5</div>
74              <div class="col-xs-3">col-xs-3</div>
75              <div class="col-xs-6">col-xs-6</div>
76          </div>
77
78
79          <div class="row">
80              <div class="col-xs-3">
81                  <ul>
82                      <li>新闻</li>
83                      <li>影视</li>
84                      <li>娱乐</li>
85                      <li>体育</li>
86                  </ul>
87              </div>
88              <div class="col-xs-9">
89                  <p>Lorem ipsum dolor sit amet, consectetur adipisicing elit. Aliquam animi cupiditate doloribus, et
                    expedita impedit in laboriosam libero molestiae neque optio, provident reprehenderit sint soluta, ut.
                    Aliquam distinctio illo vero! Lorem ipsum dolor sit amet, consectetur adipisicing elit. Atque blanditiis
                    commodi cupiditate, doloremque ducimus eius eveniet iure, magnam minima, mollitia neque nesciunt non
                    placeat quis sunt suscipit tempora ullam veritatis!</p>
90              </div>
91          </div>
92      </div>
93          <script src="js/jquery-1.11.3.js"></script>
94          <script src="js/bootstrap.js"></script>
95      </body>
96      </html>
```

图 4-73　栅格布局例子代码（续）

我们解读一下上面的代码。首先看第1～22行，这一块代码是常规代码，作为响应式设计来说，重要的是下面这句代码一定要有，否则什么效果也出不来。

```
<meta name="viewport" content="width=device-width, initial-scale=1">
```

另外，由于是基于Bootstrap开发响应式网页的，下面这句话也很重要，这是链接Bootstrap的全局CSS样式代码，没有这句话，Bootstrap提供的效果也出不来。

```
<link href="css/bootstrap.css" rel="stylesheet">
```

第23～95行代码是body部分，网页呈现的内容全部在这部分代码中。根据Bootstrap框架的要求，所有代码都放在一个class名称为container的div容器当中，也就是第24～92行之间。从第24行到第92行之间的代码从逻辑上又分为三个部分，呈现了栅格布局的不同用法，下面分别来讨论。

第一部分是第25～60行之间的代码，这部分代码演示了基本的栅格布局设置。这之间一共有12组div容器，每一组div容器都设置了class名称为“row”，表明这12组div创建了栅格布局的12行。在观察每一组div内部，可以看到每一组div的内部又包裹了一个div容器，而且div容器都设置了class名称为“col-xs-*”，这里*表示一个1～12的数字，这表明每一组表示行的div内部加入了一组表示列的div容器。而且从第1组行div到第12组行div，每一组行div内部的列div对应的*的取值分别为1～12，也就是说从第1行的列到第12行的列，它们的列宽分别跨越1～12份宽度。

可以想象出来这将呈现出来什么样的页面吗？一共12行，每行包含一列，每行的列宽逐渐增加，第一行的列宽是行宽的1/12，最后一行的列宽是行宽的100%。

为了方便观察，为每一行和每一列设置了样式（见第13～21行代码），每一行都有背景色，每一列都有明显的边框，行与行之间设置了间距，效果如图4-74所示。

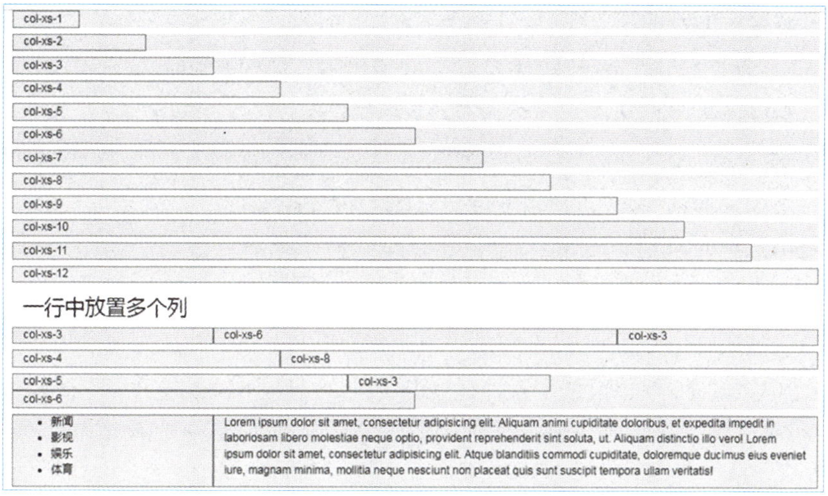

图 4-74 栅格布局显示效果

图中的上部就是第25～60行代码的显示效果，通过观察可以发现，从第1行到第12行，确实每行含有一列，而且从上到下，列宽逐行增加。第1行的列跨越1份宽度，第2行的列跨越2份宽度，依此类推，第12行的列跨越了12份宽度，所以该列占满了整个行宽。

第63～76行代码是第二部分，这部分代码呈现了比第一部分略为复杂一点的布局。前一部分代码，每行都是由单列组成的，在这部分代码中，一共创建了3行，每行由多列组成。从第63～67行代码可知，第一行由3列组成，各列宽度分别跨越3份、6份和3份宽度，加起来正好是12份宽度，所以从页面上看，3列恰好占满一行。从第68～71行代码可知，第二行由2列组成，各列宽度分别跨越4份宽度和8份宽度，加起来正好12份宽度，所以从页面上看，2列恰好占满一行。从第72～76行代码可知，第三行由3列组成，各列宽度分别跨越5份、3份和6份宽度，加起来一共14份宽度，而一行总共只有12份，14份显然超过了一行的宽度，所以第3列显示不下，就另起一行，显示到了下一行，效果如图4-74中部所示。所以在设计时应该注意，各列宽度加起来一定要在12份宽度以内，可以小于12份宽度，但不能大于12份宽度。

第79～91行代码是第三部分，这部分代码呈现了更复杂的栅格布局用法。这部分代码一共创建了一行，该行由两列组成，列宽分别为3份和9份宽度，加起来正好占满一行。在每一列中，不再是简单的几个字符。第一列中放入了一个无序列表，第二列中放入了一个长文本段，效果如图4-74下部所示。可以看出用栅格布局实现复杂的页面也是很容易的。

从上面的代码中可以发现，所有的内容都放在列中，这正对应了注意事项（2），行中只能放置列，内容要放置在列中。

最后，在上面的代码中还可以发现一个现象：所有的列都是用col-xs-*来设置宽度的，从字面上看，都是设置超小屏幕下的布局效果，但是页面明显不是手机屏幕，而是PC屏幕，并且显示效果完全符合设置要求，这是为什么呢？其实这就是前面提到的注意事项（8）的规则在起作用。在代码中仅仅针对xs屏幕做了设置，对其他规格的屏幕没有做任何设置，根据注意事项（8）的规则，针对xs屏幕所做的设置对于其他大于xs的屏幕规格都是有效的。

[例4-3] 栅格布局2。

关于注意事项（7）和（8），再来看一个例子代码，如图4-75所示。

第21～46行代码创建了6行：

① 第1行到第4行中分别放置了一个列，每一个列的设置如下。

- 第1行中的列在xs屏幕上占3份宽度（见第22行代码）。
- 第2行中的列在sm屏幕上占3份宽度（见第25行代码）。
- 第3行中的列在md屏幕上占3份宽度（见第28行代码）。
- 第4行中的列在lg屏幕上占3份宽度（见第31行代码）。

② 第5行中放置了2列，根据设置，在sm屏幕上2列分别占8份宽度和4份宽度。

③ 第6行中放置了6列，每列的设置均相同，在xs屏幕上每列占6份宽度，在sm屏幕上每列占4份，在md屏幕上每列占2份宽度。

当代码在lg屏幕上运行时，第1行中的列只有对xs屏幕的设置，没有对lg屏幕的设置，根据注意事项（8）的规则，xs屏幕上的设置对lg屏幕同样有效，所以该列在lg屏幕上也占3份宽度。

```
1  <!DOCTYPE html>
2  <html lang="zh-CN">
3  <head>
4      <meta charset="utf-8">
5      <meta http-equiv="X-UA-Compatible" content="IE=edge">
6      <meta name="viewport" content="width=device-width, initial-scale=1">
7      <title>Bootstrap Template</title>
8      <link href="css/bootstrap.css" rel="stylesheet">
9      <style>
10         .row {
11             background: #ddd;
12             margin-bottom: 8px;
13         }
14         .row>div {
15             border:1px solid #00AA88;
16         }
17     </style>
18 </head>
19 <body>
20     <div class="container">
21         <div class="row">
22             <div class="col-xs-3">col-xs-3</div>
23         </div>
24         <div class="row">
25             <div class="col-sm-3">col-sm-3</div>
26         </div>
27         <div class="row">
28             <div class="col-md-3">col-md-3</div>
29         </div>
30         <div class="row">
31             <div class="col-lg-3">col-lg-3</div>
32         </div>
33
34         <div class="row">
35             <div class="col-sm-8">col-sm-8</div>
36             <div class="col-sm-4">com-sm-4</div>
37         </div>
38
39         <div class="row">
40             <div class="col-xs-6 col-sm-4 col-md-2">1</div>
41             <div class="col-xs-6 col-sm-4 col-md-2">2</div>
42             <div class="col-xs-6 col-sm-4 col-md-2">3</div>
43             <div class="col-xs-6 col-sm-4 col-md-2">4</div>
44             <div class="col-xs-6 col-sm-4 col-md-2">5</div>
45             <div class="col-xs-6 col-sm-4 col-md-2">6</div>
46         </div>
47     </div>
48     <script src="js/jquery-1.11.3.js"></script>
49     <script src="js/bootstrap.js"></script>
50 </body>
51 </html>
```

图 4-75 栅格布局例子代码

第2行中的列只有对sm屏幕的设置，没有对lg屏幕的设置，根据注意事项（8）的规则，sm屏幕上的设置对lg屏幕同样有效，所以该列在lg屏幕上也占3份宽度。

第3行中的列只有对md屏幕的设置，没有对lg屏幕的设置，根据注意事项（8）的规则，md屏幕上的设置对lg屏幕同样有效，所以该列在lg屏幕上也占3份宽度。

第4行中的列有对lg屏幕的设置，根据设置，该列在lg屏幕上占3份宽度。

第5行中的两列只有对sm屏幕的设置，没有对lg屏幕的设置，根据注意事项（8）的规则，sm屏幕上的设置对lg屏幕同样有效，所以该两列在lg屏幕上也分别占8份和4份宽度，共12份宽度，正好占满一行。

第6行中的6列只有对xs、sm和md屏幕的设置，没有对lg屏幕的设置，根据注意事项（8）的规则，md屏幕上的设置对lg屏幕同样有效，所以该6列在lg屏幕上也各占2份宽度，6列共占12份宽度，正好占满一行。

在lg屏幕上的显示效果如图4-76所示。

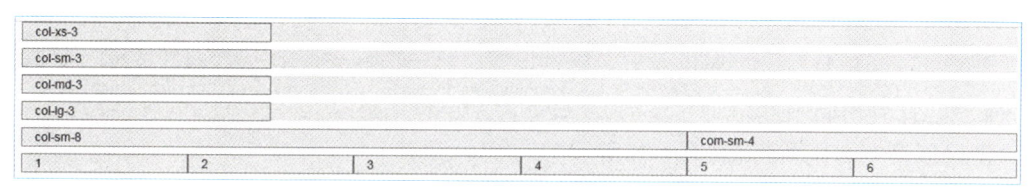

图4-76　lg屏幕显示效果

当代码在md屏幕上运行时，第1行中的列只有对xs屏幕的设置，没有对md屏幕的设置，根据注意事项（8）的规则，xs屏幕上的设置对md屏幕同样有效，所以该列在lg屏幕上也占3份宽度。

第2行中的列只有对sm屏幕的设置，没有对md屏幕的设置，根据注意事项（8）的规则，sm屏幕上的设置对md屏幕同样有效，所以该列在md屏幕上也占3份宽度。

第3行中的列有对md屏幕的设置，根据设置，该列在md屏幕上占3份宽度。

第4行中的列只有对lg屏幕的设置，没有对md屏幕的设置，根据注意事项（8）的规则，lg屏幕上的设置对md屏幕无效，所以该列在md屏幕上占100%。

第5行中的两列只有对sm屏幕的设置，没有对md屏幕的设置，根据注意事项（8）的规则，sm屏幕上的设置对md屏幕同样有效，所以该两列在md屏幕上也分别占8份和4份宽度，共12份宽度，正好占满一行。

第6行中的6列有对md屏幕的设置，根据设置，该6列在md屏幕上各占2份宽度，6列共占12份宽度，正好占满一行。

在md屏幕上的显示效果如图4-77所示。

当代码在sm屏幕上运行时，第1行中的列只有对xs屏幕的设置，没有对sm屏幕的设置，根据注意事项（8）的规则，xs屏幕上的设置对sm屏幕同样有效，所以该列在sm屏幕上也占3份宽度。

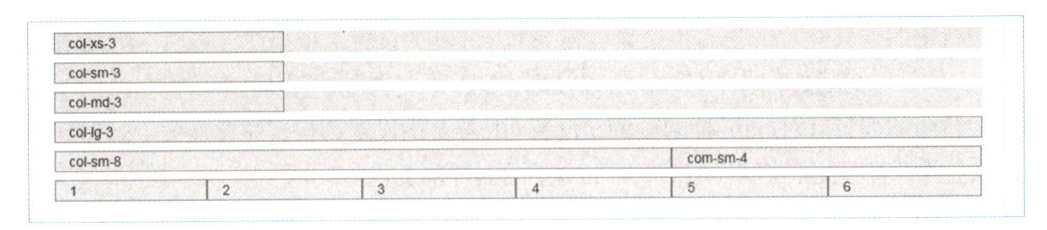

图 4-77 md 屏幕显示效果

第 2 行中的列有对 sm 屏幕的设置，根据设置，该列在 sm 屏幕上占 3 份宽度。

第 3 行中的列只有对 md 屏幕的设置，没有对 sm 屏幕的设置，根据注意事项（8）的规则，md 屏幕上的设置对 sm 屏幕无效，所以该列在 sm 屏幕上占 100%。

第 4 行中的列只有对 lg 屏幕的设置，没有对 sm 屏幕的设置，根据注意事项（8）的规则，lg 屏幕上的设置对 sm 屏幕无效，所以该列在 sm 屏幕上占 100%。

第 5 行中的两列有对 sm 屏幕的设置，根据设置，该两列在 sm 屏幕上分别占 8 份和 4 份宽度，共 12 份宽度，正好占满一行。

第 6 行中的 6 列有对 sm 屏幕的设置，根据设置，该 6 列在 sm 屏幕上各占 4 份宽度，6 列共占 24 份宽度，正好占满两行。

在 sm 屏幕上的显示效果如图 4-78 所示。

图 4-78 sm 屏幕显示效果

当代码在 xs 屏幕上运行时，第 1 行中的列有对 xs 屏幕的设置，根据设置，该列在 sm 屏幕上占 3 份宽度。

第 2 行中的列只有对 sm 屏幕的设置，没有对 xs 屏幕的设置，根据注意事项（8）的规则，sm 屏幕上的设置对 xs 屏幕无效，所以该列在 xs 屏幕上占 100%。

第 3 行中的列只有对 md 屏幕的设置，没有对 xs 屏幕的设置，根据注意事项（8）的规则，md 屏幕上的设置对 xs 屏幕无效，所以该列在 xs 屏幕上占 100%。

第 4 行中的列只有对 lg 屏幕的设置，没有对 xs 屏幕的设置，根据注意事项（8）的规则，lg 屏幕上的设置对 xs 屏幕无效，所以该列在 xs 屏幕上占 100%。

第 5 行中的两列只有对 sm 屏幕的设置，没有对 xs 屏幕的设置，根据注意事项（8）的规则，sm 屏幕上的设置对 xs 屏幕无效，所以该两列在 xs 屏幕上分别占 100%，两列各占一行。

第 6 行中的 6 列有对 xs 屏幕的设置，根据设置，该 6 列在 xs 屏幕上各占 6 份宽度，6 列共占 36

份宽度，正好占满3行。

在xs屏幕上的显示效果如图4-79所示。

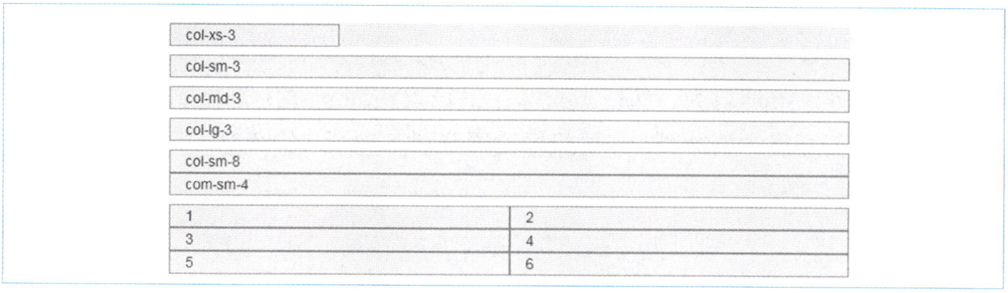

图 4-79　xs 屏幕显示效果

除了上面这些基本用法外，栅格布局还有以下使用技巧。

（1）可以将某一列在某个屏幕下设置为隐藏

.hidden-xs　　只在xs屏幕下隐藏

.hidden-sm　　只在sm屏幕下隐藏

.hidden-md　　只在md屏幕下隐藏

.hidden-lg　　只在lg屏幕下隐藏

这些设置可以让某个元素在某个规格的屏幕上消失。比如当较大的屏幕变为较小的屏幕时，较小屏幕上容纳的列数过多，反而影响用户体验，于是就可以让较大屏幕上的某些不太重要的元素在较小的屏幕上隐藏起来。

[例4-4] 栅格布局3。

下面看一个例子代码，如图4-80所示。

```
<!DOCTYPE html>
<html lang="zh-CN">
<head>
    <meta charset="utf-8">
    <meta http-equiv="X-UA-Compatible" content="IE=edge">
    <meta name="viewport" content="width=device-width, initial-scale=1">
    <title>Bootstrap Template</title>
    <link href="css/bootstrap.css" rel="stylesheet">
    <style>
        .row {
            background: #ddd;
            margin-bottom: 8px;
        }
        .row>div {
            border:1px solid #00AA88;
        }
    </style>
</head>
<body>
    <div class="container">
        <div class="row">
            <div class="col-sm-3">我是左侧的列表</div>
            <div class="col-md-6 col-sm-9">Lorem ipsum dolor sit amet, consectetur adipisicing elit. A aliquam animi
            at dicta dolor eligendi impedit libero maxime minima mollitia nobis odio quas repellat similique soluta
            ullam ut, vero voluptates!</div>
            <div class="col-md-3 hidden-sm hidden-xs">我是右侧的文本</div>
        </div>
    </div>
    <script src="js/jquery-1.11.3.js"></script>
    <script src="js/bootstrap.js"></script>
</body>
</html>
```

图 4-80　栅格布局例子代码

以上第21~25行代码创建了一个行，行内放置了3个列，第1列宽度设置为sm屏幕上占3份宽度；第2列宽度设置为md屏幕上占6份宽度，sm屏幕上占9份宽度；第3列宽度设置为md屏幕上占3份宽度，sm屏幕上和xs屏幕上则隐藏。

当代码在md屏幕上运行时，根据设置，页面应显示3列，因为第1列在md屏幕上没有特别设置，且md屏幕比sm屏幕大，所以sm屏幕上的设置在md屏幕上仍有效，第1列宽度同sm屏幕设置一样占3份宽度，第2列和第3列根据设置分别占6份和3份宽度，共12份宽度，3列正好占满一行。效果如图4-81所示。

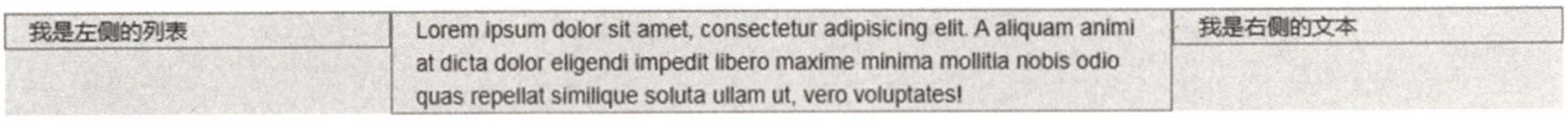

图 4-81　md 屏幕显示效果

当代码在lg屏幕上运行时，因为lg屏幕比md屏幕大，且没有为lg做特别设置，所以sm屏幕上和md屏幕上的设置对lg屏幕仍然有效，所以显示效果同上。

当代码在sm屏幕上运行时，根据设置，第1列宽度占3份宽度，第2列宽度占9份宽度，两列共占宽度12份宽度，正好占满1行，第3列sm屏幕上隐藏，所以效果如图4-82所示。

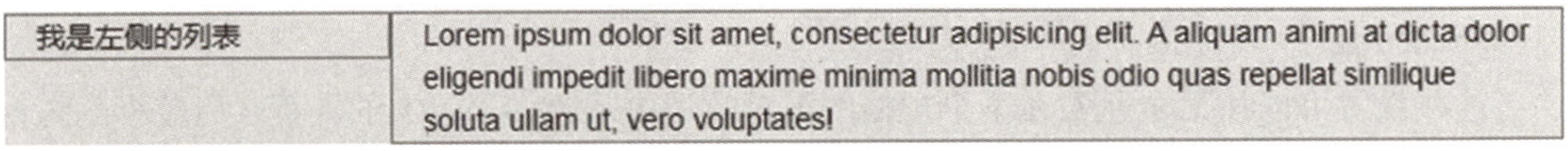

图 4-82　sm 屏幕显示效果

当代码在xs屏幕上运行时，因为第1列只有在sm屏幕上的设置，xm屏幕比sm屏幕小，所以sm屏幕上的设置在xs屏幕上无效，根据注意事项（8）的规则，第1列的宽度应为100%，同理第2列的宽度也为100%，根据设置，第3列在xs屏幕上依然被隐藏，所以效果如图4-83所示。

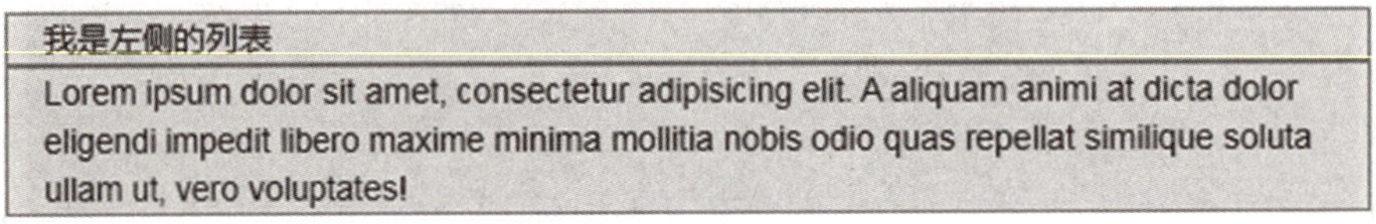

图 4-83　xs 屏幕显示效果

（2）可以使用偏移（offset）实现某个列向后错位的效果

.col-xs/sm/md/lg-offset-*对比当前型号大的屏幕都有效

.col-xs-offset-*

.col-sm-offset-*

.col-md-offset-*

.col-lg-offset-*

当为所有的列按份计算设置了宽度以后，每列都会有一个固定的位置。但有时我们可能希望某些列不在计算出来的标准位置，可以错一错位。比如以下代码：

```
<div class="row">
        <div class="col-xs-3">col-xs-3</div>
        <div class="col-xs-6">col-xs-6</div>
        <div class="col-xs-3">col-xs-2</div>
</div>
```

按照这段代码的设置，一行中有3列，列宽分别是3、6、2份宽度，一共11份宽度。经过这样的设置，3列的位置就固定下来了，第1列占据行的前3份宽度，第2列紧接在第1列后面，从第4份开始占据6份宽度，第3列紧接在第2列后面，从第10份开始占据2份宽度，第3列之后还有一份空白位置。

现在来看一看，能否改变这样的布局，让第2列向后错一份位置，也就是说在第1列和第2列之间空出1份空白位置。因为第2列向后错了1份位置，第3列也就随之向后错1份位置，那么原来第3列后面的1份空白位置就没有了。这个时候就可以使用偏移来实现向后错位效果的方法了。

使用偏移的语句写法是：col-xs/sm/md/lg-offset-*。

这个语句的用法与设置列宽的用法类似，只是含义不同。这个写法的含义是为某一列在某种规格的屏幕上设置该列的应偏移的份数。而且该语句与设置列宽的语句遵循同一个规则：对比当前型号大的屏幕都有效。实现第2列向后偏移1份位置的代码如下：

```
<div class="row">
        <div class="col-xs-3">col-xs-3</div>
        <div class="col-xs-6 col-xs-offset-1">col-xs-6</div>
        <div class="col-xs-3">col-xs-3</div>
</div>
```

后面还会看到相关的例子代码。

（3）可以使用偏移（pull/push）实现某个列向前/后错位的效果，并且不影响其他元素的位置

.col-xs/sm/md/lg-pull-*　对比当前型号大的屏幕都有效

.col-xs-pull-*

.col-sm-pull -*

.col-md-pull -*

.col-lg-pull -*

.col-xs/sm/md/lg-push-* 对比当前型号大的屏幕都有效

.col-xs- push -*

.col-sm-push -*

.col-md-push -*

.col-lg-push -*

前面使用offset实现某列向后错位的方法有一个问题，就是向后错位的列会影响其他元素，其他元素必须随着向后错位。如果要克服这个问题，就需要使用pull/push方法了。

这里涉及到两个动作，一个是pull（拉），另一个是push（推），对应着两个相反的偏移方向。pull是向左偏移，push是向右偏移。

pull/push方法与offset方法最大的不同是使用pull/push方法移动元素不会影响其他元素的位置。以上面的代码为例，如果将上面的代码改为：

```
<div class="row">
    <div class="col-xs-3">col-xs-3</div>
    <div class="col-xs-6 col-xs-push-1">col-xs-6</div>
    <div class="col-xs-3">col-xs-3</div>
</div>
```

则运行结果应为：第1列占据3份位置，第2列占据6份位置并且向后错1份的位置，因此第1列和第2列之间出现了1份的空白位置。因为这里采用push来产生向后的错位，因此第2列向后错位不影响第3列元素的位置，第3列还在原位占有3份位置，第3列后面仍然有1个空白位置，第2列和第3列产生了1份位置宽度的重叠。

[例4-5] 栅格布局4。

下面来看一个完整的例子代码，如图4-84所示。

这段代码的第21~51行代码一共创建了6行。

第1行中一共放置了2列，分别跨越3份和8份宽度，两列的宽度一共是11份宽度，第2列还向后错位一份位置，所以第一列和第二列之间有1份的空白位置。

第2行中一共放置了3列，分别跨越2份、4份和2份宽度，3列的宽度一共是8份宽度，第2列还向后错位3份位置，第3列向后错位2份，所以第1列、2列和3列的宽度加上两个错位的宽度一共是13份位置，一行显示不下，第三列另起一行显示。

第3行中一共放置了3列，分别跨越3份、3份和5份宽度，3列的宽度一共是11份位置，没有任何错位，所以第1列、2列和3列按正常位置显示，第三列后面空出一份空白位置。

第4行中一共放置了3列，分别跨越3份、3份和5份宽度，3列的宽度一共是11份位置，第2列向后错位（offset）1份位置，所以第1列保持在原位，第2列和3列均向后错位1份位置，第1列和第2列之间出现1份空白位置。

第5行中一共放置了3列，分别跨越3份、3份和5份宽度，3列的宽度一共是11份位置，第2列向后错位（push）1份位置，所以第1列保持在原位，第2列向后错位1份位置，但不影响第3列的位置，第3列保持在原位，后面有1份空白位置，第1列和第2列之间出现1份空白位置，第2列和第3列之间有1份宽度的重叠。

```html
<!DOCTYPE html>
<html lang="zh-CN">
<head>
    <meta charset="utf-8">
    <meta http-equiv="X-UA-Compatible" content="IE=edge">
    <meta name="viewport" content="width=device-width, initial-scale=1">
    <title>Bootstrap Template</title>
    <link href="css/bootstrap.css" rel="stylesheet">
    <style>
        .row {
            background: #ddd;
            margin-bottom: 8px;
        }
        .row>div {
            border:1px solid #00AA88;
        }
    </style>
</head>
<body>
    <div class="container">
        <div class="row">
            <div class="col-md-3">col-md-3</div>
            <div class="col-md-8 col-md-offset-1">col-md-8 col-md-offset-1</div>
        </div>

        <div class="row">
            <div class="col-sm-2">col-sm-2</div>
            <div class="col-sm-4 col-sm-offset-3">col-sm-4 col-sm-offset-3</div>
            <div class="col-sm-2 col-sm-offset-2">col-sm-2 col-sm-offset-2</div>
        </div>

        <div class="row">
            <div class="col-sm-3">col-sm-3</div>
            <div class="col-sm-3">col-sm-3</div>
            <div class="col-sm-5">col-sm-5</div>
        </div>
        <div class="row">
            <div class="col-sm-3 col-sm-offset-1">col-sm-3 col-sm-offset-1</div>
            <div class="col-sm-5">col-sm-5</div>
        </div>
        <div class="row">
            <div class="col-sm-3">col-sm-3</div>
            <div class="col-sm-3 col-sm-push-1">col-sm-3 col-sm-push-1</div>
            <div class="col-sm-5">col-sm-5</div>
        </div>
        <div class="row">
            <div class="col-sm-3">col-sm-3</div>
            <div class="col-sm-3 col-sm-pull-1">col-sm-3 col-sm-pull-1</div>
            <div class="col-sm-5">col-sm-5</div>
        </div>
    </div>
    <script src="js/jquery-1.11.3.js"></script>
    <script src="js/bootstrap.js"></script>
</body>
</html>
```

图 4-84　栅格布局例子代码

第6行中一共放置了3列，分别跨越3份、3份和5份宽度，3列的宽度一共是11份位置，第2列向前错位（pull）1份位置，所以第1列保持在原位，第2列向前错位1份位置，但不影响第1列的位置，第3列保持在原位，后面有1份空白位置，第2列和第3列之间出现1份空白位置，第1列和第2列之间有1份宽度的重叠。

显示效果如图4-85所示。

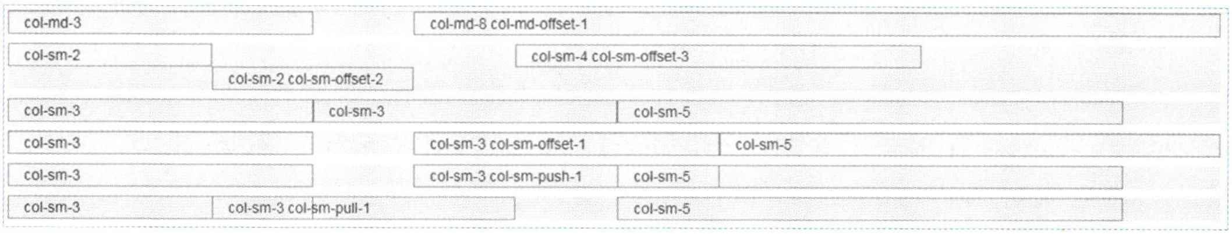

图 4-85　显示效果

4.2.4　全局CSS样式——表单

表单是网页与用户之间最常见的一种交互工具，用户登录、注册页面、管理页面、搜索页面等几乎都是通过表单来实现的。因此表单元素是网页设计中的一个必不可少的元素。本节来学习用Bootstrap 全局CSS样式来创建表单。

Bootstrap 全局CSS样式-表单

1. Bootstrap表单的种类

Bootstrap提供了丰富的响应式表单样式，可以分为三类。

（1）默认样式的表单——每个输入控件（control）独占一整行

默认表单图如图4-86所示。

所谓输入控件，是指网页中用于接收输入信息的元素，包括input、textarea、select等，而其中input又代表了一大类输入元素，如多选框、单选框、文本框、按钮等。

（2）行内（inline）表单——所有的输入控件都处于一行中

行内表单如图4-87所示，从图中可以看到，所有输入控件都排成了一行。

（3）水平（horizontal）表单——标签文字与输入控件在同一行

水平表单如图4-88所示，从图中可以看到，每个输入控件都独占一行，但是与输入控件配套的标签文字与输入控件排在一行。

图 4-86　默认表单

图 4-87　行内表单

图 4-88　水平表单

在网页制作过程中，有了上面这三种样式的网页，一般也就够用了。

2. 表单制作

在认识了各种样式的表单之后，我们来学习每一种表单是如何制作的。

（1）默认样式表单

Bootstrap提供了丰富的全局CSS样式，每种样式都是以class名称的形式提供给我们使用的。Bootstrap提供的关于表单样式的class名称如下。

● .form-control，这是输入控件（input/textarea/select）的默认样式，宽度为100%。

● .form-group，用来包含一个控件组（label、input、文本提示等），可为控件组设置大小型号：.form-group-sm、.form-group-md、.form-group-lg。

● .checkbox / .radio，为单选框/复选框的父元素div添加，可替代form-group，使控件和文字垂直对齐并且去掉label的加粗样式。

● .help-block，为表单控件的提示文本样式。

在创建网页的时候，每一个输入控件我们都要加上一个样式。对于一般的独立输入控件，如独立的input、textarea和select控件，要在输入控件的元素标签内加上class="form-control"，这样可以使得输入控件具备100%宽度、圆角输入框及浅灰色的边框。

例如，如图4-89所示，该代码中包括三个独立的输入控件：input、textarea和select，控件中没有加入任何样式，所以显示效果如图4-90所示。

图4-89 普通表单例子代码

图4-90 控件无样式显示效果

现在在每一个输入控件的元素标签内加入一个class="form-control"，代码如图4-91所示。重新显示时，三个控件在网页中变成了如图4-92所示形态。

图4-91 加入form-control样式的代码

图4-92 控件有样式显示效果

可以看到，每个输入控件独占一行，100%宽度、圆角输入框及浅灰色的边框，这是Bootstrap设计的默认表单中的控件样式。

以上我们说明了独立输入控件的样式设置方法，在表单中常常还有一些元素是成组出现的，构成一个整体，如标签加上输入控件，再加上说明性文字，我们把这个整体称为控件组。Bootstrap特别设计了控件组样式form-group，专门用于这种成组出现的控件组。

例4-6：控件组应用。

如图4-93所示，该段代码采用的是标准的控件组写法，输入控件input前面有一个label元素，提示"密码"，后面有一个span元素，提示密码构成，这三个元素成组出现构成一个控件组，所以Bootstrap要求将这三个元素放入一个div容器，并且给div容器加上一个class="form-group"。这段代码的显示效果如图4-94所示。

```
25      <div class="form-group">
26          <label for="pwd">密码：</label>
27          <input id="pwd" class="form-control" type="text">
28          <span class="help-block">用户名由字母、数字、下画线组成</span>
29      </div>
```

图 4-93　标准控件组代码

图 4-94　控件组显示效果

注意看一下input控件下面的span控件的文本信息显示，这段文字是用浅色显示的，与"密码"两字的显示风格不同，这也是经过精心设计的，因为密码构成说明本身是一个相对次要的信息，所以用浅色来显示。这个效果是在span标签中加入class="help-block"实现的。

对于这段代码，额外需要说明的是，观察第26行语句，该语句定义了一个label标签，该label标签中有一个属性设置for="pwd"，这个属性设置起什么作用呢？我们再看一下for属性的属性值"pwd"，可以发现后面input输入框的id值恰恰也是"pwd"，即label标签通过for属性的属性值"pwd"与后面的input控件关联起来。但是关联起来之后有什么用呢？

一般在使用输入框时，第一步需要点击输入框，使得输入框获得焦点，然后才能开始输入数据，现在将label标签与输入框控件关联起来，那么点击label标签的作用和点击输入框的作用就一样了，同样能够使得输入框获得焦点。这对于移动设备小屏幕上用手去触摸输入框提供了很大的方便。有时候点击标签比点击标签后面的输入框要容易一些。

控件组还可以用不同的大小型号显示在网页中，方法很简单，在class="form-group"中额外再加上一个"form-group-sm/ form-group-lg"即可，代码如图4-95所示。

```
20      <div class="form-group form-group-sm">
21          <label for="uname">用户名：</label>
22          <input id="uname" class="form-control" type="text">
23          <span class="help-block">用户名由字母、数字、下画线组成</span>
24      </div>
25      <div class="form-group">
26          <label for="pwd">密码：</label>
27          <input id="pwd" class="form-control" type="text">
28          <span class="help-block">用户名由字母、数字、下画线组成</span>
29      </div>
30      <div class="form-group form-group-lg">
31          <label for="pwd">密码：</label>
32          <input id="pwd" class="form-control" type="text">
33          <span class="help-block">用户名由字母、数字、下画线组成</span>
34      </div>
```

图 4-95　加入大小型号信息的代码

上面代码中，第二个 form-group 没有加大小型号信息，默认设置为 form-group-md。网页显示效果如图 4-96 所示，可以看到三组不同尺寸的控件组。

图 4-96　没有加大小型号的控件组显示效果

在表单中还经常会使用 CheckBox 控件和 Radio 控件，这两种控件都是由若干个选项构成的控件组，与一般的控件组相比，这两种控件组在呈现风格上有一些特殊要求，因此，Bootstrap 为 CheckBox 和 Radio 设计了专门的控件组样式。

将 .checkbox / .radio 添加到复选框/单选框的父元素 div 中，可替代 form-group，使控件和文字垂直对齐并且去掉 label 的加粗。例子代码如图 4-97 所示。

```
35      <div class="checkbox">
36          <label>
37              <input type="checkbox">记住密码
38          </label>
39      </div>
40      <div class="radio">
41          <label>
42              <input type="radio" name="user-type">个人
43          </label>
44          <label>
45              <input type="radio" name="user-type">企业
46          </label>
47      </div>
```

图 4-97　checkbox 和 radio 控件组样式代码

界面设计

为多选框和单选框加入控件组样式.checkbox/.radio与加入控件组样式.form-group有何不同呢？可以通过如图4-98所示代码来比较一下。

```
35      <div class="checkbox">
36          <label>
37              <input type="checkbox"> 记住密码
38          </label>
39      </div>
40      <div class="form-group">
41          <label>
42              <input type="checkbox"> 记住密码
43          </label>
44      </div>
45      <div class="radio">
46          <label>
47              <input type="radio" name="user-type"> 个人
48          </label>
49          <label>
50              <input type="radio" name="user-type"> 企业
51          </label>
52      </div>
53      <div class="form-group">
54          <label>
55              <input type="radio" name="user-type"> 个人
56          </label>
57          <label>
58              <input type="radio" name="user-type"> 企业
59          </label>
60      </div>
```

图 4-98　两种控件组代码

上面的代码中有两组CheckBox控件组和两组Radio控件组，两组CheckBox控件组的样式不同，第一个CheckBox控件组的父容器使用了class="checkbox"，第二个CheckBox控件组的父容器使用了class="form-group"；同样，两组Radio控件组的样式不同，第一个Radio控件组的父容器使用了class="radio"，第二个Radio控件组的父容器使用了class="form-group"。下面来看显示效果，如图4-99所示。

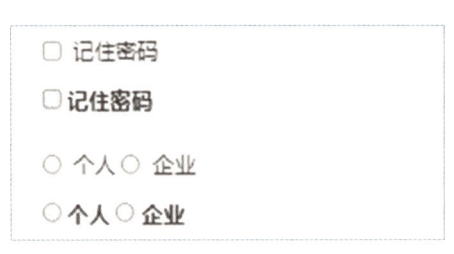

图 4-99　显示效果比较

从显示效果看，第一个CheckBox控件组中label文字的加粗效果去掉了，而且文字与选择框之间的距离和垂直对齐也做了调整，整体效果比第二个CheckBox控件组要好一些。

图中两个Radio控件组，第一组用了"radio"样式，第二组用了"form-group"样式。从显示效果看，第一个Radio控件组中去掉了label文字的加粗显示，而且文字与选择按钮之间的距离和垂直对齐也做了调整，整体效果比第二个Radio控件组要好一些。

默认表单的整体代码如图4-100所示，效果如图4-101所示。

```html
<!DOCTYPE html>
<html lang="zh-CN">
<head>
    <meta charset="utf-8">
    <meta http-equiv="X-UA-Compatible" content="IE=edge">
    <meta name="viewport" content="width=device-width, initial-scale=1">
    <title>Bootstrap Template</title>
    <link href="css/bootstrap.css" rel="stylesheet">
</head>
<body>
    <div class="container">
        <input class="form-control" type="text" placeholder="请输入用户名">
        <textarea class="form-control" name="" cols="30" rows="10"></textarea>
        <select name="" class="form-control">
            <option value="">北京</option>
            <option value="">上海</option>
            <option value="">天津</option>
        </select>
        <form>
        <div class="form-group form-group-sm">
            <label for="uname">用户名：</label>
            <input id="uname" class="form-control" type="text">
            <span class="help-block">用户名由字母、数字、下画线组成</span>
        </div>
        <div class="form-group">
            <label for="pwd">密码：</label>
            <input id="pwd" class="form-control" type="text">
            <span class="help-block">用户名由字母、数字、下画线组成</span>
        </div>
        <div class="form-group form-group-lg">
            <label for="pwd">密码：</label>
            <input id="pwd" class="form-control" type="text">
            <span class="help-block">用户名由字母、数字、下画线组成</span>
        </div>
        <div class="checkbox">
            <label>
                <input type="checkbox"> 记住密码
            </label>
        </div>
        <div class="radio">
            <label>
                <input type="radio" name="user-type"> 个人
            </label>
            <label>
                <input type="radio" name="user-type"> 企业
            </label>
        </div>
        <button type="button" class="btn btn-success">立即登录</button>
        </form>
    </div>
    <script src="js/jquery-1.11.3.js"></script>
    <script src="js/bootstrap.js"></script>
</body>
</html>
```

图4-100　默认表单代码

图4-101　默认表单显示效果

（2）行内表单

行内表单的制作也非常简单。既然是表单，那么必然有form标签，制作行内表单只需在form标签内加上一个class="form-inline"即可。

下面来看一个典型的行内表单，如图4-102所示。

图4-102　行内表单

该表单由两个输入框、一个CheckBox、一组RadioButton和一个按钮组成，这些都是输入控件，并且排成一行，按照定义，这是一个标准的行内表单。下面来看这个表单的代码，如图4-103所示。

从上面代码可以看出，行内表单和默认表单相比，除了form标签中增加了一个class="form-inline"之外，其他没有什么区别。

这里要额外说明另外一个样式：class="sr-only"。

上面代码中的第15行和第19行创建了两个label标签，内容分别是"用户名"和"密码"，这两个标签分别放置在两个输入文本框前面。但是从表单显示中，我们却没有看到这两个标签，这是怎么回事呢？

观察一下第15行和19行的代码，可以发现，这两个label标签中都有一个class="sr-only"，正是这个class属性使得两个标签没有能够显示出来。

```html
<!DOCTYPE html>
<html lang="zh-CN">
<head>
    <meta charset="utf-8">
    <meta http-equiv="X-UA-Compatible" content="IE=edge">
    <meta name="viewport" content="width=device-width, initial-scale=1">
    <title>Bootstrap Template</title>
    <link href="css/bootstrap.css" rel="stylesheet">
</head>
<body>
    <div class="container">
        <h2>行内表单</h2>
        <form class="form-inline">
            <div class="form-group">
                <label for="uname" class="sr-only">用户名：</label>
                <input id="uname" placeholder="请输入用户名" class="form-control" type="text">
            </div>
            <div class="form-group">
                <label for="pwd" class="sr-only">密码：</label>
                <input id="pwd" placeholder="请输入密码" class="form-control" type="text">
            </div>
            <div class="checkbox">
                <label>
                    <input type="checkbox"> 记住密码
                </label>
            </div>
            <div class="radio">
                <label>
                    <input type="radio" name="user-type"> 个人
                </label>
                <label>
                    <input type="radio" name="user-type"> 企业
                </label>
            </div>
            <button type="button" class="btn btn-success">立即登录</button>
        </form>
    </div>
    <script src="js/jquery-1.11.3.js"></script>
    <script src="js/bootstrap.js"></script>
</body>
</html>
```

图 4-103　行内表单代码

sr-only是ScreenRead only的缩写，意思是仅屏幕阅读器可见。若不想在界面中看到输入控件的label，可以用class="sr-only"声明仅屏幕阅读器可见。

既然不希望在界面中看到这两个标签，不定义这两个标签就可以了，为什么还要定义它们，然后再用class="sr-only"把它们隐藏起来呢？这里增加这个属性的目的是让屏幕阅读器可以看到这两个标签，屏幕阅读器是为盲人使用的一种网页辅助阅读设备，通过屏幕阅读器可以告诉盲人，这里有两个label标签，一个内容是"用户名"，另一个内容是"密码"。

默认表单是最基本的表单，行内表单只有在屏幕比较宽的时候才能呈现，当屏幕宽度缩小后，行内表单会自动变为默认表单。

行内表单正常显示效果，如图4-104所示。这是行内表单在宽屏幕上的显示效果，缩小屏幕宽度后，行内表单将变成如图4-105所示效果。

界面设计

图 4-104　行内表单正常显示效果

图 4-105　行内表单手机显示效果（变回默认表单）

这是一个规则，无论是行内表单也好，还是后面将要讲到的水平表单也好，当屏幕宽度缩小后，都会变回默认表单。

（3）水平表单

为了创建水平表单，需要在form标签内添加一个class="form-horizontal"，.form-horizontal是Bootstrap提供的用于定义水平表单的类名。

下面来看一个典型的水平表单，如图4-106所示。在该表单中，每行都包含label和输入控件，有的还包含说明性文字信息，按照定义，这是一个标准的水平表单。

图 4-106　水平表单

水平表单中的标签文字与输入控件在同一行，这就涉及到了布局问题。前面的默认表单和行内表单都不需要我们控制标签文字和输入控件的位置，而水平表单中的标签文字和输入控件的布局可以由我们来控制。如何来控制水平表单的布局呢？这里就要用到栅格布局技术了。

在栅格布局中，首先要用class="row"来创建栅格布局的行，在水平表单中，.form-group 充当了.row的角色，也就是用class="form-group"来创建行。

可以为控件组中的元素添加 .col-*-*，使控件组中的元素实现栅格布局的效果。

在水平表单中，增加了一个class属性值：.control-label，将这个属性值添加给label，使label从左对齐变为右对齐。这个属性值非常有用，如果将label"用户名"中的control-label属性值去掉，则效果如图4-107所示。下面来看一下这个表单的代码，如图4-108所示。

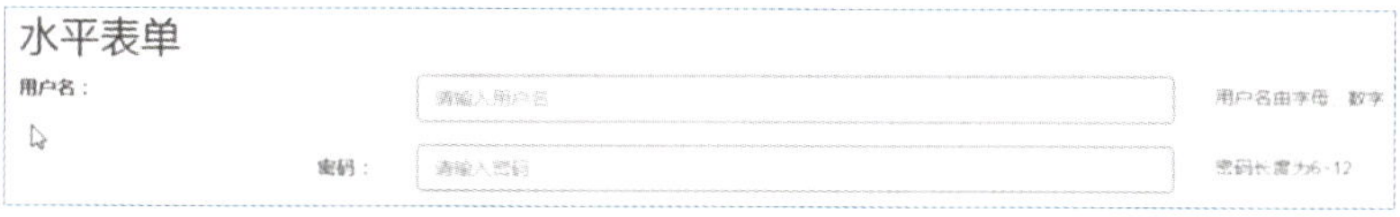

图4-107　control-label 属性的作用效果

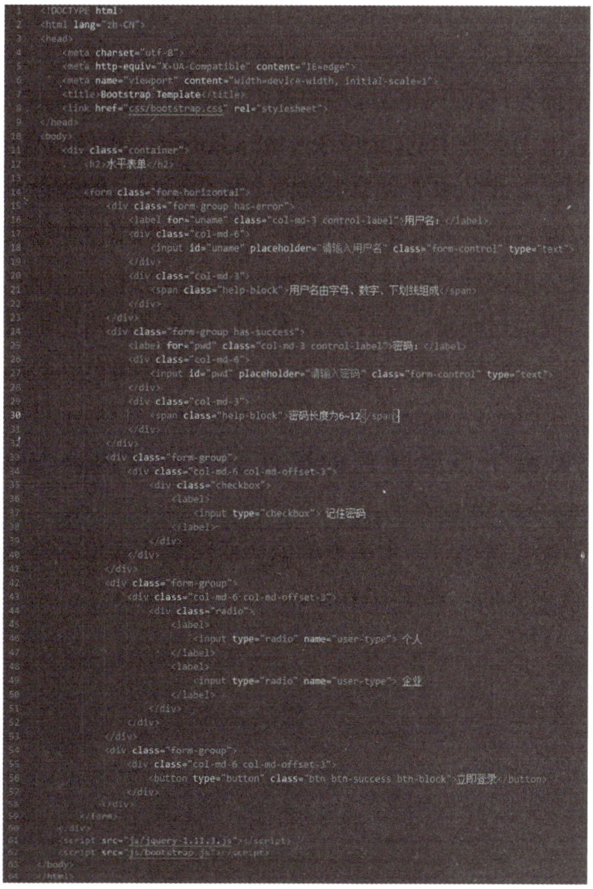

图4-108　水平表单代码

上面代码的第14行，为form标签添加了class="form-horizontal"，说明这里创建了一个水平表单。表单内有5组控件，每组控件都被一个div容器所包裹，且div标签都添加了class="form-group"，成为标准的控件组容器。前面讲过，class="form-group"可以替代class="row"来创建栅格布局中的一行，所以可以为控件组的内部控件添加栅格布局的列设置，以控制每个控件的宽度和位置。

比如从第15行到23行，在一对div标签内部添加class="form-group"定义了一个控件组，div标签中的class="form-group"代替class="row"创建了栅格布局的一行，第16行代码定义了一个label标签，并且通过class="col-md-3"设置label标签跨越3份宽度。同时还可以注意到，除了col-md-3之外，label标签的class属性中还有一个值：control-label，这个值的作用是使这个标签与同一行中的输入控件垂直对齐。第17行到19行代码通过class="col-md-6"设置输入控件跨越6份宽度。第22行到24行通过class="col-md-3"设置输入控件后面的说明性文字为跨越3份宽度。这样控件组中各元素宽度加起来正好是12份宽度，占满一行。

对于"立即登录"按钮，还用到了偏移设置。因为该按钮所在行只有按钮一个控件，而且按钮的宽度设置为class="col-md-6"，与前面的输入控件同宽。如果直接显示，则该按钮将显示在该行的偏左位置，不能与上面的输入控件对齐。代码中在设置按钮宽度的class属性中添加了一个值：col-md-offset-3，即class="col-md-6, col-md-offset-3"，这样就使得按钮向右偏移了3份宽度，正好是上面控件组中label标签的宽度，偏移后按钮就与上面的输入控件对齐了。

基于同样的原因，上面表单中的CheckBox和RadioButton控件组也使用了偏移设置。

另外还可以注意到，上面的水平表单中前两个控件组显示的颜色不同，这是网页设计中常用的手段，为的是以醒目的方式提醒用户注意。比如，当用户在输入控件中输入了一个数据，经校验为合格数据，可以通过将输入控件组设置为绿色来提示用户输入正确；而如果经校验为非法数据，则可以通过将输入控件组设置为红色来提示用户输入错误。

Bootstrap提供了几个输入性值，用于设置控件组的颜色：has-error、has-warning、has-success。这些值可用于form-group或控件元素的父元素，以显示控件元素不同状态下的颜色样式。例如，上面两个不同颜色的控件组是通过class="form-group has-error"和class="form-group has-success"来设置的。

前面说过，当屏幕宽度缩小后，水平表单也会变回默认表单的样式。正常显示效果，如图4-109所示，屏幕宽度缩小后，如图4-110所示。

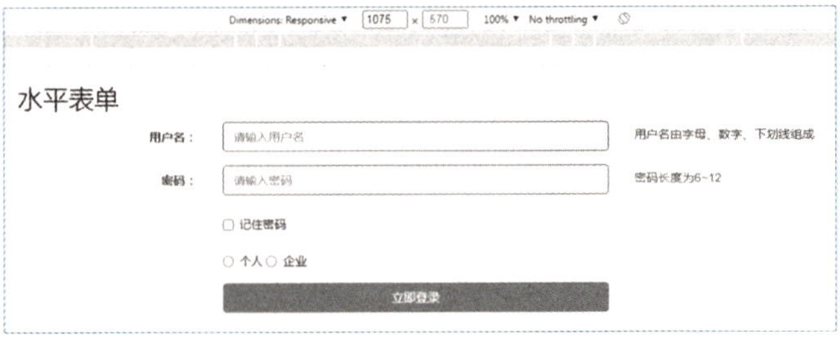

图4-109 水平表单正常显示效果

图 4-110　水平表单手机显示效果（变回默认表单）

4.2.5　Bootstrap组件——字体图标

首先来认识一下字体图标以及使用字体图标的缘由。

传统的图标使用方式是在网页中为每个图标提供一个点阵图片，显示网页时，代表图标的图片和网页的其他内容一起显示出来。这种用法简单直观，但是也有缺点。首先，一个网页中可能含有大量的图标，如果都用点阵图来表示图标，肯定会增加总文件的大小；第二，含有图标的网页是不能一次性地通过HTTP请求由服务器传送到浏览器的，网页的文字部分和图片部分要分别传送，除文字部分外，网页中有多少张图片，就需要多少次HTTP请求来传输下载，因此网页中大量的图片会增大服务器的负担，给带宽增加压力，并且下载大量的图片，需要增加用户的等待时间，还会牺牲用户体验；第三，代表图标的图片通常是点阵图片，点阵图片在移动端高分辨率屏幕上有可能会变模糊。因此，在响应式设计中使用图标时最好不要使用图片，比较理想的方法是使用字体图标及图标字体化。

所谓图标字体化就是将图标像文字那样做成字库。这个想法其实是非常合理的，文字从本质上来说，就是一种图标，过去文字也是用点阵图实现的，把所有文字的点阵图放到一个文件中，就构成了点阵字库。在使用文字时，通过文字编码，从字库中将对应文字的点阵图提取出来，显示在屏幕上。不过正因为文字使用了点阵图，所以点阵文字也同样具有前面提到的缺点。当文字被放大时，文字的笔画就出现了锯齿，不太光滑了，这是点阵图固有的缺点，无法克服。为了改善文字的显示质量，后来开发了矢量字库，矢量字库中的每个文字是用矢量图来表示的，矢量图最大的优点就是放大后不会变形，所以矢量字库中的文字经放大后不再出现锯齿形笔画的问题。在解决图标问题时，采用了同样的思路，把图标用矢量图来表示，给每个图标一个固定的编码，然后将所有矢量图标集中放到一个文件中，形成矢量图标库，在使用图标时，通过图标编码把对应的矢量图从图标库中提取出来，显示在屏幕上。从这里可以看出，矢量图标库和矢量字库在使用机制方面是完全相同的。矢量图标库等同于矢量字库，可以认为矢量图标就是一种矢量文字，用矢量图标库来集中存储图标，就完成了图标字体化。

界面设计

有了图标字体化之后，前面提到的一切问题都迎刃而解了。因为图标等同于文字，所以在网页下载时，服务器可以在一次HTTP请求中将所有文字和图标一次性传送过来，解决了服务器负荷重、下载时间长、用户体验差的问题，而且矢量图标在任何显示分辨率下都不会模糊变形，所以使用点阵图片表示图标的缺点全部得以解决。

Bootstrap提供了一套专用于Web开发的字体图标——Glyphicon Halflings。

字体图标的本质是字体，凡是能使用文字的地方都可以使用字体图标。在Bootstrap中使用字体图标很简单，Bootstrap提供了两个class属性值。

- .glyphicon，字体图标的通用样式。
- .glyphicon-*，对应某一种具体的图标，其中*就是图标的编码。

[例4-7] 字体图标示例。

下面我们来看一下字体图标的例子，如图4-111所示。

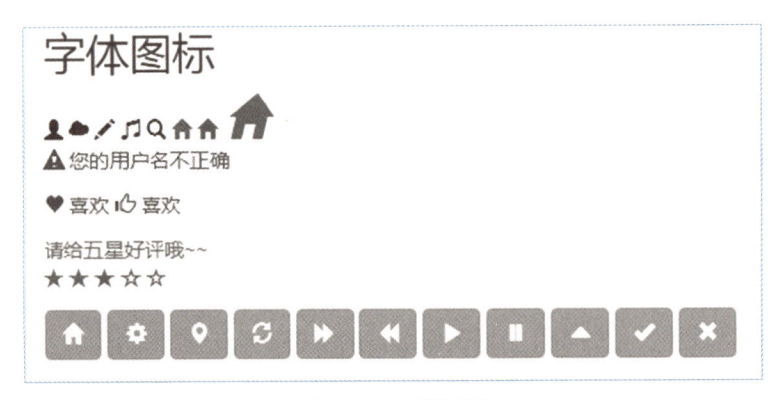

图 4-111　字体图标

以上显示的图标全部都是字体图标，每个图标都放在图标库中，也可以说放在字库中。如何将库中的图标提取出来呢？我们来看一下例子代码，如图4-112所示。这是显示第一行图标的代码，显示的图标效果如图4-113所示。

图 4-112　提取字体图标的例子代码

图 4-113　显示的图标效果

可以看到，这一行一共有6种共8个图标，分别用8对span标签来显示。每个图标使用了一对空的span标签，在span标签中加入了两个属性值，对于这一行的8个图标来说，span标签中的第一个class属性值都是"glyphicon"，这是Bootstrap提供的字体图标通用样式，对于第二个class属性值，则使用了"glyphicon-*"，其中*代表图标的编码，不同的图标对应不同的编码值。

比如第一个人形图标，对应的图标编码是glyphicon-user，第二个云图标，对应的图标编码是glyphicon-cloud，第三个铅笔图标，对应的图标编码是glyphicon-pencil，第四个音符图标，对应的图标编码是glyphicon-music，第五个放大镜图标，对应的图标编码是glyphicon-search。

这一行的最后三个图标，实际上是同一种图标，使用了相同的图标编码glyphicon-home，所不同的是除了图标通用样式和图标编码之外，这三个span的class属性还分别加入了Bootstrap提供的三种文本配色，使得最后三个图标呈现出三种不同的颜色。在最后一个图标的span标签中还加入了自定义的样式，将图标字体大小设置为30px，并且设置为斜体，这样最后一个图标比别的图标明显大，而且倾斜显示。

为什么这一行的最后三个图标可以加入文本配色方案，并能像文本那样设置字体呢？因为字体图标本质上就是文字，能够对文本做的所有设置都可以对字体图标设置，并且得到相应的显示效果。接下来的问题是，我们如何知道要显示图标的编码？

字体图标是Bootstrap提供的组件，所以可以到Bootstrap官方网站上去查找。网站首页如图4-114所示。

图4-114　Bootstrap中文官网首页

点击首页中的"组件"，即可进入组件页面，如图4-115所示。在图中，可以看到前面用过的一些图标，这些图标的下方标出了图标对应的通用样式和图标编码。前面讲了字体图标的一些基本用法，现在来看一下稍微复杂一点的用法，如图4-116所示。

代码中使用了警告图标，与后面的文本"您的用户名不正确"内容很匹配；代码中还使用了心形图标和大拇指向上图标，与后面的文本"喜欢"也很匹配。

首先来查找一下图标编码，打开网页，如图4-117所示。

图4-115　Bootstrap中文官网组件页面

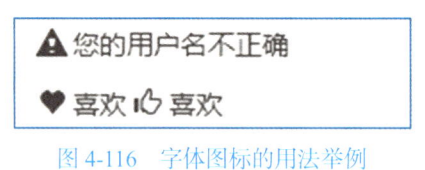

图4-116　字体图标的用法举例

（a）

图4-117　查找图标编码

（b）

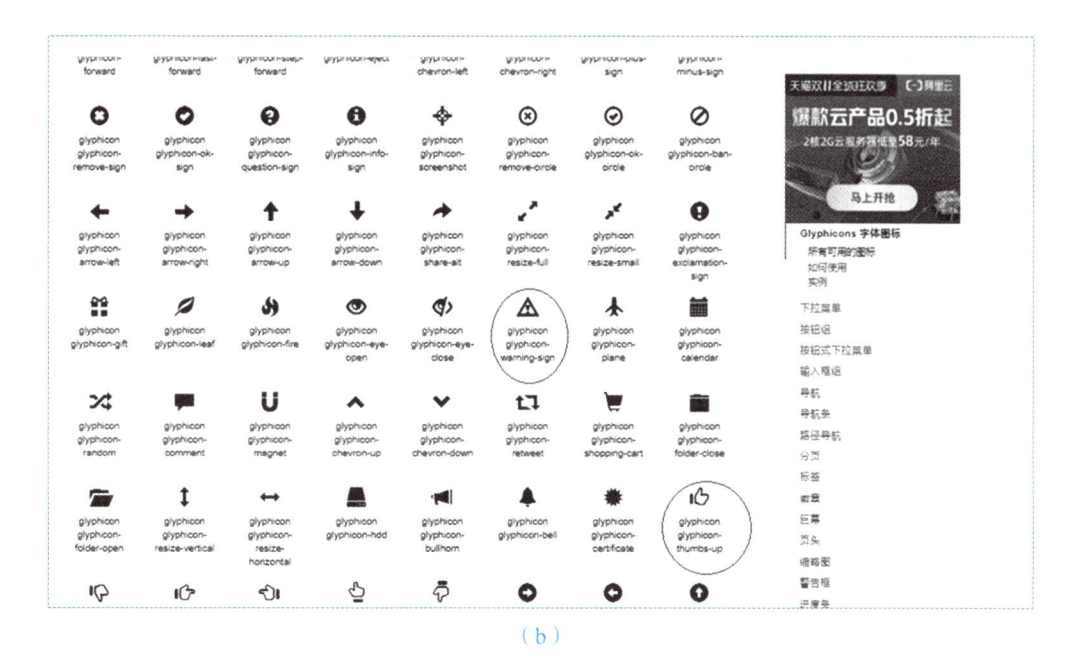

图 4-117　查找图标编码（续）

可以看到，我们要用的三个图标编码分别是 glyphicon-alert、glyphicon-heart 和 glyphicon-thumbs-up。这两行图标都配上了文字，并且加上了颜色。文字配图标加颜色可以起到强调的作用。代码如图 4-118 所示。

```
23      <p class="text-danger">
24          <span class="glyphicon glyphicon-alert"></span> 您的用户名不正确
25      </p>
26      <p class="text-danger">
27          <span class="glyphicon glyphicon-heart"></span> 喜欢
28          <span class="glyphicon glyphicon-thumbs-up"></span> 喜欢
29      </p>
```

图 4-118　显示图标的代码

从代码可以看出，图标配文字的效果是通过将 span 标签表示的图标和文字一起放到一对 p 标签中，图标和文字作为一个整体文本段来实现的。图标和文字的颜色可以在 p 标签中设置，当然同时也可以设置字体和字号。可以看到，只要将一对空 span 标签设置好通用样式和图标编码，这一对 span 标签就可以作为一个整体，作为一个字符放到任何需要使用字符的地方。

再来看两个常用图标，如图 4-119 所示。这是在网站中经常看到的一种效果。上面给出了三星评价，三星评价是由三个实心的五角星和两个空心五角星构成的。先查一下两种图标的编码，如图 4-120 所示。实现的代码如图 4-121 所示。

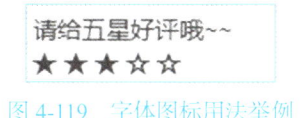

图 4-119　字体图标用法举例

— 241 —

图 4-120　查找图标编码

图 4-121　显示图标的代码

这里同样也通过p标签实现以上效果。在p标签中先放置了一个文本段"请给五星好评哦～ ～",然后放置了一个换行标签,最后放置5个空span标签,前3个span标签中使用了glyphicon-star,表示实心五角星图标,后面两个span标签中使用了glyphicon-star-empty,表示空心五角星图标。由于span元素不是块级元素,所以5个span标签表示的图标被排成了一行。

字体图标不但能放在文本段中,还能放在控件外观上,如图4-122所示。

图 4-122　字体图标用法举例

这是一排按钮,过去我们在按钮上一般都放一些文本,如"快进"、"快退"、"暂停"等。现在有了字体图标,就可以在按钮上放置图标了。在按钮上放图标的方法和放文本的方法一样,只要把文本替换成span标签表示的图标就可以了。从网站中查到所有图标的编码后,可以写出如图4-123所示代码。这里所有的按钮都是通过a标签实现的。实现以上全部图标的完整代码如图4-124所示。

```html
38      <!--练习：将web开发中常用的图标显示到蓝色的按钮上：首页、设置、定位、刷新、前进、后退、播放、暂停、对勾、叉号-->
39      <a href="" class="btn btn-info"><span class="glyphicon glyphicon-home"></span></a>
40      <a href="" class="btn btn-info"><span class="glyphicon glyphicon-cog"></span></a>
41      <a href="" class="btn btn-info"><span class="glyphicon glyphicon-map-marker"></span></a>
42      <a href="" class="btn btn-info"><span class="glyphicon glyphicon-refresh"></span></a>
43      <a href="" class="btn btn-info"><span class="glyphicon glyphicon-forward"></span></a>
44      <a href="" class="btn btn-info"><span class="glyphicon glyphicon-backward"></span></a>
45      <a href="" class="btn btn-info"><span class="glyphicon glyphicon-play"></span></a>
46      <a href="" class="btn btn-info"><span class="glyphicon glyphicon-pause"></span></a>
47      <a href="" class="btn btn-info"><span class="glyphicon glyphicon-triangle-top"></span></a>
48      <a href="" class="btn btn-info"><span class="glyphicon glyphicon-ok"></span></a>
49      <a href="" class="btn btn-info"><span class="glyphicon glyphicon-remove"></span></a>
```

图 4-123 显示图标的代码

```html
1   <!DOCTYPE html>
2   <html lang="zh-CN">
3   <head>
4       <meta charset="utf-8">
5       <meta http-equiv="X-UA-Compatible" content="IE=edge">
6       <meta name="viewport" content="width=device-width, initial-scale=1">
7       <title>Bootstrap Template</title>
8       <link href="css/bootstrap.css" rel="stylesheet">
9   </head>
10  <body>
11      <div class="container">
12          <h2>字体图标</h2>
13          <span class="glyphicon glyphicon-user"></span>
14          <span class="glyphicon glyphicon-cloud"></span>
15          <span class="glyphicon glyphicon-pencil"></span>
16          <span class="glyphicon glyphicon-music"></span>
17          <span class="glyphicon glyphicon-search"></span>
18
19          <span class="glyphicon glyphicon-home text-primary"></span>
20          <span class="glyphicon glyphicon-home text-success"></span>
21          <span class="glyphicon glyphicon-home text-warning" style="font-size: 30px; font-style: italic;"></span>
22
23          <p class="text-danger">
24              <span class="glyphicon glyphicon-alert"></span> 您的用户名不正确
25          </p>
26          <p class="text-danger">
27              <span class="glyphicon glyphicon-heart"></span> 喜欢
28              <span class="glyphicon glyphicon-thumbs-up"></span> 喜欢
29          </p>
30          <p class="text-warning">
31              请给五星好评哦~~<br>
32              <span class="glyphicon glyphicon-star"></span>
33              <span class="glyphicon glyphicon-star"></span>
34              <span class="glyphicon glyphicon-star"></span>
35              <span class="glyphicon glyphicon-star-empty"></span>
36              <span class="glyphicon glyphicon-star-empty"></span>
37          </p>
38          <!--练习：将web开发中常用的图标显示到蓝色的按钮上：首页、设置、定位、刷新、前进、后退、播放、暂停、对勾、叉号-->
39          <a href="" class="btn btn-info"><span class="glyphicon glyphicon-home"></span></a>
40          <a href="" class="btn btn-info"><span class="glyphicon glyphicon-cog"></span></a>
41          <a href="" class="btn btn-info"><span class="glyphicon glyphicon-map-marker"></span></a>
42          <a href="" class="btn btn-info"><span class="glyphicon glyphicon-refresh"></span></a>
43          <a href="" class="btn btn-info"><span class="glyphicon glyphicon-forward"></span></a>
44          <a href="" class="btn btn-info"><span class="glyphicon glyphicon-backward"></span></a>
45          <a href="" class="btn btn-info"><span class="glyphicon glyphicon-play"></span></a>
46          <a href="" class="btn btn-info"><span class="glyphicon glyphicon-pause"></span></a>
47          <a href="" class="btn btn-info"><span class="glyphicon glyphicon-triangle-top"></span></a>
48          <a href="" class="btn btn-info"><span class="glyphicon glyphicon-ok"></span></a>
49          <a href="" class="btn btn-info"><span class="glyphicon glyphicon-remove"></span></a>
50      </div>
51      <script src="js/jquery-1.11.3.js"></script>
52      <script src="js/bootstrap.js"></script>
53  </body>
54  </html>
```

图 4-124 完整例子代码

4.2.6　Bootstrap组件——按钮组与下拉菜单

本节来学习Bootstrap的两个组件：按钮组和下拉菜单。

1. 按钮组

（1）什么是按钮组

按钮是网页制作中常用的控件，网页中往往不止有一个按钮，创建几个按钮是根据需求而定的，而且这些按钮之间的关联程度可能也有很大的不同。有些按钮之间可能毫无关系，这些按钮各自有自己的功能，从逻辑上说这些功能之间没有任何关联，但有些按钮的功能在逻辑上却可能关联紧密，比如媒体播放器上的几个按钮，有的负责播放，有的负责音量，有的负责快进，有的负责暂停等，这些按钮虽然功能不同，但都是为媒体播放器服务的，所以从逻辑上讲，这些按钮之间的关联是很密切的。

在制作网页时，我们往往希望关联性比较强的按钮之间呈现出比其他按钮更密切的关系，这样使得网页的布局更有逻辑性。Bootstrap专门为这种按钮提供了专门的样式。在Bootstrap中，对于关联密切的几个按钮，可以把它们一起放到一个容器中，容器中的这些按钮被称为一个按钮组，按钮组的容器使用Bootstrap提供的一个专门的按钮组样式，使得按钮组呈现出与普通按钮不同的特点。

比如说前面提到的一组媒体播放器按钮，如果按照普通按钮来显示，则效果如图4-125所示。这几个按钮是孤立的按钮，虽然放在一起，但并不是按钮组。如果把这5个按钮按照按钮组来显示，可以看到如图4-126所示效果。可以看到，普通按钮之间有一定的间隙，而按钮组中的按钮之间紧密排列，按钮组中的按钮可以表现出更加明确的关联关系。

图4-125　普通按钮效果　　　　图4-126　按钮组效果

（2）按钮组的创建

在Bootstrap中，通过div容器可以把多个按钮组合在一起，在div容器的标签中加入class="btn-group"，就创建了一个Bootstrap按钮组。例如，代码如图4-127所示，该代码创建了5个按钮，但是这5个按钮还不是一个按钮组，所以按钮的显示效果如图4-125所示。

要想让这5个按钮组成一个按钮组，必须把这5个按钮放到一个按钮组容器中去，代码如图4-128所示。此时，按钮组的显示效果如图4-128所示。

```
12        <button type="button" class="btn btn-info">
13            <span class="glyphicon glyphicon-backward"></span>
14        </button>
15        <button type="button" class="btn btn-info">
16            <span class="glyphicon glyphicon-pause"></span>
17        </button>
18        <button type="button" class="btn btn-info">
19            <span class="glyphicon glyphicon-play"></span>
20        </button>
21        <button type="button" class="btn btn-info">
22            <span class="glyphicon glyphicon-stop"></span>
23        </button>
24        <button type="button" class="btn btn-info">
25            <span class="glyphicon glyphicon-forward"></span>
26        </button>
```

图 4-127　普通按钮代码

```
28        <div class="btn-group">
29            <button type="button" class="btn btn-info">
30                <span class="glyphicon glyphicon-backward"></span>
31            </button>
32            <button type="button" class="btn btn-info">
33                <span class="glyphicon glyphicon-pause"></span>
34            </button>
35            <button type="button" class="btn btn-info">
36                <span class="glyphicon glyphicon-play"></span>
37            </button>
38            <button type="button" class="btn btn-info">
39                <span class="glyphicon glyphicon-stop"></span>
40            </button>
41            <button type="button" class="btn btn-info">
42                <span class="glyphicon glyphicon-forward"></span>
43            </button>
44        </div>
```

图 4-128　按钮组代码

（3）按钮组的尺寸

按钮组是有尺寸的，Bootstrap提供了设置按钮组尺寸的样式：btn-group-xs、btn-group-sm、btn-group-lg。将这些尺寸样式放到按钮组容器中，即可控制按钮组的大小，代码如图4-129所示。

```
46        <h2>各种尺寸按钮组</h2>
47
48        <div class="btn-group btn-group-xs">
49            <button type="button" class="btn btn-info">
50                <span class="glyphicon glyphicon-backward"></span>
51            </button>
52            <button type="button" class="btn btn-info">
53                <span class="glyphicon glyphicon-pause"></span>
54            </button>
55            <button type="button" class="btn btn-info">
56                <span class="glyphicon glyphicon-play"></span>
57            </button>
58            <button type="button" class="btn btn-info">
59                <span class="glyphicon glyphicon-stop"></span>
60            </button>
61            <button type="button" class="btn btn-info">
62                <span class="glyphicon glyphicon-forward"></span>
63            </button>
64        </div>
65
```

图 4-129　带尺寸设置的按钮组代码

```
 66        <div class="btn-group btn-group-sm">
 67            <button type="button" class="btn btn-info">
 68                <span class="glyphicon glyphicon-backward"></span>
 69            </button>
 70            <button type="button" class="btn btn-info">
 71                <span class="glyphicon glyphicon-pause"></span>
 72            </button>
 73            <button type="button" class="btn btn-info">
 74                <span class="glyphicon glyphicon-play"></span>
 75            </button>
 76            <button type="button" class="btn btn-info">
 77                <span class="glyphicon glyphicon-stop"></span>
 78            </button>
 79            <button type="button" class="btn btn-info">
 80                <span class="glyphicon glyphicon-forward"></span>
 81            </button>
 82        </div>
 83
 84        <div class="btn-group">
 85            <button type="button" class="btn btn-info">
 86                <span class="glyphicon glyphicon-backward"></span>
 87            </button>
 88            <button type="button" class="btn btn-info">
 89                <span class="glyphicon glyphicon-pause"></span>
 90            </button>
 91            <button type="button" class="btn btn-info">
 92                <span class="glyphicon glyphicon-play"></span>
 93            </button>
 94            <button type="button" class="btn btn-info">
 95                <span class="glyphicon glyphicon-stop"></span>
 96            </button>
 97            <button type="button" class="btn btn-info">
 98                <span class="glyphicon glyphicon-forward"></span>
 99            </button>
100        </div>
101
102        <div class="btn-group btn-group-lg">
103            <button type="button" class="btn btn-info">
104                <span class="glyphicon glyphicon-backward"></span>
105            </button>
106            <button type="button" class="btn btn-info">
107                <span class="glyphicon glyphicon-pause"></span>
108            </button>
109            <button type="button" class="btn btn-info">
110                <span class="glyphicon glyphicon-play"></span>
111            </button>
112            <button type="button" class="btn btn-info">
113                <span class="glyphicon glyphicon-stop"></span>
114            </button>
115            <button type="button" class="btn btn-info">
116                <span class="glyphicon glyphicon-forward"></span>
117            </button>
118        </div>
119
```

图 4-129　带尺寸设置的按钮组代码（续）

这里创建了4个按钮组，每个按钮组设置了不同的尺寸样式，其中第3个按钮组（第84~100行）没有尺寸样式，按惯例这个按钮组使用默认尺寸样式btn-group-md。上面的代码呈现效果如图4-130所示。

各种尺寸按钮组

图 4-130　显示效果

（4）按钮组的其他排列方式

① 使按钮组竖向排列。在按钮组容器的标签中加入class="btn-group-vertical"，可以实现按钮组竖向排列，代码如图4-131所示。以上代码的显示效果如图4-132所示。

```
120        <h2>竖向排列</h2>
121        <div class="btn-group-vertical">
122            <button type="button" class="btn btn-info">
123                <span class="glyphicon glyphicon-backward"></span>
124            </button>
125            <button type="button" class="btn btn-info">
126                <span class="glyphicon glyphicon-pause"></span>
127            </button>
128            <button type="button" class="btn btn-info">
129                <span class="glyphicon glyphicon-play"></span>
130            </button>
131            <button type="button" class="btn btn-info">
132                <span class="glyphicon glyphicon-stop"></span>
133            </button>
134            <button type="button" class="btn btn-info">
135                <span class="glyphicon glyphicon-forward"></span>
136            </button>
137        </div>
138
```

图 4-131　实现按钮竖向排列的代码

竖向排列

图 4-132　竖向排列显示效果

② 按钮组平均分布占满一整行。Bootstrap 提供了样式 btn-group-justified，将 btn-group-justified 与 btn-group 配合使用，可使按钮组平均分布占满一整行，也就是两端对齐。这里需要注意的是，如果使用button/input创建按钮，则需要为每个button/input外面再包裹一个btn-group，如果用a标签创建的按钮，则无此要求。

实现按钮组平均分布的代码如图4-133所示。该代码创建了两个按钮组，两个按钮组都平均分布，占满一整行。观察第一个按钮组的代码，可以发现，第一个按钮组的创建过程与前面的按钮组创建过程有所不同，每个按钮外面都额外包裹了一个div容器，且div容器标签中加入了class="btn-group"。之所以这样做是因为这个按钮组中每个按钮都是用button标签声明的，如果这个按钮组需要在显示时两端对齐，就需要在按钮组容器中加入btn-group-justified样式，并且每一个按钮都用一个div容器包裹起来并设置div容器样式为btn-group。代码看起来有些奇怪，但这是Bootstrap的规定，对于由button/input声明的按钮所构成的按钮组，设置按钮组两端对齐时就必须这样写。

图 4-133 实现按钮组平均分布的代码

再观察第二个按钮组，这个按钮组的创建方法很正常，不像第一个按钮组那样烦琐，这是因为第二个按钮组中的按钮都是由a标签创建的，在设置按钮组两端对齐时，Bootstrap对这种按钮组没有上面那种额外规定。以上代码的显示效果如图4-134所示。

图 4-134 显示效果

2. 下拉菜单

下拉菜单也是网页中经常用到的一个组件。下拉菜单的效果，如图4-135所示。这就是一个下拉菜单，如何体现这是一个下拉菜单呢？点击"产品大全"按钮之后变化如图4-136所示。

单元 4　Bootstrap 框架及应用

图 4-135　下拉菜单的效果

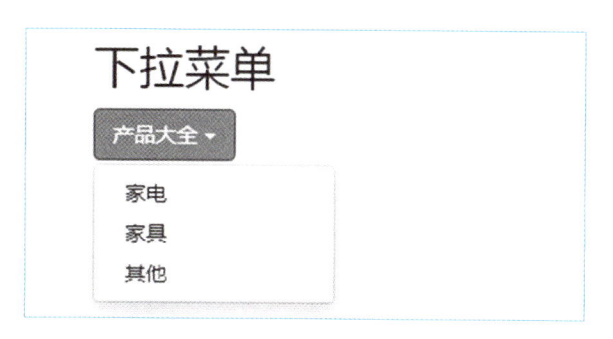

图 4-136　下拉菜单展开

可以看到，出现了一个下拉框，下拉框中有几个选项，可以用任意点击其中的选项作为选择。当再次点击"产品大全"按钮时，下拉框被收回。这就是一个典型的下拉菜单的效果。

（1）创建下拉菜单

创建下拉菜单的代码非常简单，下拉菜单代码的基本结构，如图4-137所示。

```html
<div class="dropdown">
    <a href="" class="btn btn-warning" data-toggle="dropdown">产品大全</a>
    <ul class="dropdown-menu">
        <li><a href="">冰箱</a></li>
        <li><a href="">彩电</a></li>
        <li><a href="">洗衣机</a></li>
    </ul>
</div>
```

图 4-137　下拉菜单代码的基本结构

可以看到，下拉菜单是由一个按钮和一个无序列表构成的，无序列表充当下拉框的角色。按钮和无序列表一起放入一个div容器当中。当然，这里面的按钮、无序列表和div容器都需要使用Bootstrap提供的相应样式才能构成一个Bootstrap下拉菜单。

首先来看div容器，div容器的标签当中使用了class="dropdown"，其中dropdown是Bootstrap提供的样式，该样式使得div容器成为下拉菜单容器。

对于div容器来说，还可以使用另外一个样式：class="dropup"，这个样式使得菜单被设置向上弹起，效果如图4-138所示。

图 4-138　子菜单向上弹起

再来看按钮，按钮是由a标签创建的，用a标签创建按钮没有什么特别之处，但是从代码中可以看到，a标签中多了一个属性data-toggle="dropdown"，这个属性起什么作用呢？

toggle这个词本身有状态切换的意思，比如说开关的打开、关闭就可以用这个词来表达。

— 249 —

对于下拉菜单来说，有两种状态，一种状态是下拉框展开，另一种状态是下拉框收起，下拉菜单就是在这两种状态之间来回切换的，所以用toggle这个词来描述很恰当。a标签的属性data-toggle="dropdown"为按钮赋予了切换的行为。在Bootstrap中，经常要用到这个属性，而且切换的具体行为也有多种。在下拉菜单中使用了dropdown这个属性值，dropdown是下拉的意思，它明确说明了data-toggle属性指定下拉和收起这种切换行为。注意，前面提到了菜单可以下拉，也可以向上弹起，但是无论是下拉还是向上弹起，data-toggle属性的取值都必须是dropdown。

下面来看无序列表部分。单单有按钮具备切换功能还不够，还需要下拉框与按钮配合。从代码中可以看到一个无序列表，只是这个无序列表加入了一个class="dropdown-menu"，dropdown-menu是Bootstrap提供的样式，使得一个普通的无序列表成为一个下拉菜单的下拉框。无序列表中的列表项就成为下拉菜单的菜单项。这样，当点击按钮时，该下拉框会展开，再点击按钮一次，该下拉框就会收起。

有了带data-toggle="dropdown"属性的按钮，又有了带class="dropdown-menu"属性的下拉框，将按钮和下拉框放入一个带有class="dropdown"属性的容器里，就构成了一个完备的下拉菜单。

（2）下拉菜单相关的其他常用样式

① drop-up。前面已经提过，在下拉菜单容器的标签中将class="dropdown"改为class="dropup"属性值，可以将菜单设置为向上弹起。

② dropdown-header，divider。在菜单项比较多的时候，下拉菜单可能需要把菜单项归类，每个类可能需要取一个名字，如图4-139所示。

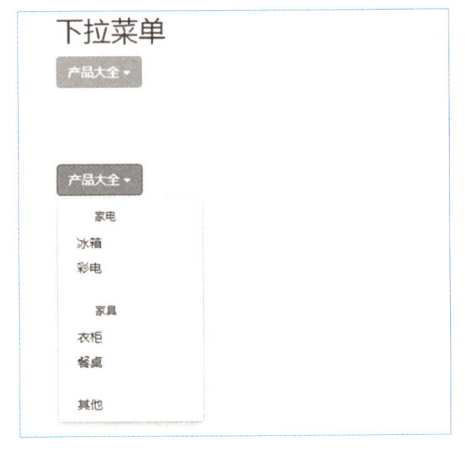

图4-139　菜单项归类

图中下拉菜单项有冰箱、彩电、衣柜、餐桌等，显然这些菜单项是可以归为家电和家具两类。在制作无序列表的时候，可以把同类的列表项集中放在一起，并在同类列表项之上增加一个列表项，这个列表项的li标签中要使用class="dropdown-header"，这样这个列表项就成为几个同类列表项的一个标题。在将列表项分为不同类后，不同类的列表项之间还可以用一条横线分隔开，这条横线也可以通过列表项来实现，实现的方法就是在一个空列表项的li标签中加入class="divider"样式。实现上面下拉菜单效果的完整代码如图4-140所示。

从代码中可以看到在按钮代码的文本部分，除"产品大全"4个字外，后面还跟了一个空的span标签，span标签中使用了class="caret"，即<span class="caret"></span>，这表示要显示一个字符图标，该字符图标是一个小三角图标，对于下拉菜单，小三角图标的尖头向下，对于向上弹起菜单，小三角图标尖头向上，如图4-141所示。

```
 1  <!DOCTYPE html>
 2  <html lang="zh-CN">
 3  <head>
 4      <meta charset="utf-8">
 5      <meta http-equiv="X-UA-Compatible" content="IE=edge">
 6      <meta name="viewport" content="width=device-width, initial-scale=1">
 7      <title>Bootstrap Template</title>
 8      <link href="css/bootstrap.css" rel="stylesheet">
 9  </head>
10  <body>
11      <div class="container">
12          <h2>下拉菜单</h2>
13
14          <div class="dropdown">
15              <a href="" class="btn btn-warning" data-toggle="dropdown">产品大全 <span class="caret"></span></a>
16              <ul class="dropdown-menu">
17                  <li><a href="">家电</a></li>
18                  <li><a href="">家具</a></li>
19                  <li><a href="">其他</a></li>
20              </ul>
21          </div>
22
23          <br><br><br><br>
24
25          <div class="dropdown">
26              <a href="" class="btn btn-warning" data-toggle="dropdown">产品大全 <span class="caret"></span></a>
27              <ul class="dropdown-menu">
28                  <li class="dropdown-header"><a href="">家电</a></li>
29                  <li><a href="">冰箱</a></li>
30                  <li><a href="">彩电</a></li>
31                  <li class="divider"></li>
32                  <li class="dropdown-header"><a href="">家具</a></li>
33                  <li><a href="">衣柜</a></li>
34                  <li><a href="">餐桌</a></li>
35                  <li class="divider"></li>
36                  <li><a href="">其他</a></li>
37              </ul>
38          </div>
39      </div>
40      <script src="js/jquery-1.11.3.js"></script>
41      <script src="js/bootstrap.js"></script>
42  </body>
43  </html>
```

图 4-140　实现菜单项归类的代码

图 4-141　菜单条上的小三角

4.2.7　Bootstrap组件——输入框组、导航与响应式导航条

1. 输入框组

Bootstrap经常把逻辑上关系比较密切的若干控件放到一个容器中，构成一个组，并给容器和控件加上特定的样式，使得容器中的各个控件在显示时排列比较紧密，组内控件显示出比组外控件更高的关联度。

前面已经学习过的控件组、按钮组，下面将学习输入框组。

Bootstrap 组件-输入框组

（1）什么是输入框组

在使用输入框时，在输入框的前面常常要有一个文字提示，如"用户名"、"密码"等，以前都是在输入框前面放一个label元素，在label元素中放置提示信息，这样的label元素加输入框效果如图4-142所示。再来看看如图4-143所示效果。

图4-142　label加输入框效果

图4-143　输入框组效果

由于提示信息与输入框确实关联度比较高，因此将它们显示为一体更能突出这种关联关系，使得网页布局更具逻辑性。

这种能够将提示信息与输入框显示为一体的效果，就可以用输入框组来实现。输入框组不但可以使提示信息与输入框显示为一体，还可以使按钮与输入框显示为一体。输入框组是Bootstrap的一个组件。通过为输入框前面或后面添加文字或按钮构成输入框组。

（2）输入框组的代码基本结构

如图4-144所示是输入框组的例子代码。可以看到，输入框组的代码并不复杂，在输入框组中，提示信息不再用label元素，而是用span元素，构成输入框组的span元素和input元素一起放到一个div容器中。

```
14    <div class="input-group">
15        <span class="input-group-addon">用户名</span>
16        <input type="text" class="form-control" placeholder="请输入用户名">
17    </div>
```

图4-144　输入框组例子代码

在第14行中，div容器使用了Bootstrap提供的专用样式：class="input-group"，使div容器成为输入框组容器。

第15行，对于span元素来说，除了放置提示文本"用户名"外，还必须使用样式class="input-group-addon"，这也是Bootstrap提供的专用样式，说明这个span元素与后面的input控件构成输入框组。

第16行的input元素没有特殊要求，仅仅使用了form-control样式使控件具有Bootstrap风格。

运行上述代码可以得到如图4-143所示效果。

这是将提示文字添加到输入框之前的情况。在需要的时候，还可以将文字添加到输入框之后，代码如图4-145所示。

这段代码与前面的代码几乎完全相同，只是将span元素的位置与input元素的位置对调了一下，这样就可以把文字添加到输入框的后面，效果如图4-146所示。

```
18    <div class="input-group">
19        <input type="text" class="form-control" placeholder="请输入邮箱">
20        <span class="input-group-addon">@qq.com</span>
21    </div>
```

图 4-145　输入框组例子代码

图 4-146　输入框组显示效果（有文字）

输入框组不仅可以由输入框和文字构成，还可以由输入框和按钮构成，代码如图4-147所示。

```
31    <div class="input-group">
32        <input type="text" class="form-control" placeholder="请输入邮箱">
33        <span class="input-group-btn">
34            <button type="button" class="btn btn-success">搜索</button>
35        </span>
36    </div>
```

图 4-147　输入框组例子代码

以上代码中span标签使用的样式变成了"class=input-group-btn"，这是Bootstrap提供的样式，说明span标签包裹的是一个按钮，由该按钮与input控件构成输入框组。span标签包裹的也不再是文字，而是一个按钮元素。对按钮元素而言，在样式上并没有特殊要求，只是一些常规的Bootstrap风格设置。这段代码的显示效果如图4-148所示。可以看到，按钮添加到了输入框的后面。

图 4-148　输入框和按钮显示效果

对于这样成组使用的控件来说，Bootstrap通常都会提供大小型号的样式。通过使用input-group-sm和input-group-lg，可以得到不同尺寸的输入框组。代码如图4-149所示。

```
37    <div class="input-group input-group-sm">
38        <input type="text" class="form-control" placeholder="请输入邮箱">
39        <span class="input-group-btn">
40            <button type="button" class="btn btn-success">
41                <span class="glyphicon glyphicon-search"></span>
42            </button>
43        </span>
44    </div>
45    <div class="input-group">
46        <input type="text" class="form-control" placeholder="请输入邮箱">
47        <span class="input-group-btn">
48            <button type="button" class="btn btn-success">
49                <span class="glyphicon glyphicon-search"></span>
50            </button>
51        </span>
52    </div>
53    <div class="input-group input-group-lg">
54        <input type="text" class="form-control" placeholder="请输入邮箱">
55        <span class="input-group-btn">
56            <button type="button" class="btn btn-success">
57                <span class="glyphicon glyphicon-search"></span>
58            </button>
59        </span>
60    </div>
```

图 4-149　输入框组例子代码

以上代码，在第37行中加入了input-group-sm，将输入框组设置为小尺寸，在第45行中没有使用尺寸样式，默认为使用中等尺寸，在第53行中加入了input-group-lg，将输入框组设置为大尺寸。显示效果如图4-150所示。

图 4-150　大小尺寸输入框组显示效果

以上关于输入框组的完整代码如图4-151所示。显示效果如图4-152所示。

图 4-151　输入框组例子代码

图 4-152 输入框显示效果（完整）

2. 导航

对于经常使用PC的人来说，导航这种控件应该是非常熟悉的。不仅在网页中，在其他各种软件中，导航控件也是很常用的。一个最基本的导航控件效果如图4-153所示。

Bootstrap 组件-导航

图 4-153 最基本的导航控件效果

这就是一个最基本的导航，叫作标签页式导航。在这个导航控件中，一共有三个标签，其中有一个标签获取了焦点，被称为当前活动标签。当用鼠标点击不同的标签时，当前活动标签的位置会发生变化，被点击的标签变成当前活动标签。例如，当用鼠标点击"流行动漫"标签后，导航控件标签变化如图4-154所示。可以看到，当前活动标签变成了"流行动漫"。

图 4-154 导航控件标签变化

（1）标签页式导航的基本代码结构

Bootstrap是通过ul无序列表来生成标签页式导航控件的，代码如图4-155所示。

```
<h2>标签页式导航</h2>
<ul class="nav nav-tabs">
    <li class="active" data-toggle="tab"><a href="">最新影视</a></li>
    <li data-toggle="tab"><a href="">娱乐八卦</a></li>
    <li data-toggle="tab"><a href="">流行动漫</a></li>
</ul>
```

图 4-155 标签页式导航例子代码

从上面代码可以看到，ul无序列表的ul容器使用了样式class="nav nav-tab"，其中nav是导航的通用样式，nav-tabs与nav一起使用，将导航控件设置为标签页式导航。这样ul容器就被设置为导航容器。

再来看导航项，也就是ul容器中的列表项。三个li元素代表三个导航项，其中第一个li标签中使用了class="active"，active是Bootstrap的专用样式，设置该列表项作为导航的默认当前活动标签。

继续观察li列表项，可以发现每一个li标签都添加了一个属性"data-toggle"，在前面学习下拉菜单时知道，data-toggle属性是用来给元素添加状态切换功能的。在下拉菜单中，我们给下拉菜单的按钮添加了data-toggle属性，使得点击按钮时触发了下拉框在展开和收起两种状态之间切换。现在li标签中也添加了data-toggle属性，目的也是实现状态切换。标签页式导航的状态切换，实际就是当前活动标签位置的切换。在下拉菜单中，菜单按钮中添加的data-toggle属性的值是"dropdown"，而在导航控件代码中，li标签中添加的data-toggle属性的值要用"tab"，即data-toggle="tab"，该属性值用于导航项，实现点击时为当前项添加active，也就是将class="active"移动到当前点击的导航项上，实现了当前活动标签的转移。

（2）胶囊式导航

除了标签页式导航，还可以定义胶囊式导航，具体代码如图4-156所示。

```
20      <h2>胶囊式导航</h2>
21      <ul class="nav nav-pills">
22          <li class="active" data-toggle="tab"><a href="">最新影视</a></li>
23          <li data-toggle="tab"><a href="">娱乐八卦</a></li>
24          <li data-toggle="tab"><a href="">流行动漫</a></li>
25      </ul>
```

图4-156　胶囊式导航例子代码

和前面的标签页式导航代码对比一下，发现代码几乎完全相同，唯一的区别是在第21行，用nav-pills替代了nav-tabs，nav-pills与nav一起使用，构成了胶囊式导航。效果如图4-157所示。

图4-157　胶囊式导航

（3）两端对齐的导航

Bootstrap提供了专用的样式nav-justified，这使得导航标签两端对齐的效果非常容易实现。只要将该样式添加到ul容器中就可以了。代码如图4-158所示。

```
27      <h2>标签页式导航——两端对齐</h2>
28      <ul class="nav nav-tabs nav-justified">
29          <li class="active" data-toggle="tab"><a href="">最新影视</a></li>
30          <li data-toggle="tab"><a href="">娱乐八卦</a></li>
31          <li data-toggle="tab"><a href="">流行动漫</a></li>
32      </ul>
33
34      <h2>胶囊式导航——两端对齐</h2>
35      <ul class="nav nav-pills nav-justified">
36          <li class="active" data-toggle="tab"><a href="">最新影视</a></li>
37          <li data-toggle="tab"><a href="">娱乐八卦</a></li>
38          <li data-toggle="tab"><a href="">流行动漫</a></li>
39      </ul>
```

图4-158　两端对齐的导航例子代码

从第28行和第35行代码可以看到，nav-justified样式被添加到了ul标签中。效果如图4-159所示。

图4-159 两端对齐导航显示效果

（4）导航项竖向显示

前面的例子中，导航项都是水平显示的，在胶囊式导航中，导航项也可以竖向显示。设置竖向显示也很简单，只要使用Bootstrap的专用样式nav-stacked即可，只是要特别注意，该样式是胶囊式导航专有的，不能用于标签页式导航。代码如图4-160所示。从代码中可以看到，第49行在ul标签中添加了nav-stacked样式。显示效果如图4-161所示。

图4-160 导航项竖向显示的代码

图4-161 导航项竖向显示效果

以上各种导航效果的完整代码如图4-162所示。显示效果如图4-163所示。

以上效果图中有一个"自适应"导航条，是通过使用标签页式导航专有的样式"nav-tabs-justified"实现的，因为使用了该样式后标签页式导航并没有明显的效果。

```html
<!DOCTYPE html>
<html lang="zh-CN">
<head>
    <meta charset="utf-8">
    <meta http-equiv="X-UA-Compatible" content="IE=edge">
    <meta name="viewport" content="width=device-width, initial-scale=1">
    <title>Bootstrap Template</title>
    <link href="css/bootstrap.css" rel="stylesheet">
</head>
<body>
    <div class="container">

        <h2>标签页式导航</h2>
        <ul class="nav nav-tabs">
            <li class="active" data-toggle="tab"><a href="">最新影视</a></li>
            <li data-toggle="tab"><a href="">娱乐八卦</a></li>
            <li data-toggle="tab"><a href="">流行动漫</a></li>
        </ul>

        <h2>胶囊式导航</h2>
        <ul class="nav nav-pills">
            <li class="active" data-toggle="tab"><a href="">最新影视</a></li>
            <li data-toggle="tab"><a href="">娱乐八卦</a></li>
            <li data-toggle="tab"><a href="">流行动漫</a></li>
        </ul>

        <h2>标签页式导航—两端对齐</h2>
        <ul class="nav nav-tabs nav-justified">
            <li class="active" data-toggle="tab"><a href="">最新影视</a></li>
            <li data-toggle="tab"><a href="">娱乐八卦</a></li>
            <li data-toggle="tab"><a href="">流行动漫</a></li>
        </ul>

        <h2>胶囊式导航—两端对齐</h2>
        <ul class="nav nav-pills nav-justified">
            <li class="active" data-toggle="tab"><a href="">最新影视</a></li>
            <li data-toggle="tab"><a href="">娱乐八卦</a></li>
            <li data-toggle="tab"><a href="">流行动漫</a></li>
        </ul>

        <h2>标签页式导航—自适应—标签页导航专有</h2>
        <ul class="nav nav-tabs nav-tabs-justified">
            <li class="active" data-toggle="tab"><a href="">最新影视</a></li>
            <li data-toggle="tab"><a href="">娱乐八卦</a></li>
            <li data-toggle="tab"><a href="">流行动漫</a></li>
        </ul>

        <h2>胶囊式导航—竖向排列—胶囊式导航专有</h2>
        <ul class="nav nav-pills nav-stacked">
            <li class="active" data-toggle="tab"><a href="">最新影视</a></li>
            <li data-toggle="tab"><a href="">娱乐八卦</a></li>
            <li data-toggle="tab"><a href="">流行动漫</a></li>
        </ul>
    </div>
    <script src="js/jquery-1.11.3.js"></script>
    <script src="js/bootstrap.js"></script>
</body>
</html>
```

图 4-162　各种导航效果完整例子代码

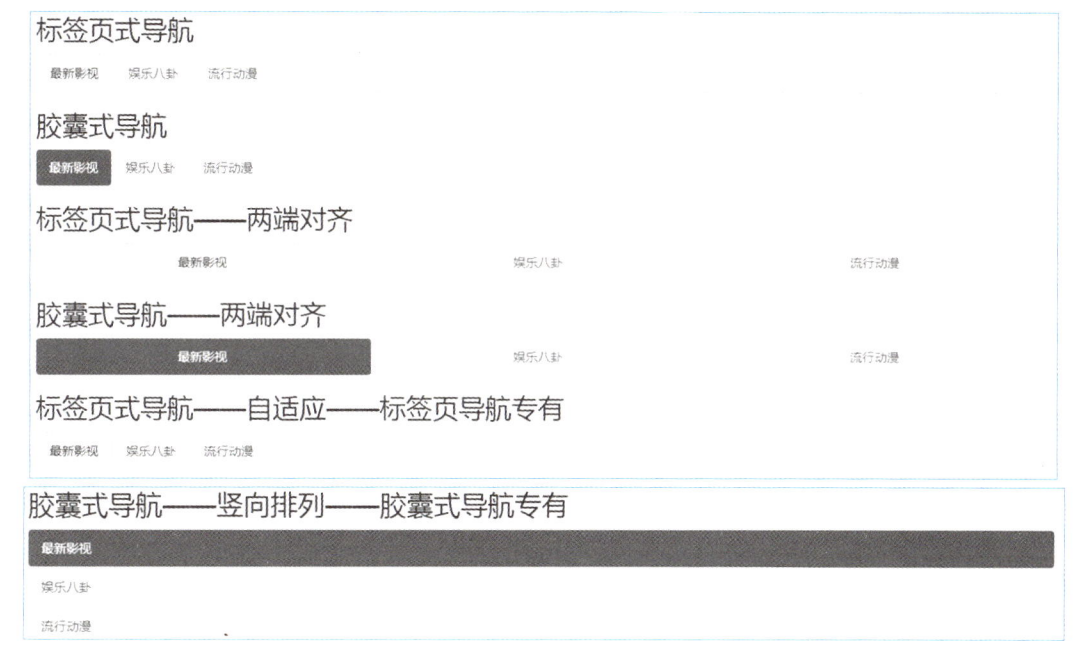

图 4-163　导航项显示效果

3. 响应式导航条

与前面介绍的组件相比，Bootstrap的响应式导航条更为复杂一些。

（1）什么是响应式导航条

响应式导航条可以在不同设备上自动调整显示状态。响应式导航条的两种状态是：

- 全部展开状态（在lg/md/sm屏幕显现），LOGO、菜单、按钮、链接、表单、普通文本都处于同一行中。
- 收缩状态（在xs屏幕显现），一部分内容会被折叠起来，通过折叠菜单触发按钮可以展开。

下面来看一个响应式导航条的例子。在宽屏幕上，响应式导航条显示效果，如图4-164所示。

图 4-164　响应式导航条显示效果

在手机屏幕上，响应式导航条的显示效果变为如图4-165所示。点击导航条右侧的折叠菜单触发按钮，折叠菜单展开，得到如图4-166所示效果。再次点击导航条右侧的折叠菜单触发按钮，折叠菜单收缩，回到初始状态。

界面设计

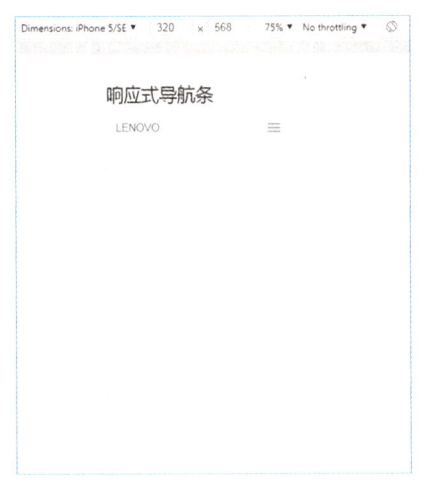

图 4-165　手机上显示响应式导航条

图 4-166　折叠菜单展开

（2）响应式导航条的代码结构

响应式导航条的结构比较复杂，涉及2个部分。

第一部分是导航条容器，包括响应式导航条主容器和Bootstrap布局容器。

① 响应式导航条主容器。Bootstrap提供了一个导航条主容器专用样式".navbar"，同时还提供了响应式导航条的两种配色方案：

- .navbar-default：导航条使用浅底深色字。
- .navbar-inverse：导航条使用深底浅色字。

将.nav-bar样式添加到div标签中，同时添加一种响应式导航条的配色方案，就构成了一个响应式导航条主容器。

② Bootstrap布局容器。在.navbar导航条主容器里，要包含一个Bootstrap布局容器.container或.container-fluid，后面所有响应式导航条的相关代码都必须放在这个容器里面。

注意：这里是导航条包含布局容器，而不是布局容器包含导航条，与以前学到的Bootstrap规则相反，这是唯一的例外。

前面的响应式导航条显示例子中，导航条容器使用的配色方案是.navbar-default，如果改为.navbar-inverse，则在宽屏幕上的显示效果，如图4-167所示，在手机屏幕上的显示效果，如图4-168所示。

图 4-167　navbar-inverse 配色方案 PC 显示效果

图 4-168　navbar-inverse 配色方案手机显示效果

容器部分的例子代码如图 4-169 所示。

图 4-169　容器部分例子代码

第二部分是导航条内容，包括导航条头部和折叠菜单。

① 导航条头部。导航条头部的代码如图 4-170 所示。

图 4-170　导航条头部例子代码

导航条的头部又分为两个部分，LOGO和折叠菜单触发按钮，这两个部分一起放在一个导航条头部容器里。导航条头部容器是一个div容器，div容器使用了Bootstrap专用的样式"navbar-header"。

● LOGO。在本例中，LOGO由一个a标签构成，a标签的内容是一个字符串"LENOVO"。a标签中使用了class="navbar-brand"，这是一个Bootstrap专用样式，用于显示LOGO。并且使用了这个样式之后，折叠菜单不会将LOGO也折叠起来，所以在手机屏幕上，折叠菜单上的所有内容都被隐藏了，唯独"LENOVO"仍然可见。

● 折叠菜单触发按钮。折叠菜单触发按钮由一个普通button标签，加上若干属性构成。

class="navbar-toggle"：该属性值设置了触发按钮的显示样式。

data-toggle="collapse"：该属性值赋予了折叠菜单触发按钮触发状态切换的功能。折叠菜单有展开和收缩两个状态，点击折叠菜单触发按钮，可以使折叠菜单在这两个状态之间进行切换。

data-target="#my折叠菜单的id"：这个属性标出了折叠菜单触发按钮将要触发的折叠菜单，也就是触发目标。触发目标是通过将要被触发的折叠菜单的id值标明的。后面将要定义的折叠菜单一定要有一个id值，且id值必须与data-target属性值相同。只有这样触发按钮才能成功触发折叠菜单，如果不相同，则将无法找到折叠菜单而使触发失败。

在button元素的开始标签和结束标签之间，有3个空span元素，span标签中使用了class="icon-bar"，这是为了显示一个横线图标（"——"），三个span元素显示三个相同的图标。手机屏幕上的折叠菜单触发按钮上面的三条横线就是这样显示出来的。

② 折叠菜单。折叠菜单的代码如图4-171所示。

```
31          <!--第二部分：折叠菜单-->
32          <div class="navbar-collapse collapse" id="mycollapse">
33              <ul class="nav navbar-nav">
34                  <li><a href="">首页</a></li>
35                  <li><a href="">新闻中心</a></li>
36                  <li><a href="">产品展示</a></li>
37              </ul>
38              <form action="" class="navbar-form navbar-left">
39                  <div class="input-group">
40                      <input type="text" class="form-control" placeholder="请输入关键字">
41                      <span class="input-group-btn">
42                          <button type="button" class="btn btn-success">
43                              <span class="glyphicon glyphicon-search"></span>
44                          </button>
45                      </span>
46                  </div>
47              </form>
48              <span class="navbar-text">
49                  <a href="" class="navbar-link">会员中心</a>
50              </span>
51              <span class="navbar-text">中国站</span>
52              <button type="button" class="btn btn-info navbar-btn">国际站</button>
53          </div>
```

图4-171 折叠菜单例子代码

在定义折叠菜单时，首先要定义一个折叠菜单容器。使用一个div容器，添加上两个样式navbar-collapse和collapse即可构成一个折叠菜单容器。

在定义折叠菜单容器时，一定不要忘了要有一个id，而且这个id的值一定要对应于折叠菜单触发按钮中data-target属性的值。在以上代码中，id值是"mycollapse"，查一下前面折叠菜单触发按钮的代码，可以看到data-target属性的值是："#mycollapse"，能够对应上。如果没有这个id，则折叠菜单触发按钮将无法找到这个折叠菜单。

在折叠菜单中，可以包含各种元素，如导航、表单、链接、按钮、文本等。但是因为这些元素是在导航条环境中，而不是在其他普通环境中的，因此在使用上有一些特殊要求。Bootstrap为这些元素在导航条环境下使用提供了一些样式。

navbar-nav：导航条中的导航；navbar-form：导航条中的表单；

navbar-btn：导航条中的按钮；navbar-text：导航条中的文本；

navbar-link：导航条中的链接。

另外，关于导航条中各元素的排列方式，Bootstrap也提供了一些样式。

navbar-left：将导航条中的元素靠左排列；navbar-right：将导航条中的元素靠右排列；

navbar-fixed-top：将导航条固定在页面顶部；navbar-fixed-bottom：将导航条固定在页面底部。

观察以上代码，第33行到37行，通过在ul标签中使用class="nav navbar-nav"，定义了导航条中的导航；第38行到47行，通过在form标签中使用class="navbar-form navbar-left"，定义了导航条中的表单，并且表单靠左排列，表单内部包含了一个输入框组；第48行到51行定义了一个链接，该链接被一个span元素包裹，在span标签中使用了class="navbar-text"，将链接的文字部分设置为导航条中的文本，在链接a标签中，使用了class="navbar-link"，定义了导航条中的链接；第51行，通过在span标签中使用class="navbar-text"，定义了导航条中的文本；第52行，通过在button标签中使用class="btn btn-info navbar-btn"定义了导航条中的按钮。

对于navbar-*是否必要，可以简单做一个实验来对比一下。先来观察一下上面代码中第52行代码，当使用navbar-btn时，效果如图4-172所示。

图 4-172 navbar-btn 样式的效果

现在将52行代码中的navbar-btn去掉，即修改为

```
<button type="button" class="btn btn-info">国际站</button>
```

再来运行一次，可以看到效果如图4-173所示。可以看到，按钮的对齐立刻就不正常了。

图 4-173 不使用 navbar-btn 样式的效果

如果使用其他元素做这个实验，还可能出现更多的问题，所以在导航条中使用的元素，一定要按规定在需要的地方加上navbar-*样式。

以上响应式导航条的完整代码如图4-174所示。

关于navbar-fixed-top样式和navbar-fixed-bottom样式，可以看图4-175所示例子代码。

```html
<!DOCTYPE html>
<html lang="zh-CN">
<head>
    <meta charset="utf-8">
    <meta http-equiv="X-UA-Compatible" content="IE=edge">
    <meta name="viewport" content="width=device-width, initial-scale=1">
    <title>Bootstrap Template</title>
    <link href="css/bootstrap.css" rel="stylesheet">
    <!--[if lt IE 9]>
    <script src="js/html5shiv.min.js"></script>
    <script src="js/respond.min.js"></script>
    <![endif]-->
</head>
<body>
    <h2>响应式导航条</h2>

    <!--注意:是导航条包含container,而不是container包含导航条-->
    <div class="navbar navbar-inverse">
        <div class="container">
            <!--第一部分:头部-->
            <div class="navbar-header">
                <!--logo-->
                <a href="" class="navbar-brand">LENOVO</a>
                <!--触发按钮-->
                <button type="button" data-target="#mycollapse" data-toggle="collapse" class="navbar-toggle">
                    <span class="icon-bar"></span>
                    <span class="icon-bar"></span>
                    <span class="icon-bar"></span>
                </button>
            </div>
            <!--第二部分:折叠菜单-->
            <div class="navbar-collapse collapse" id="mycollapse">
                <ul class="nav navbar-nav">
                    <li><a href="">首页</a></li>
                    <li><a href="">新闻中心</a></li>
                    <li><a href="">产品展示</a></li>
                </ul>
                <form action="" class="navbar-form navbar-left">
                    <div class="input-group">
                        <input type="text" class="form-control" placeholder="请输入关键字">
                        <span class="input-group-btn">
                            <button type="button" class="btn btn-success">
                                <span class="glyphicon glyphicon-search"></span>
                            </button>
                        </span>
                    </div>
                </form>
                <span class="navbar-text">
                    <a href="" class="navbar-link">会员中心</a>
                </span>
                <span class="navbar-text">中国站</span>
                <button type="button" class="btn btn-info navbar-btn">国际站</button>
            </div>
        </div>
    </div>

    <script src="js/jquery-1.11.3.js"></script>
    <script src="js/bootstrap.js"></script>
    <script>
        (function(){
            var s=document.createElement("script");
            s.onload=function(){
                bootlint.showLintReportForCurrentDocument([]);
            };
            s.src="js/bootlint.js";
            document.body.appendChild(s)
        })();
    </script>
</body>
</html>
```

图 4-174　响应式导航条完整代码

```html
<!DOCTYPE html>
<html lang="zh-CN">
<head>
    <meta charset="utf-8">
    <meta http-equiv="X-UA-Compatible" content="IE=edge">
    <meta name="viewport" content="width=device-width, initial-scale=1">
    <title>Bootstrap Template</title>
    <link href="css/bootstrap.css" rel="stylesheet">
    <!--[if lt IE 9]>
    <script src="js/html5shiv.min.js"></script>
    <script src="js/respond.min.js"></script>
    <![endif]-->
</head>
<body>
<h2>响应式导航条</h2>

<!--注意：是导航条包含container，而不是container包含导航条-->
<div class="navbar navbar-inverse">
    <div class="container">
        <!--第一部分：头部-->
        <div class="navbar-header">
            <!--logo-->
            <a href="" class="navbar-brand">LENOVO</a>
            <!--触发按钮-->
            <button type="button" data-target="#mycollapse" data-toggle="collapse" class="navbar-toggle">
                <span class="icon-bar"></span>
                <span class="icon-bar"></span>
                <span class="icon-bar"></span>
            </button>
        </div>
        <!--第二部分：折叠菜单-->
        <div class="navbar-collapse collapse" id="mycollapse">
            <ul class="nav navbar-nav">
                <li><a href="">首页</a></li>
                <li><a href="">新闻中心</a></li>
                <li><a href="">产品展示</a></li>
            </ul>
            <form action="" class="navbar-form navbar-left">
                <div class="input-group">
                    <input type="text" class="form-control" placeholder="请输入关键字">
                    <span class="input-group-btn">
                        <button type="button" class="btn btn-success">
                            <span class="glyphicon glyphicon-search"></span>
                        </button>
                    </span>
                </div>
            </form>
            <span class="navbar-text">
                <a href="" class="navbar-link">会员中心</a>
            </span>
            <span class="navbar-text">中国站</span>
            <button type="button" class="btn btn-info navbar-btn">国际站</button>
        </div>
    </div>
</div>

<div style="height: 2000px;"></div>
```

图 4-175　使用 navbar-fixed-top 样式和 navbar-fixed-bottom 样式的例子代码

```
60    <!--固定在顶部-->
61    <div class="navbar navbar-inverse navbar-fixed-top">
62        <div class="container">
63            <!--第一部分：头部-->
64            <div class="navbar-header">
65                <!--logo-->
66                <a href="" class="navbar-brand">LENOVO</a>
67                <!--触发按钮-->
68                <button type="button" data-target="#mycollapse1" data-toggle="collapse" class="navbar-toggle">
69                    <span class="icon-bar"></span>
70                    <span class="icon-bar"></span>
71                    <span class="icon-bar"></span>
72                </button>
73            </div>
74            <!--第二部分：折叠菜单-->
75            <div class="navbar-collapse collapse" id="mycollapse1">
76                <ul class="nav navbar-nav">
77                    <li><a href="">首页</a></li>
78                    <li><a href="">新闻中心</a></li>
79                    <li><a href="">产品展示</a></li>
80                </ul>
81            </div>
82        </div>
83    </div>
84    <!--固定在底部-->
85    <div class="navbar navbar-inverse navbar-fixed-bottom">
86        <div class="container">
87            <!--第一部分：头部-->
88            <div class="navbar-header">
89                <!--logo-->
90                <a href="" class="navbar-brand">LENOVO</a>
91                <!--触发按钮-->
92                <button type="button" data-target="#mycollapse2" data-toggle="collapse" class="navbar-toggle">
93                    <span class="icon-bar"></span>
94                    <span class="icon-bar"></span>
95                    <span class="icon-bar"></span>
96                </button>
97            </div>
98            <!--第二部分：折叠菜单-->
99            <div class="navbar-collapse collapse" id="mycollapse2">
100                <ul class="nav navbar-nav">
101                    <li><a href="">首页</a></li>
102                    <li><a href="">新闻中心</a></li>
103                    <li><a href="">产品展示</a></li>
104                </ul>
105            </div>
106        </div>
107    </div>
108
109    <script src="js/jquery-1.11.3.js"></script>
110    <script src="js/bootstrap.js"></script>
111    <script>
112        (function(){
113            var s=document.createElement("script");
114            s.onload=function(){
115                bootlint.showLintReportForCurrentDocument([]);
116            };
117            s.src="js/bootlint.js";
118            document.body.appendChild(s)
119        })();
120    </script>
121    </body>
122    </html>
```

图 4-175　使用.navbar-fixed-top 样式和.navbar-fixed-bottom 样式的例子代码（续）

以上代码在第18行到55行、第61行到83行、第85行到107行定义了三个响应式导航条，其中第61行到83行定义的导航条容器和第85行到107行定义的导航条容器分别带有navbar-fixed-top和navbar-fixed-bottom样式，并且整个页面的长度比较长，出现了滚动条，效果如图4-176所示。

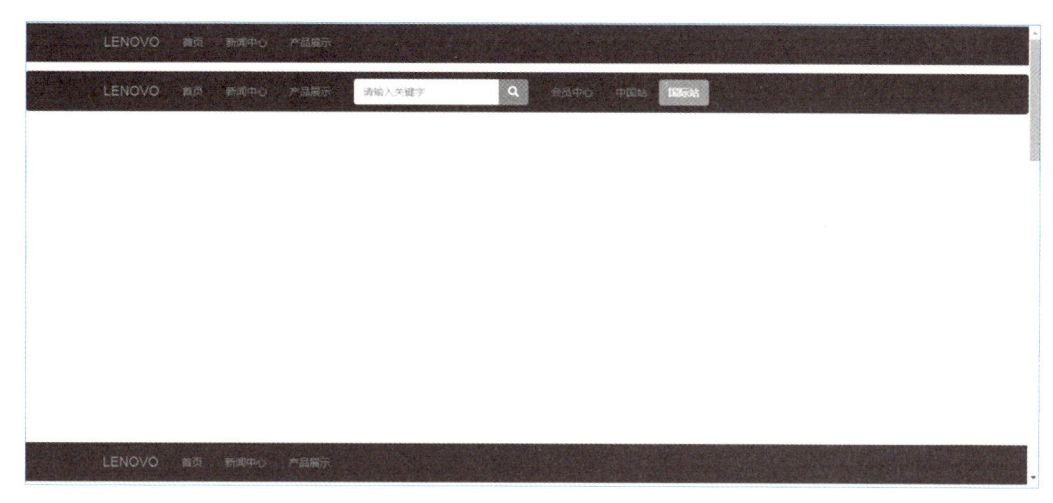

图 4-176　显示效果（使用 navbar-fixed-top 和 navbar-fixed-bottom 样式）

从图4-176可以看到，带有navbar-fixed-top样式的导航条固定在屏幕的最上方，带有navbar-fixed-bottom样式的导航条固定在屏幕的最下方，没有带这两种样式的导航条显示在屏幕中间。现在用鼠标向下移动滚动条，可以得到如图4-177所示效果。

图 4-177　移动滚动条时的显示效果

可以看到，带有navbar-fixed-top样式的导航条仍然固定在屏幕的最上方，带有navbar-fixed-bottom样式的导航条仍然固定在屏幕的最下方，而不带有这两种样式的导航条则随页面一起滚动到了屏幕外边。

4.2.8　Bootstrap组件——列表组与警告框

Bootstrap 组件-列表组

1. 列表组

Bootstrap提供的列表组是一个用于网页排版的有效工具。在制作列表清单、垂直导航等效果时，都要用到列表组。

（1）基本列表组

基本列表组是从最基本的ul无序列表演化而来的，先看一下最基本的ul无序列表代码和显示效果。无序列表代码，如图4-178所示，无序列表的显示效果，如图4-179所示。

```
<h2>无序列表</h2>
<ul>
    <li class="active">java 2实用教程</li>
    <li class="disabled">BootStrap实战从入门到精通</li>
    <li>Android Studio开发实战</li>
</ul>
```

图 4-178　无序列表代码

图 4-179　显示效果（无序列表）

下面再来看一段最基本的列表组代码，如图4-180所示。

```
<h2>列表组</h2>
<ul class="list-group">
    <li class="list-group-item active">java 2实用教程</li>
    <li class="list-group-item disabled">BootStrap实战从入门到精通</li>
    <li class="list-group-item">Android Studio开发实战</li>
</ul>
```

图 4-180　基本列表组代码

从代码中可以看到，列表组实际上就是以一个无序列表为基础，再加上Bootstrap提供的几个列表组的基本样式构成的。这几个基本样式包括list-group、list-group-item等。

① list-group。在ul标签中加入class="list-group"后，将ul无序列表设置成为一个Bootstrap列表组。

② list-group-item。按照Bootstrap要求，列表组中的每一个li标签中都必须加上一个class="list-group-item"，以说明这是一个Bootstrap列表组中的列表项。

③ active。在以上代码中，第一个li标签中可以看到，除使用list-group-item类名之外，还使用了active类名。active类名表示这个列表项是一个活动列表项，也就是当前获取了焦点的列表项。

④ disabled。在以上代码中，第二个li标签中可以看到，除使用list-group-item类名之外，还使用了disabled类名。disabled类名表示这个列表项是一个无效列表项，也就是当前处于禁用状态。以上代码的显示效果如图4-181所示。

图 4-181　基本列表组显示效果

在以上列表组中，第一个列表项设置成了活动列表项，用蓝色表示，第二个列表项设置成了无效列表项，用灰色表示，当光标悬停在无效列表项上时，光标也会由箭头形状变为禁用的形状。

（2）列表组的配色

以上是最基本的列表组样式。在最基本的列表组样式基础上，还可以为列表项设置不同的配色方案。Bootstrap为列表组提供了以下配色方案：list-group-item-success、list-group-item-info、list-group-item-warning、list-group-item-danger。

如图4-182所示是应用了配色方案的列表组代码。可以看到，每一个列表项中都加入了配色方案样式，显示效果如图4-183所示。

```
<h2>列表组</h2>
<ul class="list-group">
    <li class="list-group-item list-group-item-danger ">java 2实用教程</li>
    <li class="list-group-item list-group-item-danger disabled">BootStrap实战从入门到精通</li>
    <li class="list-group-item list-group-item-danger active">Android Studio开发实战</li>
</ul>
<h2>列表组</h2>
<ul class="list-group">
    <li class="list-group-item list-group-item-success active">java 2实用教程</li>
    <li class="list-group-item list-group-item-success">BootStrap实战从入门到精通</li>
    <li class="list-group-item list-group-item-success">Android Studio开发实战</li>
</ul>
<h2>列表组</h2>
<ul class="list-group">
    <li class="list-group-item list-group-item-info active">java 2实用教程</li>
    <li class="list-group-item list-group-item-info disabled">BootStrap实战从入门到精通</li>
    <li class="list-group-item list-group-item-info">Android Studio开发实战</li>
</ul>
<h2>列表组</h2>
<ul class="list-group ">
    <li class="list-group-item list-group-item-warning active">java 2实用教程</li>
    <li class="list-group-item list-group-item-warning">BootStrap实战从入门到精通</li>
    <li class="list-group-item list-group-item-warning">Android Studio开发实战</li>
</ul>
```

图 4-182　应用配色方案的列表组代码

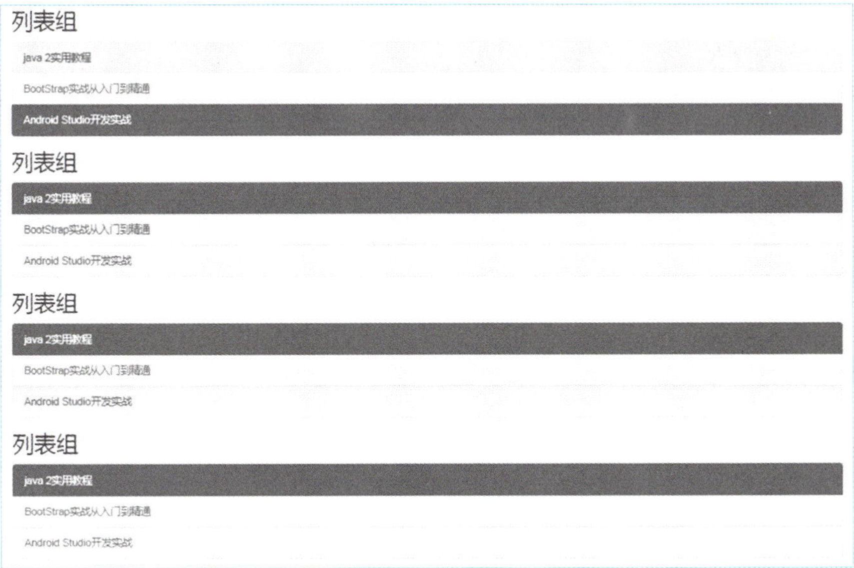

图 4-183　应用配色方案的列表组显示效果

从上面列表组显示可以发现，无论在列表项中使用了什么配色方案，活动列表项始终用蓝色来显示。在代码中，特意将第一个列表组中的active类名移到了第三个列表项，可以看到，表示活动列表项的蓝色方案也由第一个列表项转移到了第三个列表项。同样，无论在列表项中使用了什么配色方案，无效列表项也始终用灰色来显示。

（3）创建列表组的另外一种方法

上面的列表组都是在ul无序列表基础上创建的，列表组还可以用另外一种方式来创建。ul标签用div标签代替，列表组中的li列表项用a标签来实现，div标签使用class="list-group"，每一个a标签也要使用class="list-group-item"和相应的配色方案。代码如图4-184所示，可以看到，除了用div代替ul，用a标签代替li标签外，代码没有其他修改。显示效果如图4-185所示。

图 4-184 创建列表朱的另外一种方法

图 4-185 显示效果（列表组）

从上面显示效果看到，第二种方式创建的列表组与第一种方式创建的列表组样式风格完全相同，略有不同的是，从上面第二个列表组可以看出，活动列表项的显示颜色不再是固定的蓝色，而是可以通过列表项来设定的。

如图4-186、图4-187所示分别是完整的列表组页面代码和显示效果。

2. 警告框

警告框组件是一个提示工具，通过一些预定义的字符串，为用户的操作提供反馈消息。

Bootstrap 组件-警告框

（1）最基本的警告框

最基本的警告框构成非常简单，由一个div元素构成，div元素要使用两个Bootstrap样式，一个是通用样式alert，另一个是配色方案：alert-success、alert-info、alert-warning、alert-warning。

图 4-186　完整列表组页面代码

图 4-187　显示效果（列表组页面）

例子代码如图4-188所示。这样得到的最基本的警告框显示效果如图4-189所示。

图 4-188　最基本的警告框例子代码

图 4-189　最基本的警告框显示效果

（2）在警告文本中加入a标签

在警告文本中加入a标签时，需要使用Bootstrap样式alert-link，目的是为链接添加与alert风格一致的颜色。例子代码如图4-190所示。从代码中看到，在a标签中使用了class="alert-link"，显示效果如图4-191所示。

图 4-190　在警告文本中加入 a 标签代码

图 4-191　在 a 标签中使用 alert-link 样式的显示效果

从显示效果看，链接文字的颜色与整个警告框的颜色还是比较协调的。如果把class="alert-link"去掉，那么将得到如图4-192所示显示效果。从这里可以明显地看出Bootstrap样式alert-link的作用。

图 4-192　在 a 标签中不使用 alert-link 样式的显示效果

（3）可关闭的警告框

在实际使用中，警告框是可以关闭的。为了设置可以关闭的警告框，需要用到以下Bootstrap样式：

- alert-dismissible，该样式用于alert元素。
- close，该样式用于关闭按钮元素。
- data-dismiss="alert"，在关闭按钮元素上须设置此属性，警告框才具备关闭功能。

例子代码如图4-193所示。

图 4-193　可关闭的警告框代码

从代码中看到，关闭按钮是由一个span标签实现的，在span标签中使用了class="close"，这使得一个普通的span元素变成了关闭按钮元素，在span标签的内容部分，使用了&times，在HTML文档中，这个字符串代表乘法符号“×”，这里使用这个乘法符号的目的是在关闭按钮元素上显示一个叉号。通过叉号和close样式把span元素变成了关闭按钮的样子，但是要想具备关闭警告框的功能，还需要在span标签中加入一个属性data-dismiss="alert"，这样在点击关闭按钮上的叉号时，就能真正关闭该警告框。上面代码的显示效果如图4-194所示。

图 4-194　可关闭警告框显示效果

可以看到，在警告框的最右侧出现了一个叉号，这就是关闭按钮，点击叉号可以立刻关闭该警告框。

如图4-195所示是完整的警告框页面代码，效果如图4-196所示。

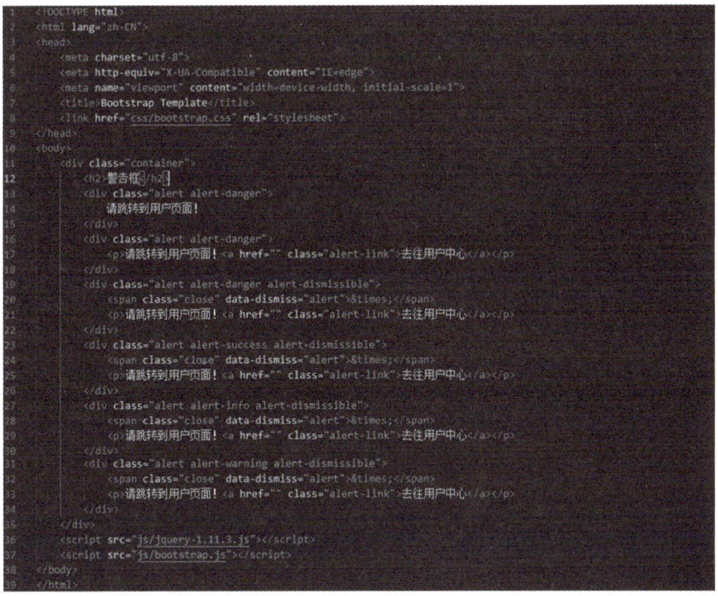

```
<!DOCTYPE html>
<html lang="zh-CN">
<head>
    <meta charset="utf-8">
    <meta http-equiv="X-UA-Compatible" content="IE=edge">
    <meta name="viewport" content="width=device-width, initial-scale=1">
    <title>Bootstrap Template</title>
    <link href="css/bootstrap.css" rel="stylesheet">
</head>
<body>
    <div class="container">
        <h2>警告框</h2>
        <div class="alert alert-danger">
            请跳转到用户页面!
        </div>
        <div class="alert alert-danger">
            <p>请跳转到用户页面! <a href="" class="alert-link">去往用户中心</a></p>
        </div>
        <div class="alert alert-danger alert-dismissible">
            <span class="close" data-dismiss="alert">&times;</span>
            <p>请跳转到用户页面! <a href="" class="alert-link">去往用户中心</a></p>
        </div>
        <div class="alert alert-success alert-dismissible">
            <span class="close" data-dismiss="alert">&times;</span>
            <p>请跳转到用户页面! <a href="" class="alert-link">去往用户中心</a></p>
        </div>
        <div class="alert alert-info alert-dismissible">
            <span class="close" data-dismiss="alert">&times;</span>
            <p>请跳转到用户页面! <a href="" class="alert-link">去往用户中心</a></p>
        </div>
        <div class="alert alert-warning alert-dismissible">
            <span class="close" data-dismiss="alert">&times;</span>
            <p>请跳转到用户页面! <a href="" class="alert-link">去往用户中心</a></p>
        </div>
    </div>
    <script src="js/jquery-1.11.3.js"></script>
    <script src="js/bootstrap.js"></script>
</body>
</html>
```

图 4-195　完整的警告框页面代码

图 4-196　显示效果

4.2.9 Bootstrap组件——媒体对象、标签页与折叠菜单

1. 媒体对象

（1）什么是媒体对象

在浏览网页时，无论对于新闻、评论还是商品信息，我们都比较喜欢图文并茂的风格。图片给人们直观印象，文字说明给人们详细信息。Bootstrap的媒体对象组件，能够让我们方便高效地实现"有图有真相"的网页效果。

以下是通过媒体对象组件实现图文效果的一个例子，如图4-197所示。

图 4-197　媒体对象

由图中可以看出，媒体对象由3部分组成：左侧部分（可选）、主体部分和右侧部分（可选）。既然左侧部分和右侧部分都是可选项，那么媒体对象还可以下列方式呈现，如图4-198所示。省略了左侧部分。

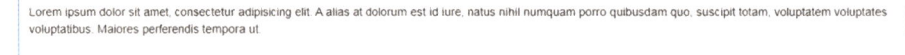

图 4-197　省略左侧部分的媒体对象

还可以下列方式呈现，如图4-198所示，省略了右侧部分。

图 4-198　省略右侧部分的媒体对象

（2）媒体对象的代码结构

以上我们了解了媒体对象组件的结构。一个完整的媒体对象由三个控件组成，按照Bootstrap代码的一般风格，一定是由一个容器将三个控件包裹起来的，并且要提供相应的样式来使这些容器和控件呈现出特殊的效果。

Bootstrap提供了以下样式：

● media：将class="media"放入div标签中，使得普通的div容器变成媒体对象容器。

● media-left：将class="media-left"放入div标签中，使得被包裹的控件成为媒体对象的左侧部分。

● media-body：将class="media-body"放入div标签中，使得被包裹的控件成为媒体对象的主体部分。

● media-right：将class="media-right"放入div标签中，使得被包裹的控件成为媒体对象的右侧部分。

● media-middle：将class="media-middle"放入div标签中，使得被包裹的控件在垂直方向上对齐。

● media-heading：如果文字部分需要标题，则可以将class="media-heading"放入h标签中，使得被包裹的文字部分以媒体对象特有的文字标题风格呈现。

实现上面三种媒体对象效果的完整代码如图4-200所示。第13行到24行代码实现了一个完整的媒体对象，第25行到30行代码实现了一个省略左侧部分的媒体对象，第31行到36行代码实现了一个省略右侧部分的媒体对象。

关于样式.media-middle的效果，可以做一个实验，在第13行到24行代码中，我们把.media-middle全部去掉，修改后的代码如图4-201所示。

```
1  <!DOCTYPE html>
2  <html lang="zh-CN">
3  <head>
4      <meta charset="utf-8">
5      <meta http-equiv="X-UA-Compatible" content="IE=edge">
6      <meta name="viewport" content="width=device-width, initial-scale=1">
7      <title>Bootstrap Template</title>
8      <link href="css/bootstrap.css" rel="stylesheet">
9  </head>
10 <body>
11     <div class="container">
12         <h2>媒体对象</h2>
13         <div class="media">
14             <div class="media-left media-middle">
15                 <img src="images/01.jpg" alt="">
16             </div>
17             <div class="media-body media-middle">
18                 <h3 class="media-heading">联想最新笔记本</h3>
19                 <p>Lorem ipsum dolor sit amet, consectetur adipisicing elit. A alias at dolorum est id iure, natus
                   nihil numquam porro quibusdam quo, suscipit totam, voluptatem voluptates voluptatibus. Maiores
                   perferendis tempora ut.</p>
20             </div>
21             <div class="media-right media-middle">
22                 <button type="button" class="btn btn-success">查看详情</button>
23             </div>
24         </div>
25         <div class="media">
26             <div class="media-body media-middle">Lorem ipsum dolor sit amet, consectetur adipisicing elit. A alias at
               dolorum est id iure, natus nihil numquam porro quibusdam quo, suscipit totam, voluptatem voluptates
               voluptatibus. Maiores perferendis tempora ut.</div>
27             <div class="media-right media-middle">
28                 <button type="button" class="btn btn-success">查看详情</button>
29             </div>
30         </div>
31         <div class="media">
32             <div class="media-left media-middle">
33                 <img src="images/01.jpg" alt="">
34             </div>
35             <div class="media-body media-middle">Lorem ipsum dolor sit amet, consectetur adipisicing elit. A alias at
               dolorum est id iure, natus nihil numquam porro quibusdam quo, suscipit totam, voluptatem voluptates
               voluptatibus. Maiores perferendis tempora ut.</div>
36         </div>
37     </div>
38     <script src="js/jquery-1.11.3.js"></script>
39     <script src="js/bootstrap.js"></script>
40 </body>
41 </html>
```

图 4-200　实现媒体对象效果的完整代码

界面设计

图 4-201　去掉 media-middle 样式的代码

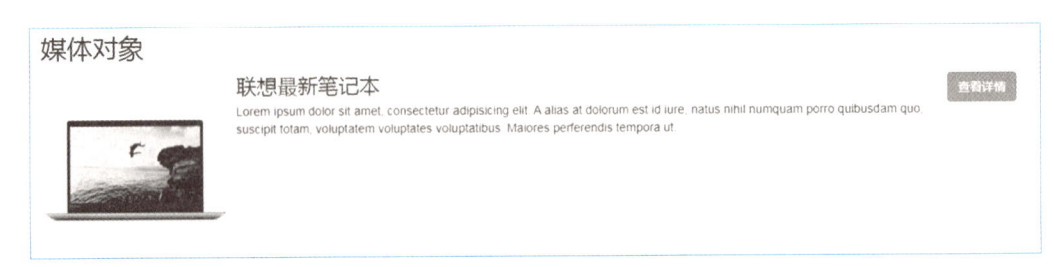

运行将得到如图 4-202 所示效果。

图 4-202　去掉 media-middle 样式的显示效果

可以看到，如果不加 .media-middle 样式，则媒体对象中的各个控件默认是向上对齐的。但同时也发现，左侧图像的位置并没有发生变化，这是为什么呢？这是因为整个媒体对象的高度其实是由高度值最大的图像部分决定的。图像部分的高度并不仅仅是我们看到的图片显示出来的高度，其实图片的四周还有一个白色的方框，图片显示的高度加上白色方框部分的高度才是总的图像高度。因为媒体对象的高度就是图像部分的高度，所以图像部分无论是否加 .media-middle 样式，位置都不会改变。

2. 标签页

（1）什么是标签页

前面曾经学习过导航组件，那时的导航组件只有导航项，而没有导航项对应的内容。在实际使用中，只有将导航项与导航项对应的内容结合起来，才有使用的意义。本节将要学习的标签页就是这样一个组件。

Bootstrap 组件-标签页

标签页的显示效果如图 4-203 所示。用鼠标点击其他导航项，导航项对应的内容将发生切换，如图 4-204 所示。

图 4-203　标签页的显示效果

— 276 —

单元 4　Bootstrap 框架及应用

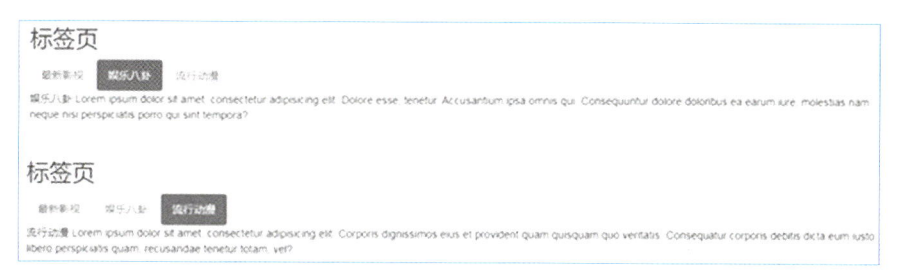

图 4-204　标签切换

由图中可以看出，标签页由两部分组成：标签部分和内容页部分。

（2）标签页的代码结构

Bootstrap为标签和内容页提供了以下样式：

● nav，nav-tabs，nav-pills：这三个样式在导航组件中已经学习过，实际上，标签页的标签部分就是由一个导航组件来实现的。

● tab-content：将class="tab-content"放入div标签中，使得被包裹的部分成为标签页的页面内容。

● tab-pane：将class="tab-pane"放入div标签中，使得被包裹的部分成为标签页的一个独立页面，页面内容将唯一对应一个标签页的导航项。

● fade：将class="tab-pane"放入内容页面的div标签中，为内容页面添加淡入淡出的过渡效果。注意，对于默认的活动内容页面，如果要添加淡入淡出过渡效果，要使用class="tab-pane active fade in"，如果仅使用fade而不使用in，则默认的活动内容页面在初始不会显示，即呈现如图4-205所示效果。

图 4-205　活动内容初始不显示

实现上面标签页的完整代码如图4-206所示。

以上第14行到18行代码定义了标签页的导航部分，导航部分的代码与前面学导航组件时的例子代码基本相同，略有区别的是由于以前的代码是通过点击列表项实现导航项的切换，所以把属性data-toggle="tab"放到了li标签内，而本次我们需要在列表项中加入链接，通过点击链接实现导航项和内容页面的切换，所以把属性data-toggle="tab"放到了实现链接的a标签中，见第15行到17行代码。从第15行到17行代码中还发现，每个a标签中的href属性值都不再是空值，而是有了具体的内容，分别是href="#ys"、href="#yl"和href="#dm"。从#号可以推断出，href使用的一定是某个元素的id值。当点击不同的导航项时，需要调出对应的内容页面，所以导航项与内容页面之间一定要有对应关系，这种对应关系就是通过绑定内容页的id属性值与导航项中的href属性值来实现的。以上第15行代码指定了href="#ys"，第20行代码指定了内容页面的id值为id="ys"，所以第15行代码创建的导航项"最新影视"与第20行创建的内容页面绑定起来，当点击"最新影视"标签时，第20行创建的内容页面便一起显示出来。其他两个导航项和内容页也用同样的方法一对一地绑定在一起。

图 4-206　标签页的完整代码

3. 折叠菜单

（1）什么是折叠菜单

说起折叠菜单，我们并不陌生，因为在前面响应式导航条中就用过折叠菜单。只不过那时使用的折叠菜单是响应式导航条的一部分，而本次将要学习的折叠菜单是一个独立的Bootstrap组件。

Bootstrap 组件-折叠菜单

这里所讲的折叠菜单，同样需要使用一个触发按钮，同样分为展开和折叠两种状态。

折叠菜单的显示效果如图4-207所示。用鼠标点击按钮，效果如图4-208所示。再次用鼠标点击按钮，显示如图4-207所示。

图 4-207　折叠菜单的显示效果

图 4-208　折叠菜单展开的显示效果

（2）折叠菜单的代码结构

从上面的折叠菜单例子可以看出，一个折叠菜单包含两个部分，即触发元素和折叠部分。

触发元素可以用链接或按钮元素来充当，链接和按钮都可以触发折叠部分的内容展开或收起。而且在Bootstrap中，链接完全可以呈现出按钮的样式，所以还可以继续将触发元素称为折叠菜单触发按钮。

无论是链接还是按钮，都是为了触发折叠菜单的展开或收起两种状态的切换，所以在a标签和button标签中都必须使用属性data-toggle="collapse"，这一点跟响应式导航条一致。

不过毕竟链接和按钮不是同一种元素，所以在充当触发元素时的代码还是略有不同。这里的不同主要体现在对折叠菜单部分的关联方式上。

对于a标签，关联折叠菜单是通过href来完成的，即通过href= “#折叠菜单id” 来绑定折叠菜单，这是a标签的方便之处。

对于button标签，由于没有href属性，所以必须添加一个新属性data-target来帮助关联折叠菜单，即通过data-target= “#折叠菜单id” 来绑定折叠菜单。

对于折叠部分，要点有两个，一个是包裹折叠内容的div容器标签必须要有id属性，触发元素需要通过id值来与该折叠部分进行关联。另一个是在div容器的标签中必须加入class="collapse"，使div容器包裹的部分成为折叠菜单。

创建折叠菜单的完整代码如图4-209所示。在代码中，一共创建了两个折叠菜单，第14行到17行代码是第一个折叠菜单，这个折叠菜单以一个链接充当折叠菜单的触发元素，链接元素的href属性值为 “#mydiv-1”，折叠部分的id值为 “mydiv-1”，绑定成功。第19行到22行是第二个折叠菜单，这个折叠菜单以一个按钮充当折叠菜单的触发元素，button元素的data-target属性值为 “#mydiv-2”，折叠部分的id值为 “mydiv-2”，绑定成功。

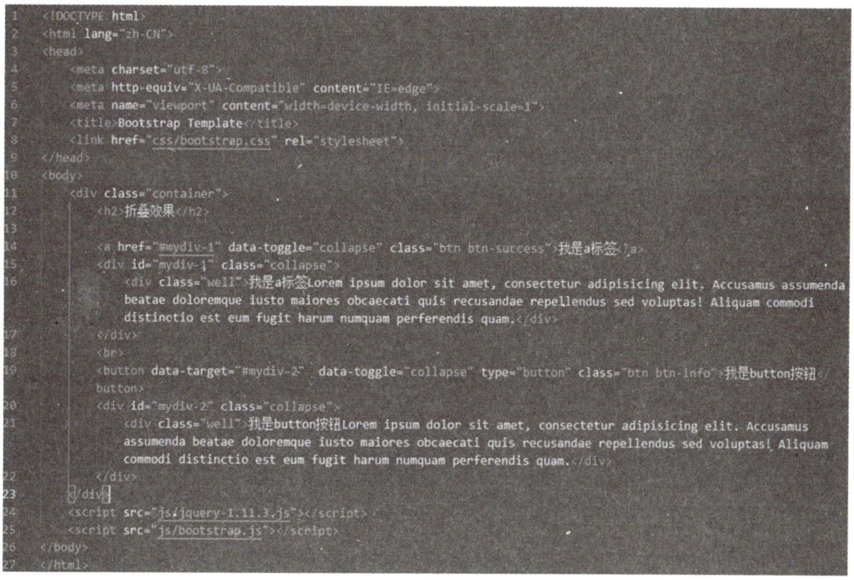

```
1  <!DOCTYPE html>
2  <html lang="zh-CN">
3  <head>
4      <meta charset="utf-8">
5      <meta http-equiv="X-UA-Compatible" content="IE=edge">
6      <meta name="viewport" content="width=device-width, initial-scale=1">
7      <title>Bootstrap Template</title>
8      <link href="css/bootstrap.css" rel="stylesheet">
9  </head>
10 <body>
11     <div class="container">
12         <h2>折叠效果</h2>
13 
14         <a href="#mydiv-1" data-toggle="collapse" class="btn btn-success">我是a标签</a>
15         <div id="mydiv-1" class="collapse">
16             <div class="well">我是a标签Lorem ipsum dolor sit amet, consectetur adipisicing elit. Accusamus assumenda
               beatae doloremque iusto maiores obcaecati quis recusandae repellendus sed voluptas! Aliquam commodi
               distinctio est eum fugit harum numquam perferendis quam.</div>
17         </div>
18         <br>
19         <button data-target="#mydiv-2" data-toggle="collapse" type="button" class="btn btn-info">我是button按钮</
           button>
20         <div id="mydiv-2" class="collapse">
21             <div class="well">我是button按钮Lorem ipsum dolor sit amet, consectetur adipisicing elit. Accusamus
               assumenda beatae doloremque iusto maiores obcaecati quis recusandae repellendus sed voluptas! Aliquam
               commodi distinctio est eum fugit harum numquam perferendis quam.</div>
22         </div>
23     </div>
24     <script src="js/jquery-1.11.3.js"></script>
25     <script src="js/bootstrap.js"></script>
26 </body>
27 </html>
```

图 4-209　创建折叠菜单的完整代码

界面设计

运行以上代码得到如图4-210所示效果。分别点击两个按钮，得到如图4-211所示显示效果。

图 4-210　两个折叠菜单的显示效果

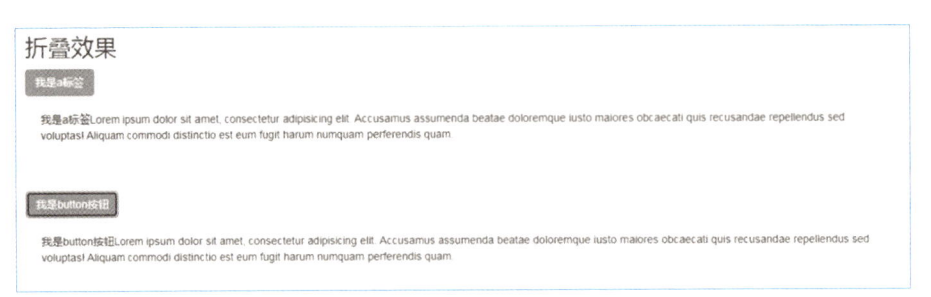

图 4-211　折叠菜单分别展开的显示效果

再次分别点击两个按钮，得到如图4-210所示显示效果。

4.2.10　Bootstrap插件——轮播图

学过前端基础（HTML5+CSS3+JS）的同学可能都做过轮播图，轮播图一般都是作为一个大作业来布置的，因为用基本的网页"三剑客"来制作轮播图效果确实比较烦琐。现在用Bootstrap框架来实现轮播图效果，就轻松多了，因为Bootstrap为我们提供了方便的图片轮播插件（carousel）。

Bootstrap 插件-轮播图

首先来看下面这个图片，如图4-212所示。

图 4-212　轮播图

这是轮播图中的一个图片，通过这张图片，我们能够看到Bootstrap轮播图插件提供的一些功能特性。首先可以看到图片的两侧有两个符号"<"和">"，这两个符号代表两个按钮，"<"代表"上一张"，">"代表"下一张"，这两个按钮能够实现轮播图的手动切换。

其次，可以看到图片的正下方有一串4个小圆点，这4个小圆点是小圆点指示器，它有两个功能，第一，可以表示当前正在显示的是哪一张图片。小圆点的数量与轮播图片的数量相同，正在显示第几张图片，第几个小圆点就会变成实心小圆点，而其他图片对应的小圆点是空心小圆点。第二，当点击任意一个小圆点时，与该小圆点对应的图片将会立刻显示出来，不受轮播顺序限制。

观察完小圆点指示器，我们再往上观察，发现在小圆点指示器上方有一行字符，这段文字写的是"为轮播图片添加文字"。这段文字并不是图片上原有的文字，原始图片如图4-213所示。

图 4-213　轮播图原始图片

观察原始图片会发现，上面提到的文本字符是不存在的，这段文字是在轮播图显示图片时临时加上的，为的是对图片增加一些说明。能够为轮播图片添加说明性文字是Bootstrap轮播图的又一个特性。

下面由简到繁，逐步学习Bootstrap轮播图的制作方法。

1. 最简单的轮播图

最简单的轮播图代码如图4-214所示。这是最简单、最基本能的轮播图代码，轮播图中没有图片切换按钮、没有小圆点指示器、没有图片说明，连图片轮播时间间隔都没有，轮播图切换图片的时间间隔采用默认设置。

```
<div class="carousel" data-ride="carousel">
    <div class="carousel-inner">
        <div class="item active"><img src="images/01.jpg" alt=""/></div>
        <div class="item"><img src="images/02.jpg" alt=""/></div>
        <div class="item"><img src="images/03.jpg" alt=""/></div>
        <div class="item"><img src="images/04.jpg" alt=""/></div>
    </div>
</div>
```

图 4-214　最简单轮播图的代码

上面的代码虽然简单，但是可以看出轮播图代码的最基本结构。

首先能够看到Bootstrap提供的几个专用样式。

● carousel：这个样式用在轮播图容器中，轮播图放在一个div容器中，在div标签中加入class="carousel"使得普通的div容器变成了轮播图容器。

● carousel-inner：这个样式用在包裹轮播图片库的内层容器中,全部轮播图片要放到一个div容器中，构成一个轮播图片库，按照Bootstrap的规则，包裹轮播图片库的容器要使用class="carousel-inner"样式。

● item：这个样式用在包裹每一张轮播图片的容器中。按照Bootstrap的规则，每一张轮播图片都要放到一个div容器中，并且该div容器的标签必须加入class="item"。对于该div容器包裹的图片，没有额外要求，直接用img标签按常规表示即可。

对于一个基本轮播图来说，一共要用三层容器，最外层容器是轮播图的外层容器，要使用class="carousel"，中间是轮播图的内层容器，用于包裹图片库，要使用class="carousel-inner"，最里层是图片项目容器，每一张轮播图片都要放到一个图片项目容器中去，并且容器要使用class="item"样式。

除了以上规定的容器结构和规定样式外，最外div容器还要添加一个属性data-ride="carousel"，这是一个data-*属性，目的是以data-*属性的属性值为参数自动调用相应的JS插件代码，在这里是调用轮播图插件代码以启动轮播图。

2. 为轮播图片设置过渡效果和间隔时间，并为每一张图片添加文字说明

代码如图4-215所示，观察代码可以发现在外层容器的样式中，添加了一个slide，也就是class="carousel slide"，这里slide的作用是给轮播图添加过渡效果，没有slide时，轮播图的图片是直接替换的，没有任何过渡过程，添加slide之后，图片切换的过渡效果为前一张图片横向滑动出去，后一张图片横向滑动进来。

```
<div class="carousel slide" data-ride="carousel" data-interval="2000">
    <div class="carousel-inner">
        <div class="item active">
            <img src="images/01.jpg" alt=""/>
            <div class="carousel-caption">为每张图片添加说明文字</div>
        </div>
        <div class="item">
            <img src="images/02.jpg" alt=""/>
            <div class="carousel-caption">为每张图片添加说明文字</div>
        </div>
        <div class="item">
            <img src="images/03.jpg" alt=""/>
            <div class="carousel-caption">为每张图片添加说明文字</div>
        </div>
    </div>
</div>
```

图4-215 为轮播图增加过渡效果、间隔时间和文字说明的代码

继续观察代码，发现在外层容器的div标签中，增加了一个data-interval="2000"属性，这个属性用于设置图片轮播的间隔时间。在前面的代码中没有这个属性设置，轮播图按照默认的固定间隔时间进行图片切换，现在使用data-interval属性可以任意设置图片切换间隔时间。data-interval="2000"中的2000是2000毫秒的意思。

按照Bootstrap的规则，轮播图中每一张轮播图片都要放在一个div容器当中，div容器使用样式class="item"，成为图片项目容器。图片使用img标签呈现出来。如果在图片项目容器内部，则img标签后面添加一个容器，容器使用class="carousel-caption"，并且用该容器包裹一段说明文字，那么这一段说明文字就能够显示在img标签声明的轮播图片上。

例如，如图4-216所示代码片段，对应的轮播图片显示效果如图4-217所示。

单元 4　Bootstrap 框架及应用

```
<div class="item active">
    <img src="images/banner1.jpg" alt="">
    <div class="carousel-caption">
        <h3>我是图片的标题</h3>
        <p>我是摘要内容我是摘要内容我是摘要内容我是摘要内容</p>
    </div>
</div>
```

图 4-216　在轮播图片上添加文字

图 4-217　显示效果（轮播图添加文字）

另外再补充一点，以上代码中图片项目容器的class属性值除item之外，还有一个active（即class="item active"），active的含义是将本图片设置为活动图片，活动图片是轮播图启动后第一张显示出来的图片。

3. 为图片轮播添加控制上一张和下一张的左右箭头

代码如图4-218所示，代码画红线部分就是增加左右箭头功能的代码。可以看到，代码是添加在内层轮播图片库容器后面的。

```
<div id="myad3" class="carousel slide" data-ride="carousel" data-interval="2000">
    <div class="carousel-inner">…

    <a href="#myad3" class="carousel-control left" data-slide="prev">
        <span class="glyphicon glyphicon-chevron-left"></span>
    </a>
    <a href="#myad3" class="carousel-control right" data-slide="next">
        <span class="glyphicon glyphicon-chevron-right"></span>
    </a>
</div>
```

图 4-218　在轮播图片上添加左右箭头

从代码中可以看到，点击左右箭头切换上一张和下一张图片实际上是分别通过两个链接实现的。一个链接实现向前切换图片，一个链接实现向后切换图片。两个链接有着类似的属性设置，比如，两个链接都将href的属性值设置为轮播图外层容器的id属性值，这同时说明，要想实现控制上一张和下一张的左右箭头，轮播图的外层容器也必须添加一个id属性，并且通过该id属性值与代表左右箭头的两个链接关联起来。再如，两个链接都使用了class="carousel-control"样式，carousel-control是Bootstrap提供的样式，用于a标签，将链接设置成轮播图控件。不过carousel-control还需要配合left或right样式一起使用，如果把左箭头称为左侧控件，右箭头称为右侧控件，则对于充当左侧控件的a标签来说，应该使用

— 283 —

界面设计

class="carousel-control left"，对于充当右侧控件的a标签来说，应该使用class="carousel-control right"。第三个类似的属性设置是两个链接都含有data-slide属性，只不过对于代表左箭头的a标签来说，data-slide属性的属性值是"prev"，意思是上一张，对于代表右箭头的a标签来说，data-slide属性的属性值是"next"，意思是下一张。data-slide属性是data-*属性，该属性的属性值保存的是调用JS插件时的参数。两个a标签都有了data-slide属性，点击左侧链接时，就可以自动调用JS插件，并且所传的参数是"prev"，点击右侧链接时，可以自动调用JS插件，并且所传的参数是"next"，实现了切换上一张或下一张图片的功能。

代表左侧控件的链接和代表右侧控件的链接都使用了字体图标作为链接文本，左侧控件的链接使用了<span class="glyphicon glyphicon-chevron-left"></span>，这是一个代表左箭头"<"的图标，右侧控件的链接使用了<span class="glyphicon glyphicon-chevron-right"></span>，这是一个代表右箭头">"的图标。

例如，如图4-219所示代码片段。对应的轮播图片效果如图4-220所示。

图 4-219　在轮播图片上添加左右箭头例子代码

图 4-220　显示效果（轮播图添加左右箭头）

4. 为图片轮播添加小圆点指示器

小圆点指示器的相关代码如图4-221所示，观察代码可以知道，小圆点指示器的代码是添加在内层轮播图片库容器后面的。

```
<div id="myad4" class="carousel slide" data-ride="carousel" data-interval="2000">
    <div class="carousel-inner">⋯

    <ul class="carousel-indicators">
        <li data-slide-to="0" data-target="#myad4" class="active"></li>
        <li data-slide-to="1" data-target="#myad4"></li>
        <li data-slide-to="2" data-target="#myad4"></li>
        <li data-slide-to="3" data-target="#myad4"></li>
    </ul>

</div>
```

图 4-221 在轮播图上添加小圆点指示器

小圆点指示器通过ul列表实现。但是，实现小圆点指示器的ul列表不是普通的ul列表，因为在ul标签中，添加了Bootstrap提供的专用样式class="carousel-indicators"，这样，普通的ul容器就变成了轮播图的小圆点指示器容器。

在小圆点指示器容器内部，有4个li标签，说明小圆点指示器有4个小圆点。可以看到，每个li标签内都有两个属性，一个是data-slide-to属性，另一个是data-target属性。

从代码中可以看到，data-slide-to属性的属性值全部都是数字，仔细分析不难发现，这些数字其实就是轮播图片的编号，编号从0开始。data-slide-to属性通过属性值将li标签定义的小圆点与图片库中指定的图片关联起来，这也就可以解释为什么点击任一小圆点可以立刻调出该小圆点对应的图片并显示在屏幕上。data-target属性的属性值是轮播图的id值，也就是轮播图外层容器的id属性值。通过data-target属性将每一个li标签与轮播图建立关联关系，这样小圆点指示器也就和轮播图绑定在一起了。

例如，如图4-222所示代码片段，可以看到，第一个li标签中也有一个class="active"，表示第一个小圆点对应的图片是活动图片，在轮播图启动后，首先显示该图片。

```
<div id="mycarousel" class="carousel slide" data-ride="carousel" data-interval="2000">
    <!-- 放置图片 -->
    <div class="carousel-inner">
        <div class="item active">
            <img src="images/banner1.jpg" alt="">
            <div class="carousel-caption">
                <h3>我是图片的标题</h3>
                <p>我是摘要内容我是摘要内容我是摘要内容我是摘要内容</p>
            </div>
        </div>
        <div class="item">
            <img src="images/banner2.jpg" alt="">
            <div class="carousel-caption">图片对应的文字2</div>
        </div>
        <div class="item">
            <img src="images/banner3.jpg" alt="">
            <div class="carousel-caption">图片对应的文字3</div>
        </div>
        <div class="item">
            <img src="images/banner4.jpg" alt="">
            <div class="carousel-caption">图片对应的文字4</div>
        </div>
    </div>
    <!-- 前进/后退按钮 -->
    <a href="#mycarousel" class="carousel-control left" data-slide="prev">
        <span class="glyphicon glyphicon-chevron-left"></span>
    </a>
    <a href="#mycarousel" class="carousel-control right" data-slide="next">
        <span class="glyphicon glyphicon-chevron-right"></span>
    </a>
    <!-- 小圆点指示器 -->
    <ul class="carousel-indicators">
        <li data-target="#mycarousel" data-slide-to="0" class="active"></li>
        <li data-target="#mycarousel" data-slide-to="1"></li>
        <li data-target="#mycarousel" data-slide-to="2"></li>
        <li data-target="#mycarousel" data-slide-to="3"></li>
    </ul>
</div>
```

图 4-222 在轮播图上添加小圆点指示器例子代码

对应的轮播图片效果如图4-223所示。

图 4-223　显示效果（轮播图加小圆点）

4.2.11　思政点滴——社会主义核心价值观

1. 富强、民主、文明、和谐

富强、民主、文明、和谐，是我国社会主义现代化国家的建设目标，也是从价值目标层次对社会主义核心价值观基本理念的凝练，在社会主义核心价值观中居于最高层次，对其他层次的价值观具有统领作用。

2. 自由、平等、公正、法治

自由、平等、公正、法治，是对美好社会的描述，也是从社会层面对社会主义核心价值观基本理念的凝练。它反映了中国特色社会主义的基本属性，是我们党矢志不渝、长期实践的核心价值观念。自由是指人的意志自由、存在和发展的自由，是人类社会的美好向往，也是马克思主义追求的社会价值目标。

3. 爱国、敬业、诚信、友善

爱国敬业诚信友善，是公民基本道德规范，是从个人行为层面对社会主义核心价值观基本理念的凝练。它覆盖了社会主义道德生活的各个领域，是公民必须恪守的基本道德准则，也是评价公民道德行为选择的基本价值标准。

习 题 4

一、选择题

1. Bootstrap的内容分成5部分，下面哪个不属于Bootstrap的内容（　　）。
　　A　全局CSS样式　　　B　组件　　　　C　HTML　　　　　D　JS插件

2. 下列对于Bootstrap的描述中不正确的是（　　）。
　　A　Bootstrap是一个HTML+CSS+JS的功能框架

B　Bootstrap 极大地简化了响应式网页的开发

C　Bootstrap 的中文官网网址为 www.bootcss.com

D　Bootstrap 提供了丰富的 CSS 样式、页面组件以及功能插件，只能实现 CSS 样式

3. Bootstrap 插件全部依赖是（　　）。

　　A．JavaScript　　　B．jQuery　　　　　C．Angular JS　　　D．Node JS

4. 下列关于Bootstrap的描述中错误的是（　　）。

　　A．Bootstrap3 是移动设备优先的响应式框架

　　B．Bootstrap2 是 PC 优先的响应式框架

　　C．Bootstrap3 是 PC 设备优先的响应式框架

　　D．Bootstrap 中的交互特效是基于 jQuery 类库的

5. Bootstrap项目模板中哪个文件不是必需的？（　　）。

　　A．jQuery.js　　　B．bootstrap.js　　　C．bootstrap.css　　　D．html5shiv.js

6. 下面说法中错误的是（　　）。

　　A．Bootstrap 中的 JS 特效是基于 jQuery 类库的，所以使用 jQuery 类库，必须先引入 Bootstrap 框架

　　B．html5shiv.js 让低版本 IE 浏览器支持 HTML5 的新标签

　　C．resond.js 让低版本 IE 浏览器支持 CSS Media Query

　　D．bootlint.js 用来检测 HTML 和 CSS 的使用是否符合 Bootstrap 的标准

7. 下列关于Bootstrap的描述中错误的是（　　）。

　　A．Bootstrap3 是移动设备优先的响应式框架

　　B．Bootstrap2 是 PC 优先的响应式框架

　　C．布局容器 container 和 container-fluid 都是宽度 100%的容器

　　D．Bootstrap 中的交互特效是基于 jQuery 类库的

8. 下面关于布局容器container和container-fluid的表述中，正确的是（　　）。

　　A．一般页面布局最常用的是 container-fluid

　　B．container 在不同的设备下显示固定的宽度，在最小屏中显示 100%

　　C．container 是根据页面的大小进行等比例缩放的

　　D．在 Bootstrap 中可以不使用页面布局容器

9. 以下关于导航的描述中，错误的是（　　）。

　　A．Bootstrap 中导航组件有两种，一种是标签页式导航，一种是胶囊式导航

　　B．<ul class="nav nav-pills">...<ul>是一个标签页式导航

　　C．要使一个导航实现两端对齐，需要为导航添加 class 为 nav-justified

　　D．要使一个导航实现竖向排列，需要为导航添加 class 为 nav-stacked

10. 实现平铺整行，应该加哪个类？（　　）

　　A．nav-center　　　B．nav-justified　　　C．nav-left　　　D．nav-right

11. 下列不属于panel的三要素的是（　　）。

    A. panel-heading　　B. panel-body　　　　C. panel-footer　　　　D. panel-content

12. 观察以下代码：

    \<a class="btn btn-primary" data-toggle="collapse" href="#myCollapse1"\>Link\</a\>

    \<button class="btn btn-primary" type="button" data-toggle="collapse"\>Button\</button\>

    \<div class="collapse" id="myCollapse1"\>...\</div\>

    \<div class="collapse" id="myCollapse2"\>...\</div\>

    以下表述中错误的是（　　）。

    A. 当点击\<a\>标签的时候，id="myCollapse1"的 div 会展开/收起

    B. 当点击\<button\>按钮的时候，id="myCollapse2"的 div 会展开/收起

    C. 折叠效果需要一一指定触发元素与折叠元素之间的联系，而这种联系是通过 id 来关联的

    D. 如果使用非\<a\>标签作为触发元素，需要为触发元素指定 data-target="#idName" 来指定对应的折叠元素

13. 标签页垂直方向堆叠排列，需要添加的类是（　　）。

    A. nav-vertical　　B. nav-tabs　　　　C. nav-pills　　　　D. nav-stacked

14. 制作tab切换，要显示的内容要放在下方哪个容器里面？（　　）

    A. content　　　　B. tab-group　　　　C. tab-body　　　　D. tab-content

15. 以下关于响应式导航条的描述中，错误的是（　　）。

    A. 响应式导航条分为两种状态，分别是展开状态和折叠状态

    B. 在超小屏下，导航条中的部分内容会自动折叠，通过触发按钮展开

    C. 响应式导航条 navbar 需要包裹在布局容器 container 或 container-fluid 中

    D. 响应式导航条 navbar 中，需要放置布局容器 container 或 container-fluid

16. 导航条在小屏幕会被折叠，实现显示和折叠功能的按钮需要加（　　）。

    A. 折叠按钮加 data-toggle='collapsed'，折叠容器需要加 collapsed 类

    B. 折叠按钮加 data-toggle='collapse'，折叠容器需要加 collapse 类

    C. 折叠按钮加 data-toggle='scroll'，折叠容器需要加 collapse 类

    D. 折叠按钮加 data-toggle='scroll'，折叠容器需要加 scroll 类

17. 关于响应式导航条，以下布局正确的是（　　）。

    A. 　\<div class='container'\>

    　　　\<div class='navbar navbar-default'\>

    　　　　\<div class='narvar-header'\>\</div\>

    　　　　\<div class='narvar-collapse'\>\</div\>

    　　　\</div\>

    　　\</div\>

B. <div class='container'>
   <div class='navbar navbar-default'>
   <div class='narvar-header'></div>
   <div class='narvar-collapse'></div>
   </div>
   </div>

C. <div class='navbar navbar-default'>
   <div class='container'>
   <div class='narvar-header'></div>
   <div class='narvar-collapse'></div>
   </div>
   </div>

D. <div class='navbar navbar-default'>
   <div class='container'>
   <div class='narvar-header'></div>
   <div class='narvar-collapsed'></div>
   </div>
   </div>

18. 可以把导航固定在顶部的类是（　　）。
    A. navbar-fixed-top　　　　　　　B. navbar-fixed-bottom
    C. navbar-static-top　　　　　　　D. navbar-inverse

19. 在响应式导航条中，以下对应关系正确的是（　　）。
    A. 折叠按钮加 data-toggle='collapsed',data-target='#mycollapsed'，折叠容器需要加 collapsed 类，id 为 mycollapsed
    B. 折叠按钮加 data-toggle='collapse',data-target='#mycollapse'，折叠容器需要加 collapse 类，id 为 mycollapse
    C. 折叠按钮加 data-toggle='collapsed',data-target='#mycollapsed'，折叠容器需要加 mycollapsed 类，id 为 collapsed
    D. 折叠按钮加 data-toggle='collapse',data-target='#mycollapse'，折叠容器需要加 mycollapse 类，id 为 collapse

20. 想要将导航条的背景色变成深色，文字变成浅色的类是（　　）。
    A. navbar-default　　　　　　　　B. navbar-fixed-bottom
    C. navbar-fixed-top　　　　　　　D. navbar-inverse

21. 模态框提供了哪些尺寸？（　　）
    A. modal-xs modal-sm modal-md modal-lg

B. modal-sm modal-md modal-lg

C. modal-xs modal-sm

D. modal-sm modal-lg

22. 如果你不需要模态框弹出时的动画效果（淡入淡出效果），该怎样实现？（   ）。

A. 删除 fade 类即可

B. 添加删除 fade 类即可

C. 去掉 active 类即可

D. 去掉 in 类即可

23. 关闭modal的按钮应该加什么属性？（   ）

A. data-dismiss='modal'

B. data-toggle='modal'

C. data-spy='modal'

D. data-hide='true'

二、问答题

1. Bootstrap框架的内容分为哪几部分？
2. Bootstrap下载页面的三种下载按钮各有什么作用？
3. Boostrap全局CSS样式的作用是什么？
4. Bootstrap提供了哪些常用组件？
5. Bootstrap提供了哪些常用JS插件？
6. 基于Bootstrap框架编写响应式网页代码时，有哪几个必不可少的标签？
7. 什么是Bootstrap页面布局容器？
8. 简述Bootstrap提供的几种屏幕规格。
9. 使用栅格布局的几个注意事项是什么？
10. Bootstrap提供了几类响应式表单？
11. 什么是字体图标？为什么要使用字体图标？
12. 什么是Bootstrap按钮组？为什么要使用按钮组？
13. 响应式导航条有什么特点？
14. 简述轮播图代码的基本结构。